Atlas y Libro de Trabajo de Ultrasonido en Coloproctología

Atlas y Libro de Trabajo de Ultrasonido en Coloproctología

Ecografía endoanal, endorrectal y transperineal

Dr. Juan Antonio Villanueva Herrero
Coordinador de la Unidad de Fisiología Anorrectal del Servicio de Coloproctología. Hospital General de México "Dr. Eduardo Liceaga". Ciudad de México.
Profesor titular del Diplomado de Fisiología Anorrectal y Piso Pélvico Posterior. U.N.A.M.
Profesor adjunto del Curso de Especialidad en Coloproctología. U.N.A.M.

Coeditores
Dr. José Jonatan Olvera Delgado
Diplomado en Fisiología Anorrectal y Piso Pélvico Posterior. Servicio de Coloproctología. Hospital General de México "Dr. Eduardo Liceaga". Ciudad de México
Especialista en Urología Ginecológica. Egresado del Instituto Nacional de Perinatología "Dr. Isidro Espinosa de los Reyes". Ciudad de M[exico
Especialista en Ginecología y Obstetricia. Egresado del Instituto Mexicano del Seguro Social

Dr. Alan Alejandro Garza Cantú
Diplomado en Fisiología Anorrectal y Piso Pélvico Posterior. Servicio de Coloproctología. Hospital General de México "Dr. Eduardo Liceaga". Ciudad de México.
Especialista en Cirugía General. Egresado del Hospital Christus Muguerza. Monterrey, N.L.

I. Villanueva Herrero, Juan Antonio, editor. II. Olvera Delgado, José Jonatan, coeditor. III. Garza Cantú, Alan Alejandro, coeditor.
Atlas y Libro de Trabajo de Ultrasonido en Coloproctología.
 Ecografía endoanal, endorrectal y transperineal – 1ª Edición - Ciudad de México 2020
144 p.: 20 x 25 cm

Juan Antonio Villanueva Herrero
Torre Quirúrgica Planta Baja
Hospital General de México "Dr. Eduardo Liceaga"
Dr. Balmis 148 Col. Doctores C.P. 06720
Ciudad de México, México
javillanueva@doctor.com

Idea y dirección general del proyecto: Juan Antonio Villanueva Herrero
Edición y corrección del contenido: Juan Antonio Villanueva Herrero y colaboradores
Imagen de la tapa: Juan Antonio Villanueva Herrero
Créditos logo coloproctología: Gerardo Maya Vacío
Créditos fotográficos y de las imágenes/figuras: La totalidad del material fotográfico y las imágenes/figuras incluidas en esta publicación pertenecen al editor, coeditores y colaboradores de cada capítulo.

 Impreso por Blurb

Impreso en Estados Unidos de América.
Printed in United States of America

A mis padres, a Paty mi hermana, a mi esposa Lis y a mi hijo Juan.

J.A. Villanueva

A mi madre Eréndira porque aún ante la adversidad siempre me enseño que se puede salir adelante y luchar por nuestros sueños.

A mi novia Rosa por estar a mi lado, ser mi apoyo y creer en mí

Al Dr. Juan Antonio Villanueva por compartir conmigo su amplio conocimiento en el área de piso pélvico posterior y darme la oportunidad de colaborar con el.

J. Olvera

A mi gran familia por haberme proporcionado la mejor educación y lecciones de vida posibles.

A mis padres por su amor y sacrificio,

A mi prometida por su apoyo incondicional,

A mis hermanos por su ejemplo de vida,

A mis queridos maestros que se tomaron el tiempo de compartirme su sabiduría y respeto hacia el campo de la cirugía, esto va por ustedes:

> "We can see further because we stand on the shoulders of giants" - Isaac Newton.

Al Dr. Juan Antonio Villanueva Herrero, quien durante años ha aportado de forma desinteresada y desmedida sus sabios conocimientos y experiencia a nuestra formación.

A. Garza

Contenido

Colaboradores

Lisbeth Alarcón Bernés
Coloproctóloga y Cirujana General.
Servicio de Cirugía General
Hospital General de México "Dr. Eduardo Liceaga"

Alfonso G. Calvillo Briones
Cirujano de Colon y Recto. Unidad Proctocare®
Torreón, Coahuila, México
Coloproctólogo egresado del Hospital General de
México "Dr. Eduardo Liceaga" / Universidad Nacional
Autónoma de México
Rotación formativa en Coloproctología del Hospital
Universitario Virgen del Rocío, Sevilla, España.

Jorge Luis De León Rendón
Cirujano General y Coloproctólogo egresado del
Hospital General de México "Dr. Eduardo Liceaga" /
Universidad Nacional Autónoma de México
Diplomado en Cirugía Laparoscópica Avanzada,
Hospital Juárez de México/ Universidad Nacional
Autónoma de México
Diplomado en Fisiología Anorrectal y Piso Pélvico
Posterior, Hospital General de México "Dr. Eduardo
Liceaga"/ Universidad Nacional Autónoma de México
Postgraduate Teaching Term, St. Mark´s Hospital,
Londres, Inglaterra

Karla Gutiérrez Salinas
Coloproctóloga y Cirujana General egresada del
Hospital de Especialidades Dr. Antonio Fraga Mouret,
La Raza, IMSS / Universidad Nacional Autónoma de
México

Billy Jiménez Bobadilla
Jefe del Servicio de Coloproctología del Hospital
General de México "Dr. Eduardo Liceaga"
Profesor titular de la Especialidad de Coloproctología
del Hospital General de México "Dr. Eduardo Liceaga"/
Universidad Nacional Autónoma de México
Profesor adjunto del Diplomado en Fisiología Anorrectal
y Piso Pélvico Posterior, Hospital General de México
"Dr. Eduardo Liceaga"/ Universidad Nacional Autónoma
de México

Ana Martínez García
Coloproctóloga y Cirujana General egresada de la
UMAE Hospital de Especialidades Siglo XXI, IMSS /
Universidad Nacional Autónoma de México

Gerardo Joel Maya Vacío
Cirujano General egresado del Hospital General de
Culiacán / Universidad Autónoma de Sinaloa
Diplomado en Cirugía Laparoscópica Avanzada
Hospital Juárez de México/ Universidad Nacional
Autónoma de México
Diplomado en Fisiología Anorrectal y Piso Pélvico
Posterior Hospital General de México "Dr. Eduardo
Liceaga" / Universidad Nacional Autónoma de México
Coloproctólogo egresado del Hospital General de
México "Dr. Eduardo Liceaga" / Universidad Nacional
Autónoma de México

Irene Mazariegos Barneond
Médico y Cirujana egresada de la Universidad de San
Carlos de Guatemala
Cirujana General egresada del Hospital General San
Juan de Dios /Universidad de San Carlos de Guatemala
Coloproctóloga egresada del Hospital General de
México "Dr. Eduardo Liceaga"/ Universidad Nacional
Autónoma de México
Diplomada en Fisiología Anorrectal y Piso Pélvico
Posterior, Hospital General de México "Dr. Eduardo
Liceaga"/ Universidad Nacional Autónoma de México
Fellow en Laparoscopía Avanzada Hospital Roosevelt
Guatemala
Fellow en Coloproctología por la Sociedad Argentina de
Coloproctología

Selene Nohemí Montoya Valdez
Cirujana General egresada del Hospital Regional
Universitario de Colima, México
Coloproctóloga egresada del Hospital General de
México "Dr. Eduardo Liceaga"/ Universidad Nacional
Autónoma de México
Diplomada en Fisiología Anorrectal y Piso Pélvico
Posterior, Hospital General de México "Dr. Eduardo
Liceaga"/ Universidad Nacional Autónoma de México

Rafael Navarra Díaz
Coloproctólogo del Hospital San Ángel Inn Chapultepec, Ciudad de México
Cirujano General egresado de la Fundación Universitaria San Martín Barranquilla Colombia
Especialista en Coloproctología egresado del Hospital General de México "Dr. Eduardo Liceaga"/ Universidad Nacional Autónoma de México

Dahiana Antonia Pichardo Cruz
Doctora en Medicina egresada de la Universidad Tecnológica de Santiago (UTESA), Republica Dominicana
Cirujana General y Laparoscopísta del Hospital Regional Universitario José María Cabral y Baez de la Pontificia Universidad Católica Madre y Maestra
Coloproctóloga egresada del Hospital General de México "Dr. Eduardo Liceaga"/ Universidad Nacional Autónoma de México

Mabel Recalde Rivera
Médico Cirujana egresada de la Universidad de Guayaquil
Cirugía General egresada del Hospital General Luis Vernaza, Universidad de Especialidades Espíritu Santo Guayaquil-Ecuador
Diplomada en Fisiología Anorrectal y Piso Pélvico Posterior, Hospital General de México "Dr. Eduardo Liceaga" / Universidad Nacional Autónoma de México
Residente de Coloproctología, Hospital General de México "Dr. Eduardo Liceaga" / Universidad Nacional Autónoma de México

Myr. M.C. Julio Cesar Rosiles Domínguez
Coloproctólogo y Cirujano General del Hospital Central Militar. Universidad del Ejército y Fuerza Aérea Mexicana
Diplomado en Fisiología Anorrectal y Piso Pélvico Posterior. Hospital General de México "Dr. Eduardo Liceaga"/ Universidad Nacional Autónoma de México

Sthela Murad Regadas
Ex presidenta de la Sociedad Brasileña de Coloproctología
Profesora Asociadas de Cirugía y Jefa de la Unidad de Piso Pélvico
de la Escuela de Medicina de San Carlos, Universidad Federal de Ceara, Brasil

Myr. M.C Juan Carlos Sánchez Robles
Médico Adscrito al Departamento de Coloproctología del Hospital Central Militar. Ciudad de México
Jefe el Curso de Especialidad en Coloproctología. Universidad del Ejército y Fuerza Aérea Mexicana

PREFACIO

El objetivo de la presente obra es proporcionar una guía rápida durante la realización de un estudio de ultrasonido en el consultorio para el especialista en coloproctología o aquel que recibe un reporte de un estudio realizado y desea tener una mejor comprensión de las imágenes. Buscamos por otra parte, sea un complemento para todos los asistentes al Primer Curso de Acreditación Básica en Ultrasonido Endoanal, Endorrectal y Transperineal, organizado por la Unidad de Fisiología Anorrectal del Servicio de Coloproctología del Hospital General de México.

Por lo anterior, dejamos algunas de las imágenes sin interpretar para que puedan durante la realización del curso y posteriormente al terminar, continuar con una actividad académica continua en la interpretación de las imágenes. La descripción de las imágenes se puede solicitar al correo cursousg2020hgm@gmail.com y solicitar acceso a la plataforma en línea como complemento de la presente obra.

El diseño del atlas está pensado en ser una referencia visual rápida de las imágenes críticas obtenidas, describir la técnica básica para la realización de un estudio por indicación específica y también describir los errores más comunes que se tienen al realizar o interpretar un estudio de ultrasonido anorrectal.

Este atlas y libro de trabajo está organizado en capítulos por enfermedad anorrectal, haciendo énfasis en las indicaciones más comunes e incluyendo en el capítulo, variantes poco frecuentes del padecimiento estudiado. El libro incluye más de 300 imágenes de alta calidad representativas de ultrasonido, agregando fotografías clínicas y algunos estudios radiológicos para poder correlacionar la imagen estudiada.

Este libro es el único en su tipo, siendo la primera obra en ultrasonido endoanal, endorrectal y transperineal escrita en México, por un grupo de autores y colaboradores expertos en el área y formados en México. La Dra. Sthela Regadas, maestra de muchos nosotros, acepto colaborar en la presente obra aportando una visión actualizada del papel del ultrasonido para el coloproctólogo y con las imágenes del capítulo de anatomía normal del recto.

Por último, esta obra es producto de miles de estudios realizados por el editor desde hace más de 10 años y la experiencia de realizar estos estudios día a día de sus coeditores. Es una herramienta que esperamos sirva al coloproctólogo y especialistas afines en su trabajo diario.

J.A. Villanueva Herrero,
J. Olvera Delgado,
A. Garza Cantú

INTRODUCTION

Anorectal ultrasonography has been part of the pre treatment assessment of the benign and malignant diseases of the anal canal and rectum. The detailed anal canal anatomy and rectal wall layers can be clearly identified detecting abnormalities using this method of imaging. The endoanal/endorectal ultrasound scanning is useful in fecal incontinence to identifies injured muscles and the extension of the injury in relation to the anal circumference and the length of the anal canal; abscess to show the location, extension of the abscess cavity and relation to the sphincter muscles and to the rectal wall, making possible its classification; allows to accurately view and classify the entire extension of the fistulous tract and its relation to the sphincter muscles, the exact position of the internal opening in relation to the anal margin and any secondary tracts and / or cavities as well as determine the percentage of sphincter muscle to be sectioned during surgery; benign and malignant rectal tumor for staging and provides accurate information on rectal wall infiltration, anal canal invasion and perirectal lymph node enlargement and select patients for surgery or to neoadjuvant radiochemotherapy; anal canal neoplasia allows to quantify the extent of tumor invasion into the sphincter muscles, adjacent tissues and rectum and to identify compromised lymph nodes, making the examination the mainstay for evaluating response to radiochemotherapy . Additionally, Ultrasound provides the most detailed view of endometriosis infiltration in the rectal wall and pre-sacral tumor.

Recent advances in technologies and development of 3D and 4D ultrasound with different approaches have increased the interest in using this modality to assesses pelvic floor dysfunctions and compared with defecography and dynamic resonance defecography with similar results. However, Ultrasound has several important advantages over other imaging modalities, including the absence of ionizing radiation, relative ease of use, minimal discomfort, cost-effectiveness, relatively short time required, performed in the office and wide availability.

Sthela Murad Regadas
Ex presidenta de la Sociedad Brasileña de Coloproctología
Profesora Asociadas de Cirugía y Jefa de la Unidad de Piso Pélvico
de la Escuela de Medicina de San Carlos,
Universidad Federal de Ceara, Brasil

I. ANATOMÍA NORMAL DEL CONDUCTO ANAL

Irene Mazariegos Barneond, Juan Antonio Villanueva Herrero

Para un óptimo ultrasonido endoanal (USEA) se debe utilizar un transductor con una frecuencia mínima de 5 Mhz; actualmente se cuenta con equipo que pueden llegar a los 16 MHz. La imagen debe ser de 360° en 2D o 3D, en nuestra institución utilizamos el transductor BK Medical 2052 multifrecuencia 3D. La mayoría de los especialistas prefieren colocar al paciente en decúbito lateral izquierdo (posición de SIMS) resultando muy cómoda ambos. Nosotros preferimos la posición genupectoral o de litotomía, sobre todo en la evaluación de pacientes con incontinencia y para evaluación del piso pélvico, con la finalidad de evitar deformación de las estructuras por la tracción de los órganos pélvicos y artefactos del transductor.

Se realiza un tacto rectal inicialmente para: 1) verificar la dirección a introducir el transductor, 2) corroborar la ausencia de lesiones (e.g. tumores) y 3) presencia de dolor intenso del paciente. Posteriormente se introduce el transductor hasta el tercio inferior del recto, el cual habitualmente en hombres es identificado por la presencia de la próstata, en la mujer nos guiaríamos con el músculo puborrectal. La imagen que se obtiene se orienta con el pubis (anterior) del paciente se observe en la parte superior de la pantalla. Si estamos utilizando un equipo 2D, el transductor se retira lentamente hasta el tercio inferior del conducto anal (distal) y se obtiene múltiples imágenes de todos los niveles. En equipos con 3D el proceso se realiza con el transductor fijo mientras el cristal piezoeléctrico del transductor se mueve de manera automática formando un cubo tridimensional de todo el conducto.

Las imágenes obtenidas son la composición de los haces de ultrasónicos reflejados o "ecos", con las estructuras individuales estudiadas y las interfaces entre dichas estructuras de los planos del tejido. La imagen obtenida dependerá del ángulo de incidencia de los haces, del estroma circundante y de la estructura misma.

El conducto anal por ultrasonido se divide en cuatro capas que se analizan desde la parte más cercana al transductor hacia el exterior de la imagen. Observamos normalmente las siguientes capas:

1. Al centro se observa una imagen hipoecoica que corresponde al transductor.

2. La primera capa hiperecoica está dada por la interface del transductor con la superficie mucosa.

3. La segunda capa es el subepitelio, el cual es moderadamente reflectivo. La mucosa y submucosa no pueden ser identificadas de manera individual con las frecuencias utilizadas, los paquetes hemorroidales usualmente no son visibles pues son comprimidos por el transductor, sin embargo, en pacientes de mayor edad se puede distinguir un aumento de su grosor en la zona

correspondiente.

4. La tercera capa corresponde al esfínter anal interno (EAI), es hipoecoica y tiene un grosor entre 1 a 3mm. El grosor y ecogenicidad cambian de acuerdo a la edad, encontrando un aumento del mismo y tendencia a la hiperecogenicidad en el adulto mayor, como resultado de esclerosis. El grosor del EAI no se relaciona al género o peso corporal. Es usualmente simétrico en toda su circunferencia. Sin embargo, en el tercio medio bajo pueden haber diferencias en su circunferencia que no deben asociarse con disrupción.

5. La cuarta capa corresponde al músculo longitudinal, es hiperecoica y puede variar ampliamente en grosor y no siempre es visible en toda la longitud del conducto.

6. La quinta capa corresponde al esfínter anal externo (EAE), es de ecogenicidad mixta, de apariencia laminar y tiene un grosor de 5 a 10mm. Esta estructura si correlaciona con la edad y peso corporal (es más grueso en personas de mayor peso). En las mujeres en la región anterior es delgado y con una menor longitud, lo que constituye el "gap" fisiológico; el EAE en la mayoría de las mujeres solo se observa con integridad circunferencial en el tercio medio bajo y tercio inferior. No existe una relación en cuanto a grosor del EAE con la edad. En el tercio superior esta quinta capa corresponde al músculo puborrectal y se observa como una banda hiperecoica en forma de "U" que se encuentra en la región posterior.

Para describir las imágenes ultrasonográficas del conducto anal, se describen los hallazgos en 3 niveles de visualización:

1. Tercio superior. Se describe el músculo puborrectal, tomando en cuenta su integridad, la simetría de sus ramas y su inserción al pubis. El EAI debe estar íntegro en sus 360°.

2. Tercio medio. Se divide en una porción alta y baja. Se describe el EAE y el EAI mencionando su integridad.

3. Tercio inferior. Solo se observa el EAE y los tejidos circundantes.

Existen una diferencia fundamental entre el hombre y la mujer al evaluar el complejo esfintérico por ultrasonido. En los hombres el esfínter anal externo corresponda más la forma a un cilindro simétrico constituido por músculo menos reflectivo. En las mujeres es una estructura bien definida con forma de "U", en la cual los haces del EAE descienden hasta encontrarse en la línea media del tercio medio; a este nivel en las mujeres el EAE forma un cilindro completo finalmente. Por lo anterior el EAE es más corto en la región anterior en las mujeres.

Lecturas recomendadas

1. Shobeiri, A., Benacerraf, B., Bromley, B., Sakhel, K., Dietz, H. P., Chan, S., ... & Mueller, E. (2019). AIUM/IUGA Practice Parameter for the Performance of Urogynecological Ultrasound Examinations: Developed in Collaboration with the ACR, the AUGS, the AUA, and the SRU. *Journal of Ultrasound in Medicine*, *38*(4), 851-864. DOI: **10.1002/jum.14953**.

2. Felt-Bersma, R. J. F., & Cazemier, M. (2006). Endosonography in anorectal disease: an overview. *Scandinavian Journal of Gastroenterology*, *41*(sup243), 165-174. DOI: **10.1080/00365520600664292**.

3. Visscher, A. P., & Felt-Bersma, R. J. (2015). Endoanal ultrasound in perianal fistulae and abscesses. *Ultrasound quarterly*, *31*(2), 130-137. DOI: 10.1097/RUQ.0000000000000124.

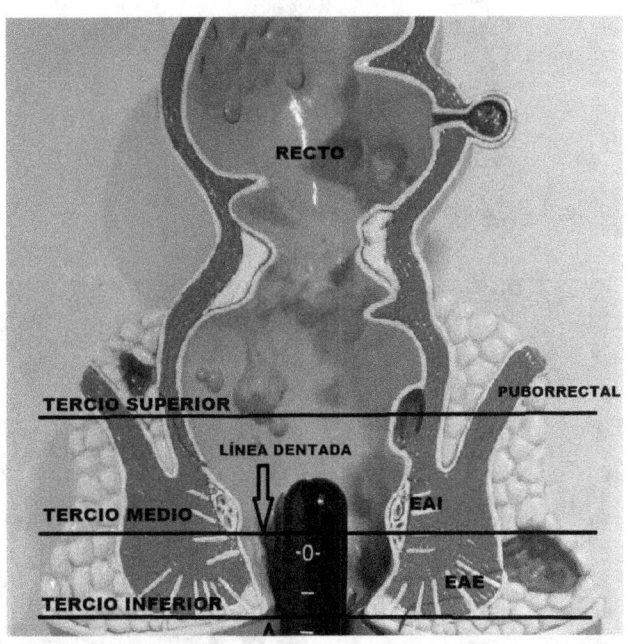

Figura 1. Segmentos del conducto anal para su valoración por ultrasonido. EAE-Esfínter anal externo, EAI-Esfínter anal interno.

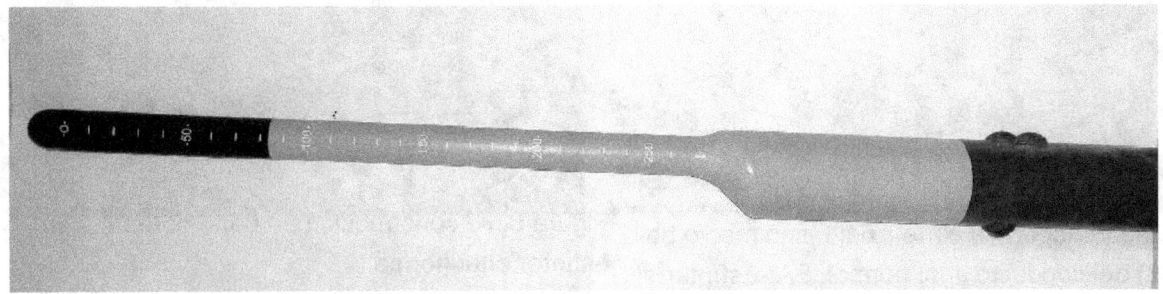

Figura 2. Transductor BK Medical 2052 endocavitario de 360°.

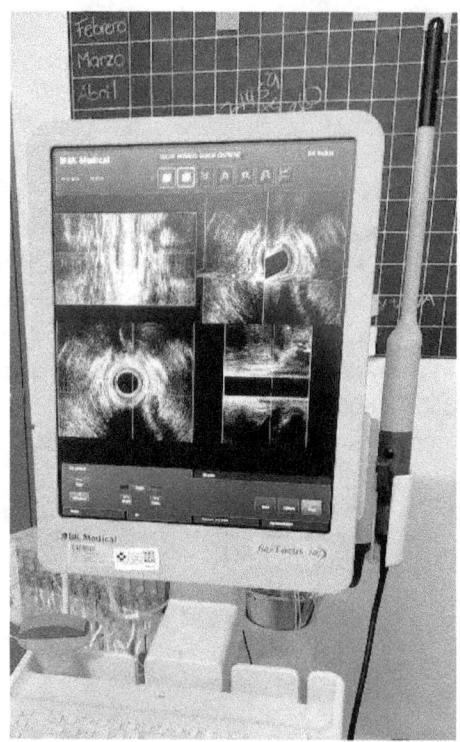
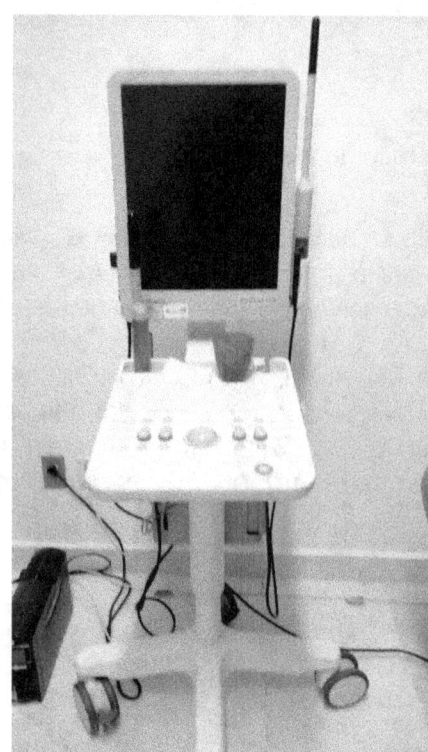

Figura 3 y 4. Ultrasonido BK Medical Flex Focus 400.

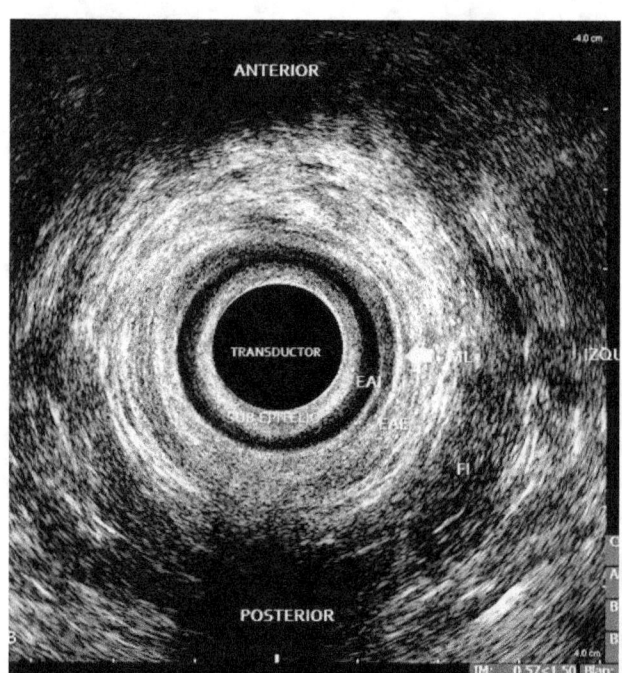
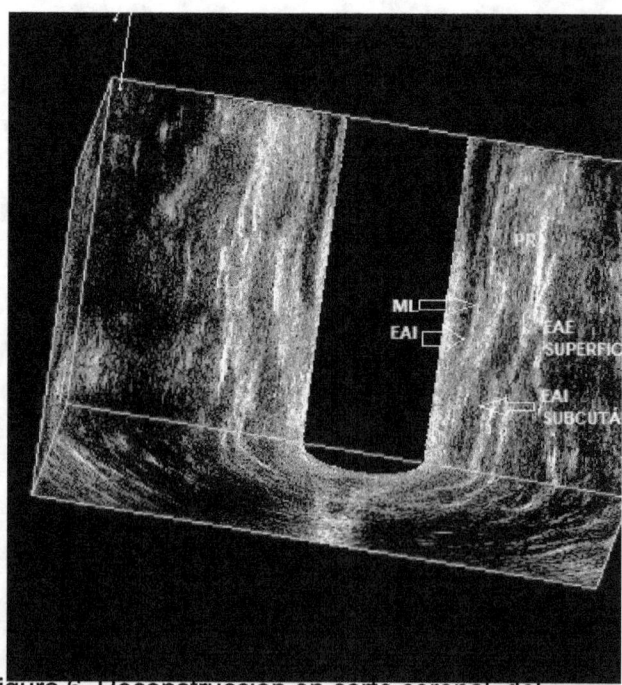

Figura 5. Imagen de corte axial tercio medio bajo (TMB) del conducto anal normal. EAI-Esfínter anal interno, EAE-Esfínter anal externo, ML-Músculo longitudinal, FI-Fosa Isquiorrectal.

Figura 6. Reconstrucción en corte coronal del esfínter anal normal.

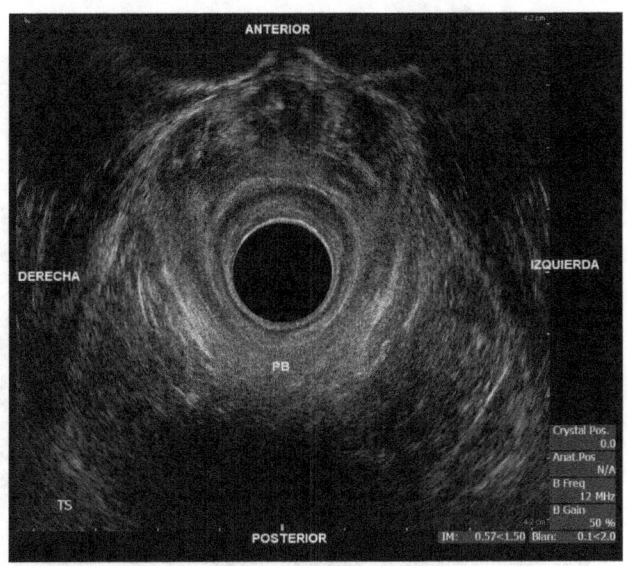

Figura 7. Corte axial del tercio superior del conducto anal por ultrasonido endoanal, se identifica el músculo puborrectal (PB).

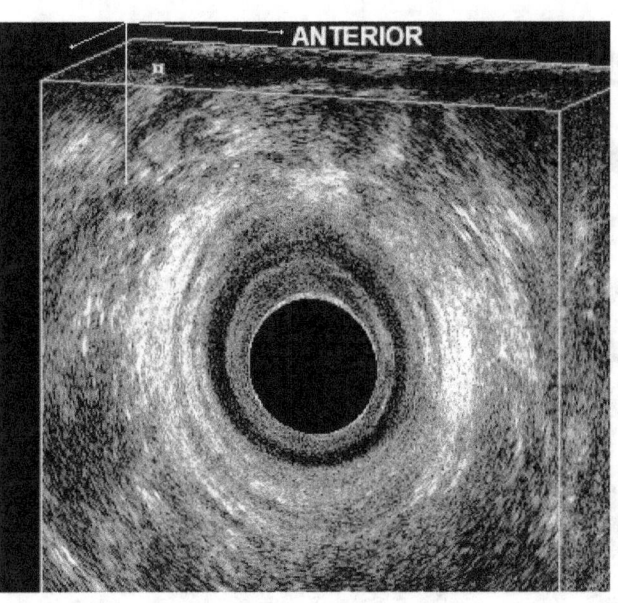

Figura 8. Reconstrucción axial del tercio medio del conducto anal.

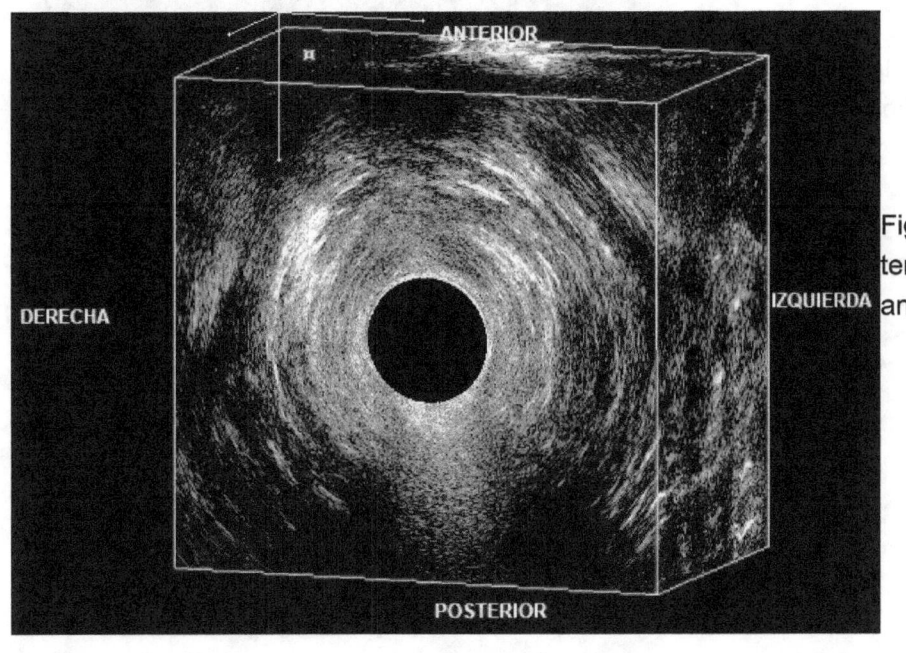

Figura 9. Corte axial del tercio inferior del conducto anal.

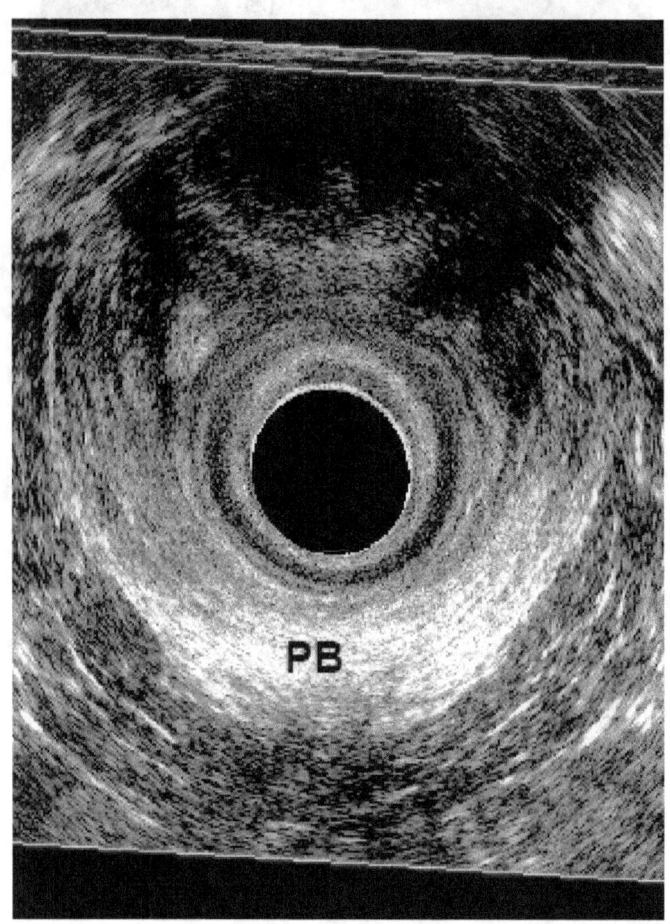 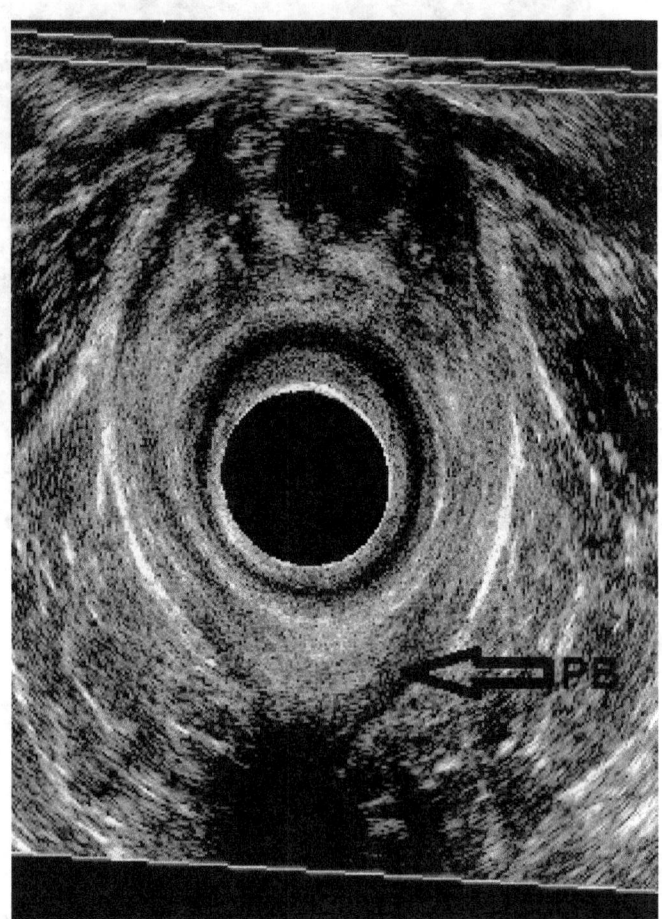

Figura 10. Comparación de la vista axial del tercio superior del conducto anal en una mujer (izquierda) y en un hombre (derecha). PB-puborrectal.

Estructura	Plano Acústico
Subepitelio	Hiperecogénico
Esfínter Anal Interno	Hipoecogénico
Esfínter Anal Externo	Hiperecogénico
Puborrectal	Hiperecogénico

2. ANATOMIA NORMAL DEL RECTO Y ESTRUCTURAS PERIRRECTALES

Juan Antonio Villanueva, Sthela Regadas, Lisbeth Alarcón

Para la adquisición de imágenes endorrectales es necesario cubrir al transductor con un protector que permite el llenada de líquido, para obtener una adecuada "ventana acústica" con las paredes del recto (o del tumor), evitando los espacios con aire que haría imposible obtener una imagen satisfactoria. Se introduce con el rectosigmoidoscopio rígida, de la marca del equipo de ultrasonido, el transductor endorrectal, bajo visión directa. Es importante señalar, que este último aditamento es de un diámetro mayor al utilizado de manera comercial (e.g. Welch Ally o Karl Storz); el transductor no puede pasar a través de todos los rectosigmoidoscopios comerciales. Una vez que se logra franquear el tumor, se debe introducir un par de centímetros por arriba de su borde superior, con la intención de localizar ganglios en el mesorrecto para una correcta estadificación.

El recto se observa por ultrasonido compuesto por 5 anillos: 1) Hiperecóica. Interfase del transductor y la mucosa del recto, 2) Hipoecoico. Muscularis mucosa, 3) Hiperecóóco. Submucosa, 4) Hipoecóico. Muscular propia, 5) Hiperecóica. Mesorrecto. La nemotecnia utilizada para recordar fácilmente esta estructura es u parecido con un "Big-Mac", donde las capas hipoecóicas y las hiperecóicas semejan esta imagen.

Realmente no es necesario introducir el rectosigmoidoscopio más allá de 10 cm del margen del ano, la importancia es en el recto extraperitoneal para valorar la penetración del tumor y la presencia de ganglios a nivel del recto medio e inferior y determinar la necesidad de neoadyuvancia.

Las penetraciones del tumor hacia las diferentes capas del recto se valoran de acuerdo con la estadificación propuesta por Hildebrant y Fiefel. En cuanto a los ganglios mesorrectales solo se mencionan en el reporte si están presentes o ausentes, sin tomar en cuanto el número de los mismo encontrados. Las características para definir un ganglio positivo son: ecogenicidad similar a la del tumor y tamaño de 1cm o mayor. La tecnología 3D permite seguir la imagen de un probable ganglio en su longitud, pudiendo determinar si se trata de un vaso sanguíneo o en realidad de un nódulo neoplásico. En ocasiones con imágenes 2D, requiere de un mayor entrenamiento para definirlo y de realizar varios "barridos" para tomar una conclusión.

El ultrasonido endorrectal también permite valorar la distancia ultrasonográfica que existe entre el músculo elevador del ano y el borde distal del tumor, dato poco mencionado en la literatura, pero permite un pronóstico a priori de la cirugía a realizar. La infiltración del tumor a los músculos elevadores es claramente observable con el USG, y en estos casos, contaremos con la documentación objetiva para realizar una resección abdominoperineal extraelevadora.

Tambien a este nivel se pueden observar la próstata y las glándulas seminales. El ultrasonido permite evaluar de manera muy fehaciente cuando existe infiltración de un tumor a estas estructuras.

Lecturas recomendadas.

1. Reyes Hansen MD, Villanueva Herrero JA, Jimenez Bobadilla B. Eficacia del ultrasonido endorrectal posneoadyuvancia en la evaluación de la regresión tumoral en el cáncer de recto. Rev Med UAS 2019;9(1);21-32. DOI: 10.28960/revmeduas.2007-8013.v9.n1.004.

2. Hildebrandt, U. and Feifel, G. Preoperative staging of rectal cancer by intrarectal ultrasound. *Diseases of the colon & rectum 1985;28*(1),.42-46.DOI: 10.1007/BF02553906

3. Schaffzin, D.M. and Wong, W.D. Endorectal ultrasound in the preoperative evaluation of rectal cancer. *Clinical Colorectal Cancer 2004;4*(2):124-132. DOI: 10.3816/CCC.2004.n.015.

Anotaciones

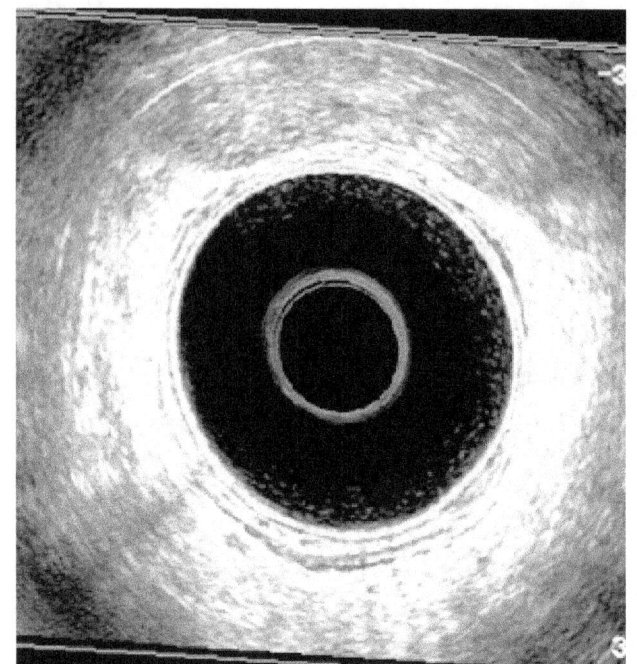 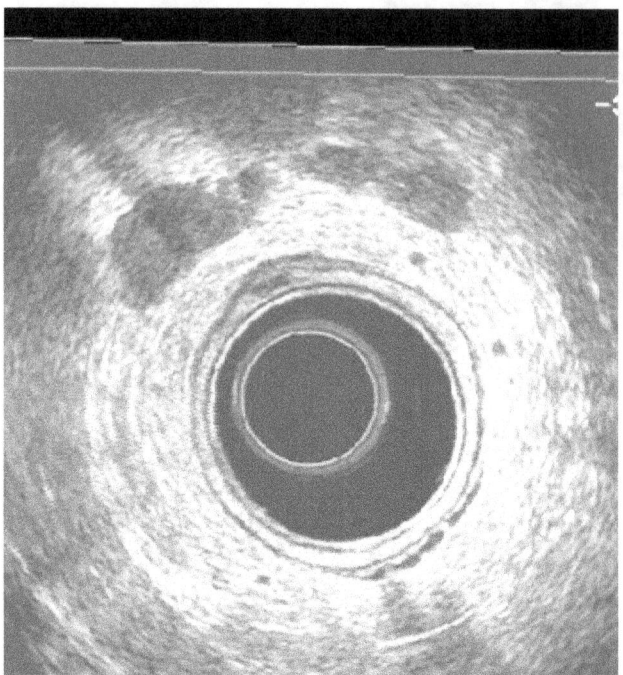

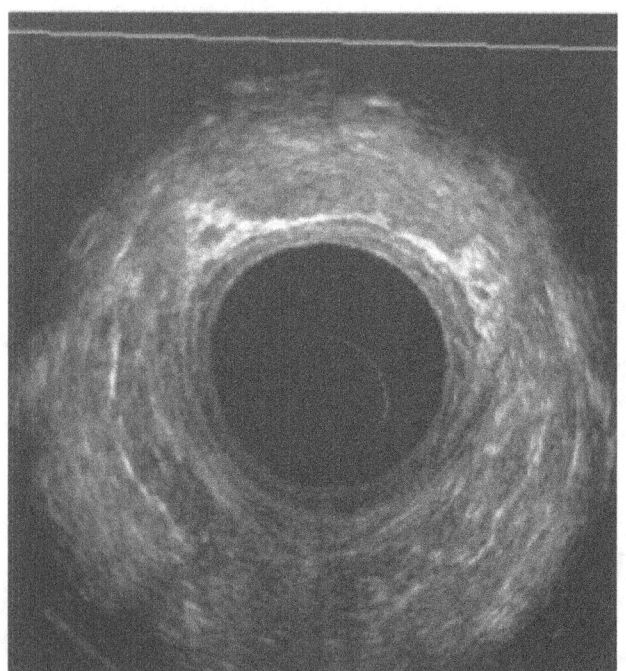 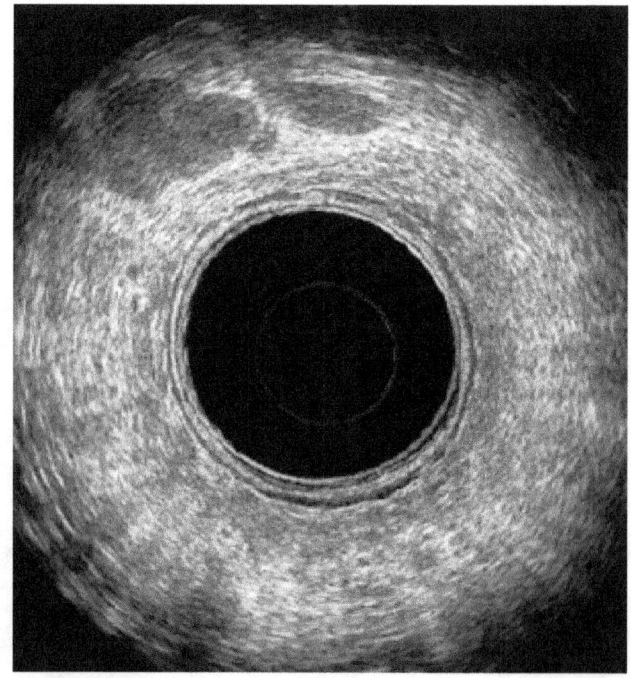

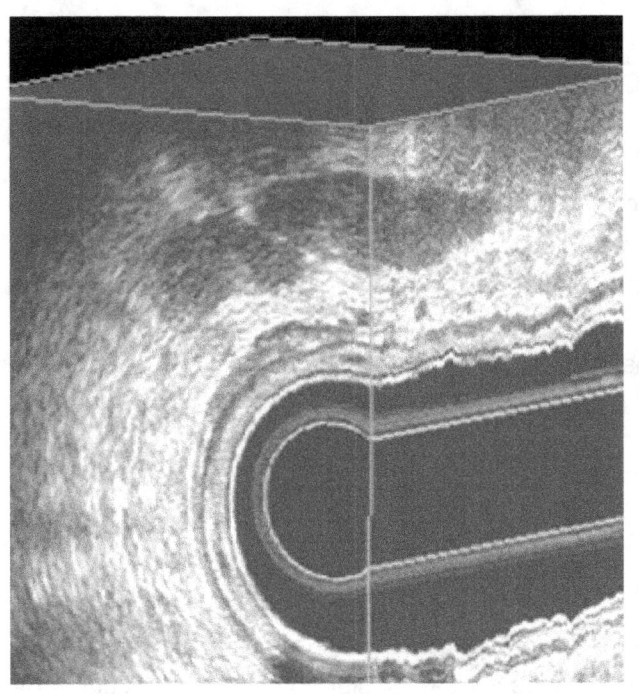
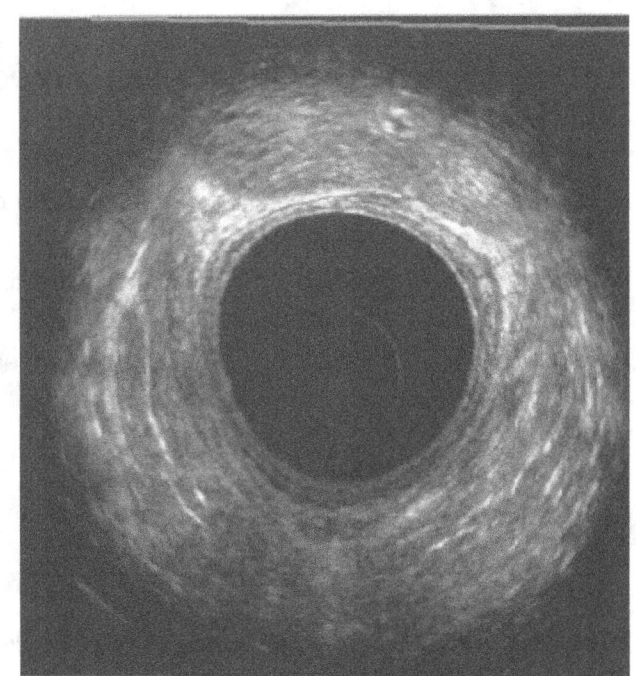
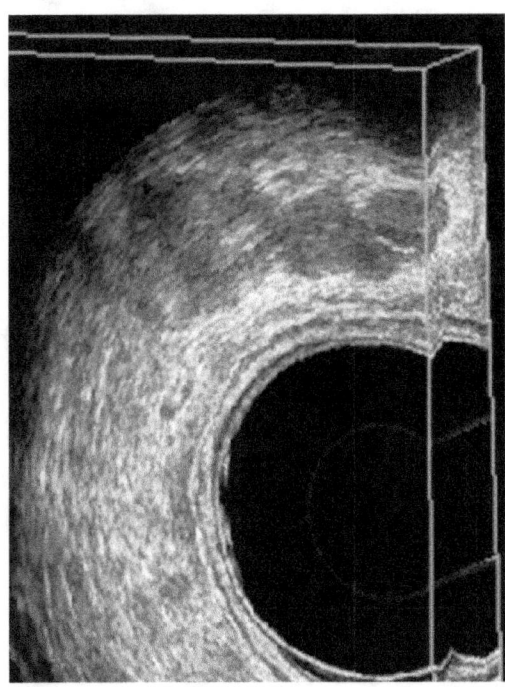
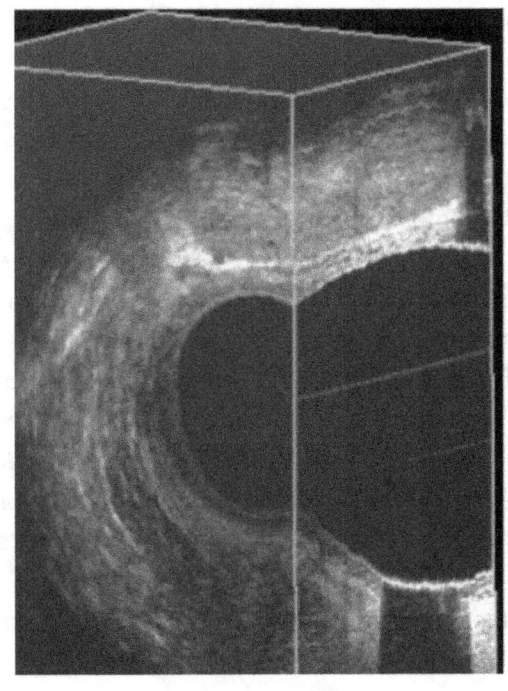

3. ULTRASONIDO ENDOANAL EN ABCESOS ANORRECTALES

Alan Garza, Dahiana Pichardo, Jonatan Olvera

El absceso anal es la acumulación de pus en uno o más de los espacios anorrectales. El 90% de los abscesos son criptoglandulares y el resto son específicos, secundarios a enfermedades como: tuberculosis, enfermedad inflamatoria intestinal (EII), cuerpos extraños, enfermedades inmunosupresoras, procesos neoplásicos y trauma local.

Por su localización los abscesos anorrectales se clasifican en:

1. Submucoso
2. Perianal
3. Interesfintérico
4. Isquiorrectal (isquioanal)
5. Postanal (superficial y profundo)
6. Supraelevador

El absceso perianal es el más común (40 a 45% de los casos), seguido del isquiorrectal en 20 a 25%. El absceso supraelevador se presenta en tan solo un 2.5% de los casos, siendo el menos frecuente de los abscesos anorrectales. Este último tipo de absceso se presenta como una extensión cefálica de procesos infecciosos interesfintéricos o isquiorrectales; puede ser secundario a enfermedades o cirugía pélvicas (e.g. EII, diverticulitis aguda, procesos anexiales inflamatorios). El pus puede extenderse a través de los diferentes espacios anorrectales interesfintérico o isquiorrectal bilateral y desarrollar un absceso en herradura, generalmente el pus sigue la vía de menor resistencia.

El diagnóstico es generalmente clínico y resulta evidente al realizar la anamnesis y exploración física casi siempre. La mayoría de los especialistas mencionan solo utilizar el ultrasonido endoanal (USEA) donde existe la duda en el diagnóstico. El escenario común es un paciente con dolor anal agudo sin fiebre y sin aumento de volumen o eritema perianal. Otro escenario es aquel paciente ya con drenaje de un absceso anorrectal con menos de 15 días y el continúa con supuración intermitente pero escasa y síntomas sistémicos de inflamación; se sospecha un absceso residual. Este escenario es más común en abscesos interesfintéricos, posanales profundos y supraelevadores.

Se ha utilizado también para el estudio de los abscesos anorrectales la tomografía axial computarizada (TAC) y la resonancia magnética (RMN). Sin embargo, los requerimientos técnicos, el costo y la disponibilidad de los aparatos necesarios hacen del ultrasonido endoanal la primera elección para el estudio de los abscesos. El USEA tiene una sensibilidad cercana al 100% en la detección de abscesos anorrectales, cifra similar a la obtenida por medio de RMN

El USEA es un procedimiento bien tolerado por el paciente, y sirve para evaluar las características de los diferentes tipos de abscesos determinando con exactitud su localización respecto al complejo esfintérico y extensión a los espacios anorrectales, resultando en una correcta clasificación de este.

Siempre antes de realizar el USEA, iniciamos con el tacto rectal, el cual se debe de realizar gentilmente para disminuir al mínimo las molestias del paciente. Si durante el tacto rectal presionamos de manera intensa las paredes del conducto y del recto, las colecciones pueden drenarse espontáneamente hacia el lumen, sobre todo en los abscesos interesfintéricos disminuyendo la probabilidad de encontrarlos por ultrasonido. Por lo anterior, si ya decidimos realizar el USEA, el tacto rectal debe ser gentil para que no ocurra un drenaje del absceso; aunque clínicamente seria lo buscado por el médico tratante. Con el tacto buscamos el probable sitio del absceso (zona de abombamiento) y corroborar ausencia de estenosis o tumores.

El USEA se realiza con frecuencias de 6 a 12 MHz, dejando las frecuencias bajas para observar la extensión del absceso hacia los espacios isquiorrectales y frecuencias altas para identificar abscesos interesfintéricos y el probable orificio fistuloso interno (OFI). Se recomienda programar las frecuencias y distancia focal adecuados antes de introducir el transductor en el paciente para acortar el tiempo de estudio y disminuir la incomodidad. El absceso anal por USEA tiene las siguientes características: 1) área hipoecoica homogénea y 2) bordes definidos. Las imágenes hiperecóicas en el interior de un absceso son sugestivas de detritos o presencia de gas. Resulta de gran importancia determinar la localización del absceso y su relación con el complejo esfintérico y espacios anorrectales, tratando de delimitar su extensión total tanto longitudinal como transversalmente, para lo cual el ultrasonido 3D aporta información valiosa. La visión integral y completa del complejo esfintérico y recto inferior proporcionada por el ultrasonido 3D, permite la reconstrucción transversal, planos sagital y coronal, con mayores ventajas en cuanto a la determinación de la extensión sobre la ecografía 2D. La ultrasonografía endoanal puede resultar inconclusa o puede dar una caracterización incompleta de los límites del absceso en situaciones en las que el absceso y tejido desvitalizado sean excesivamente extensos, como en los casos de gangrena de Fournier, la cual se caracteriza por abundante detritus celulares, fibrosis y necrosis tisular, sin embargo, se sabe que ante tales casos el abordaje quirúrgico es inminente y no se indica por lo regular, el estudio por ultrasonido.

Para la descripción del reporte una vez realizada la ecografía, se deberá de tener en cuenta la localización del absceso referenciado los esfínteres, así como a los espacios anorrectales, así también como su tamaño y orientación espacial. Es importante recordar que las imágenes por USEA se encuentran magnificadas, y por tal motivo al describir abscesos, sobre todo interesfintéricos, resulta relevante mencionar el volumen aproximado de la colección para que el clínico, principalmente si no está familiarizado con la técnica de imagen, tenga un planeamiento y desarrollo quirúrgico adecuado y preciso.

Lecturas recomendadas

1. Brillantino, A., Iacobellis, F., Di Sarno, G., D'Aniello, F., Izzo, D., Paladino, F., et al. Role of tridimensional endoanal ultrasound (3D-EAUS) in the preoperative assessment of perianal sepsis. *Int J Colorectal Dis* 2015;*30*(4):535-542. doi:10.1007/s00384-015-2167-0

2. Visscher, A.P. and Felt-Bersma, R.J. Endoanal ultrasound in perianal fistulae and abscesses. *Ultrasound quarterly* 2015; *31*(2):130-137. doi: 10.1097/RUQ.0000000000000124

3. Nuernberg, D., Saftoiu, A., Barreiros, A.P., Burmester, E., Ivan, E.T., Clevert, D.A., et al. EFSUMB recommendations for gastrointestinal ultrasound part 3: endorectal, endoanal and perineal ultrasound. *Ultrasound international open 2019; 5*(01):E34-E51. DOI: 10.1055/a-0825-6708

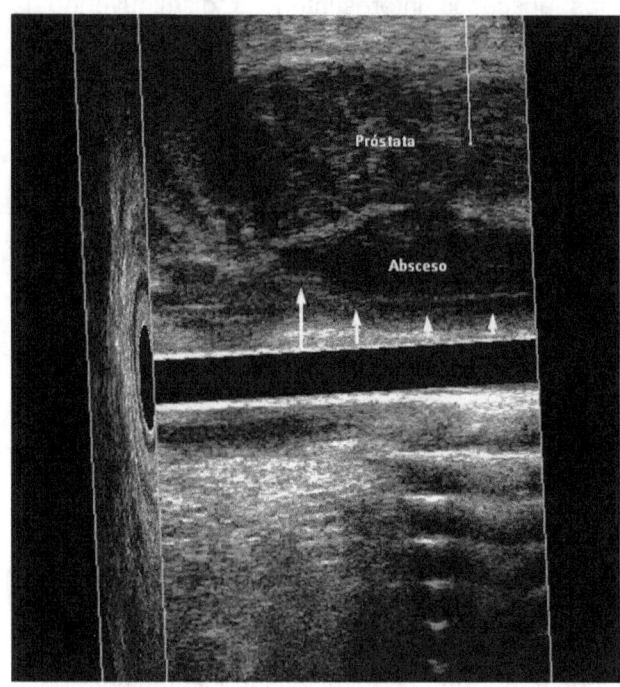
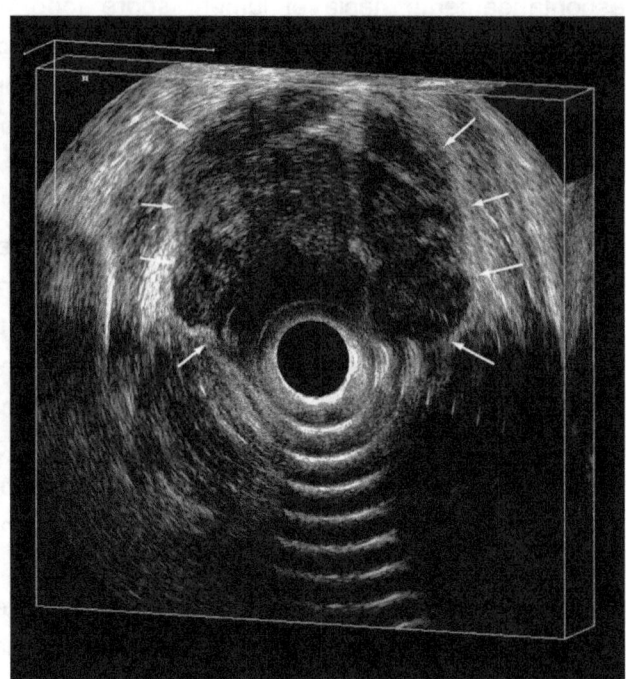
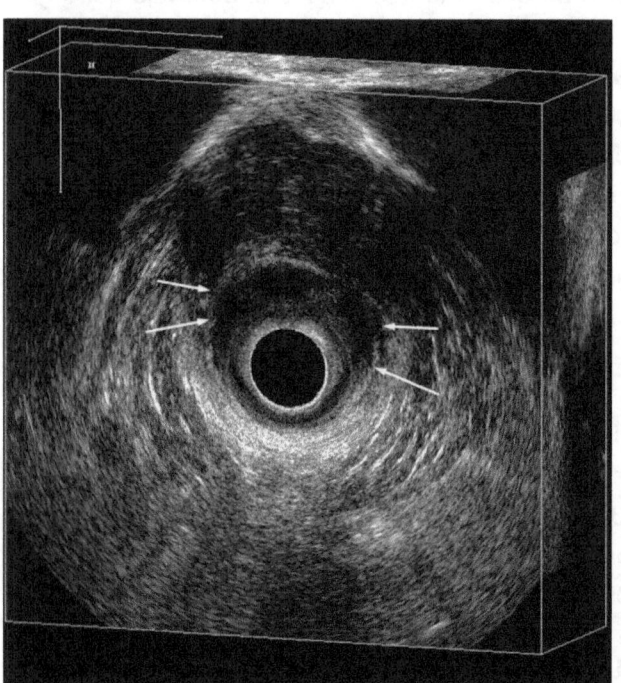
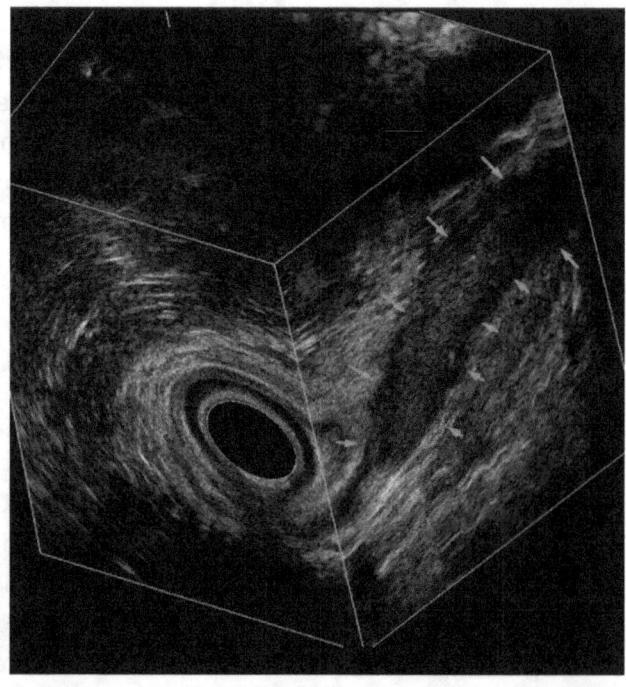

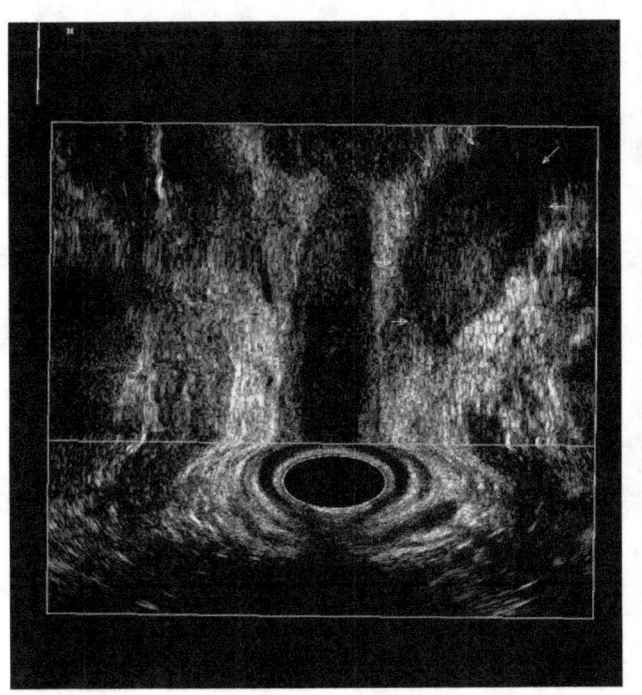
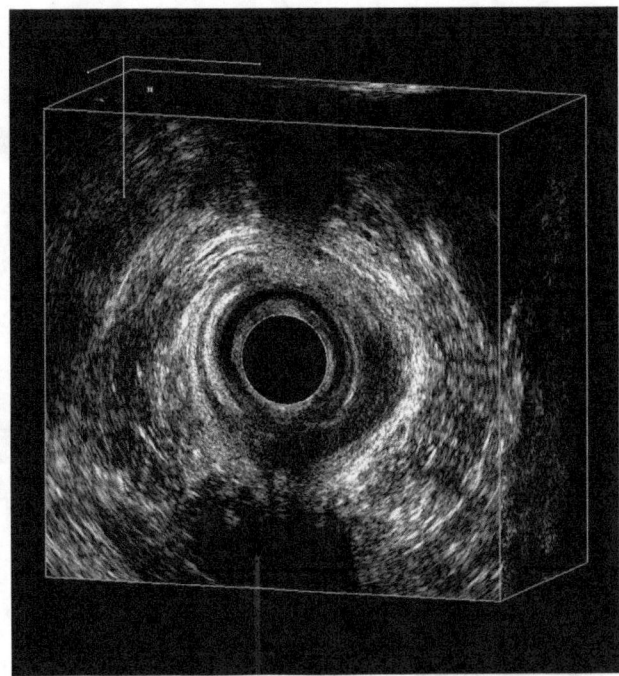
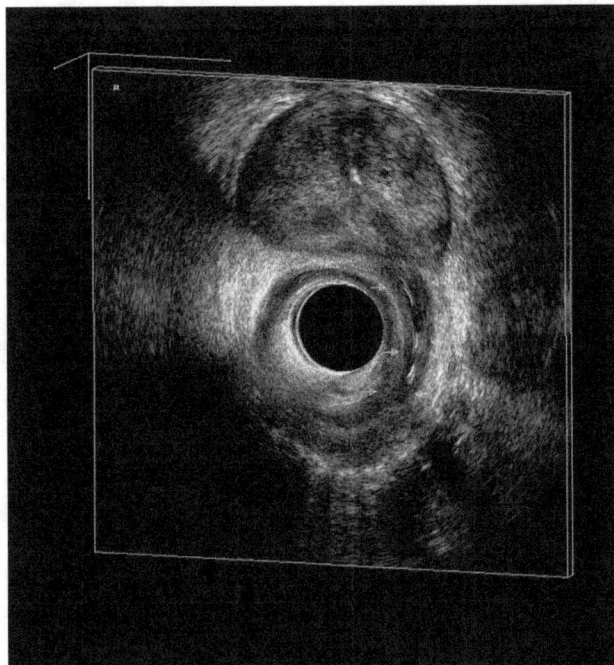
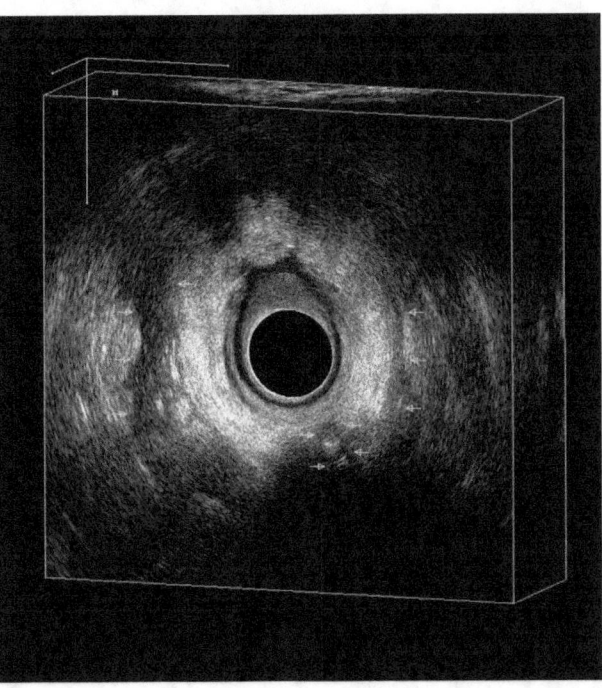

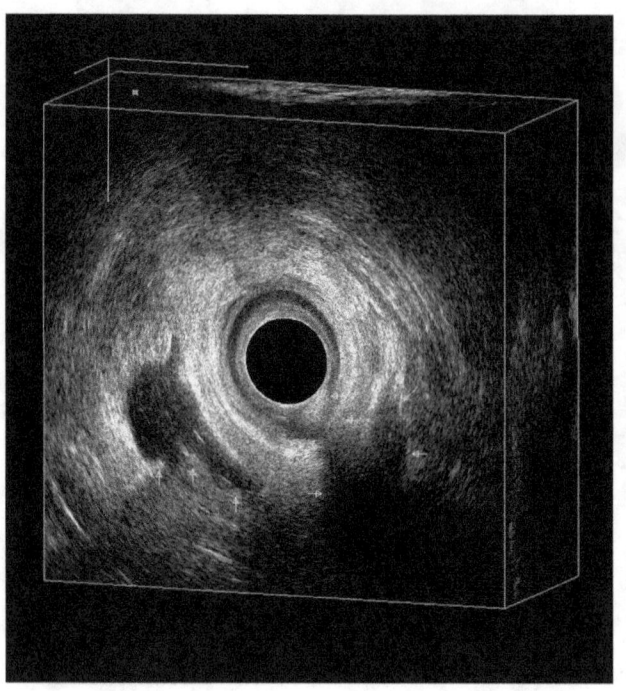
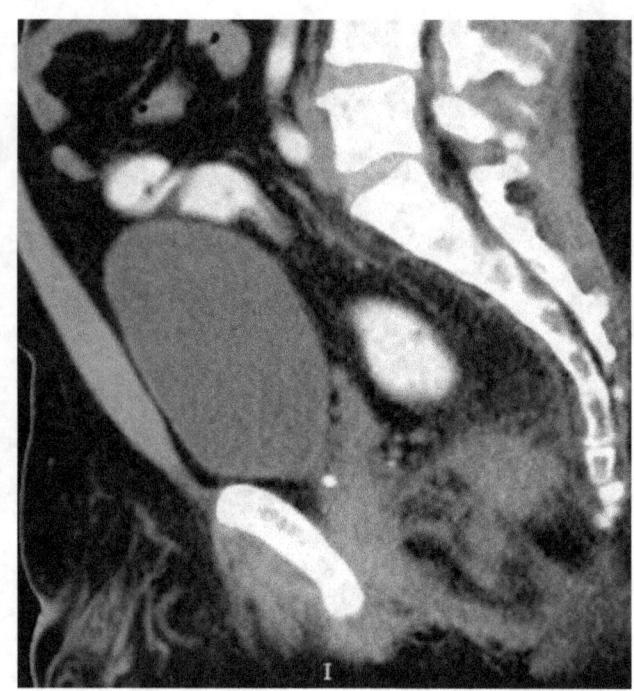
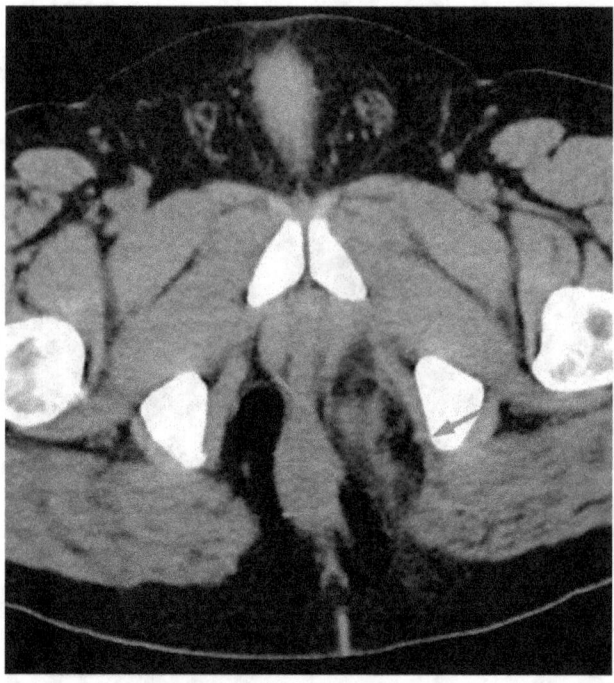
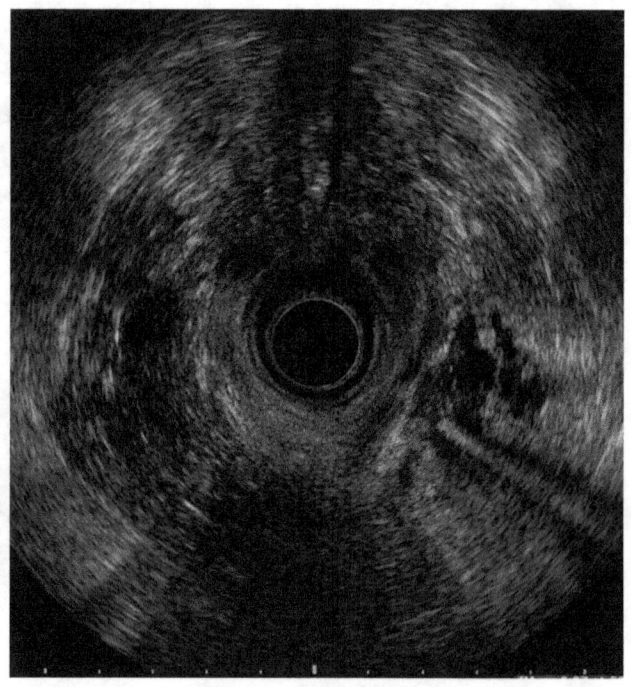

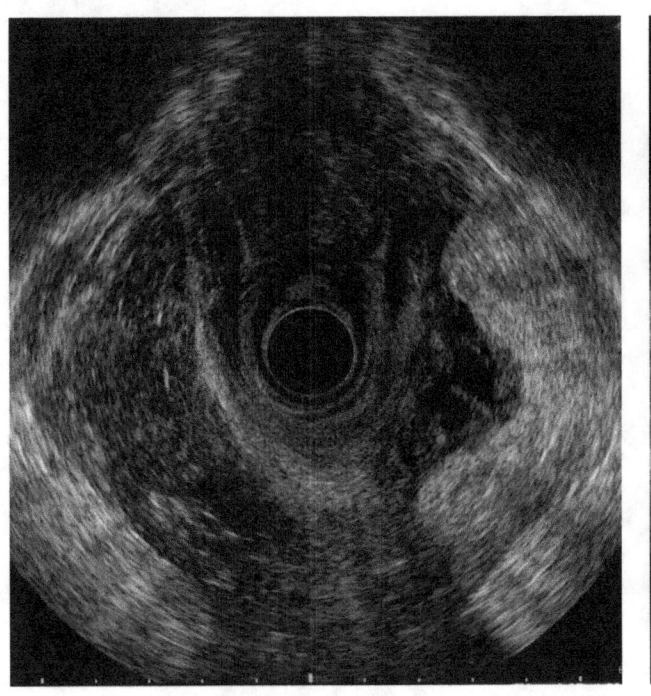
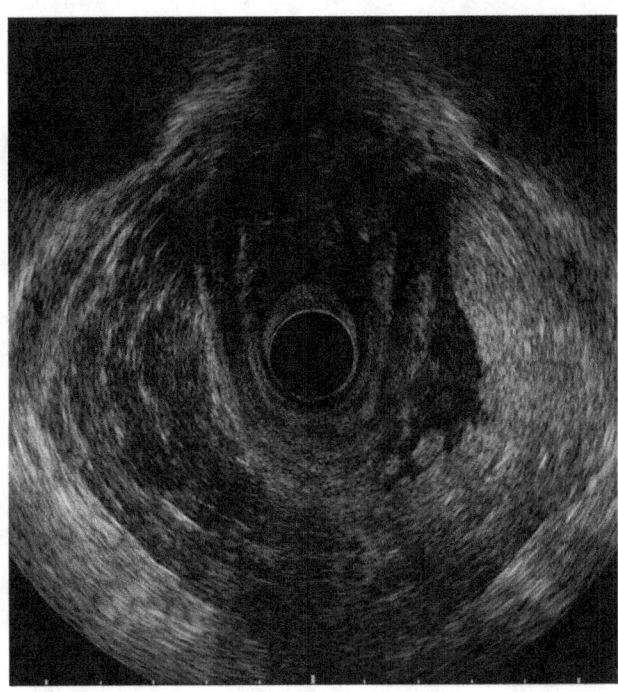
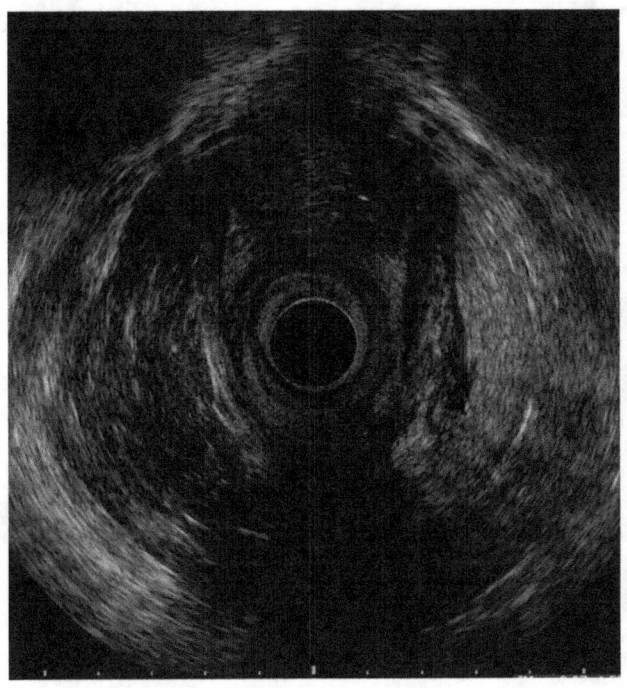
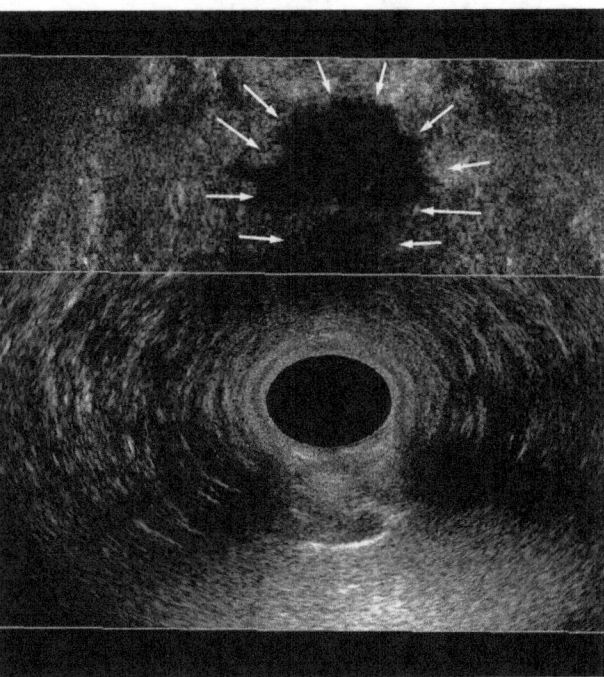

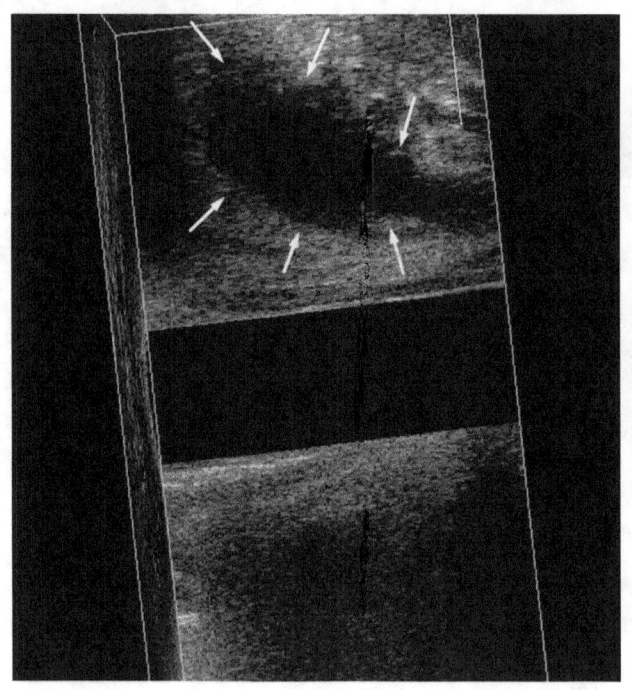

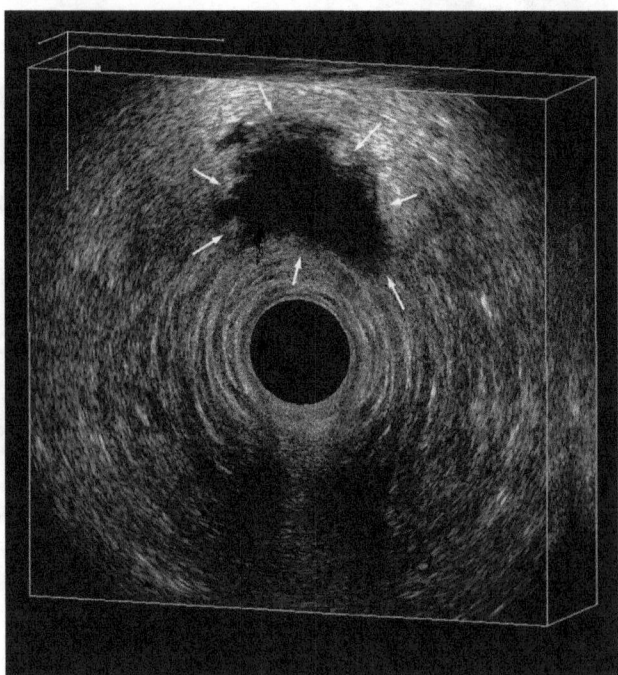

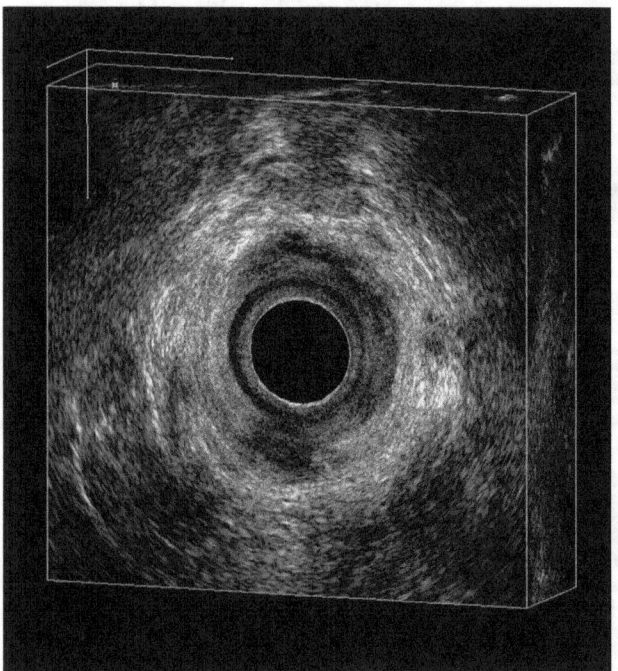

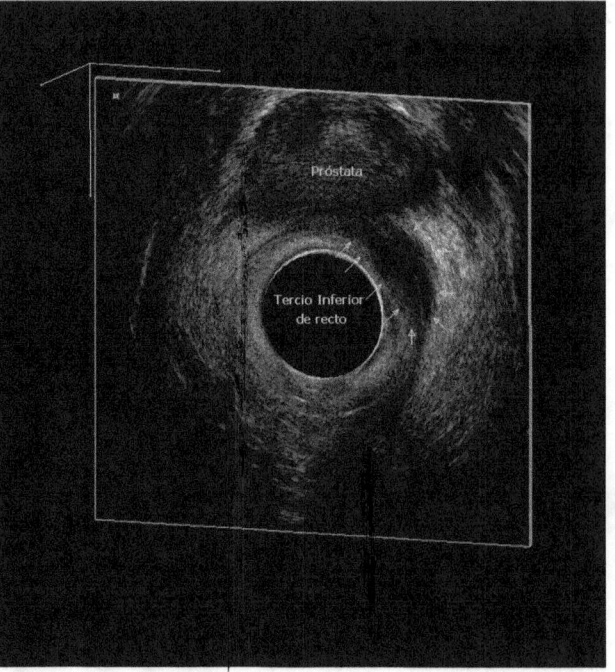

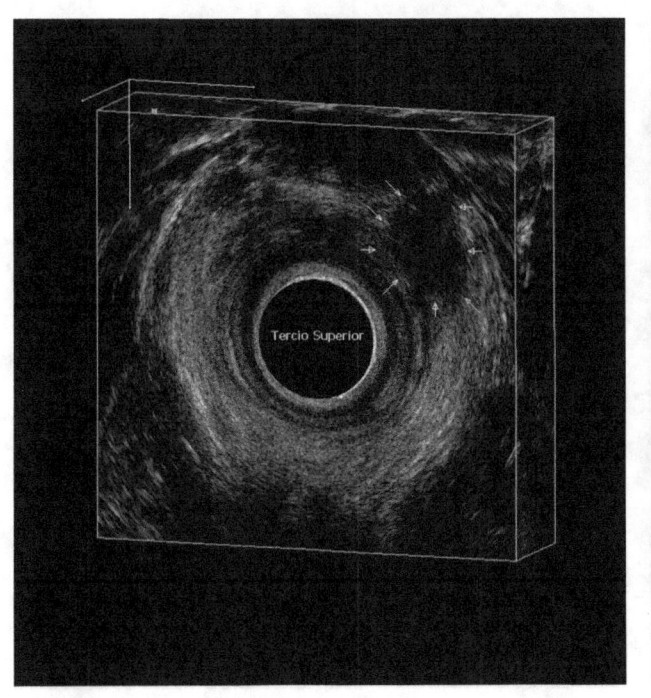

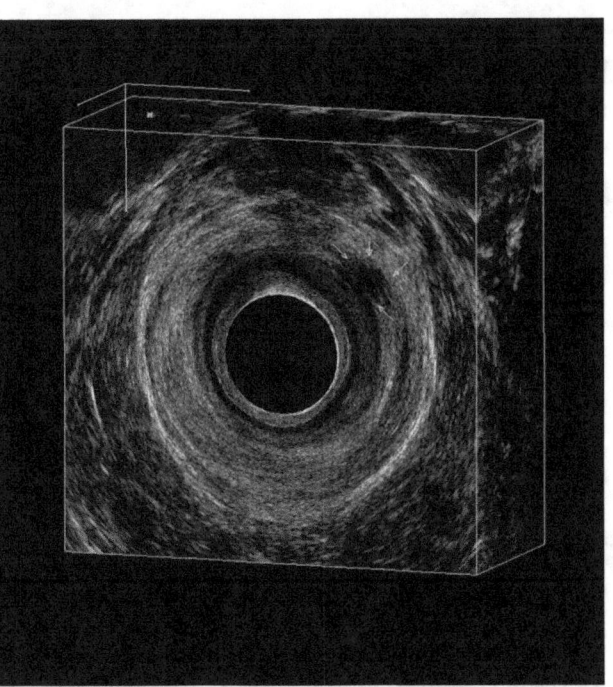

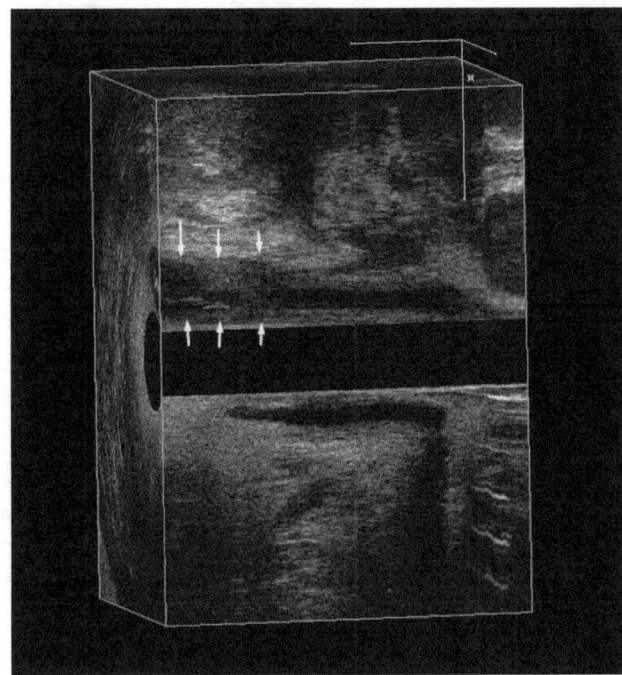

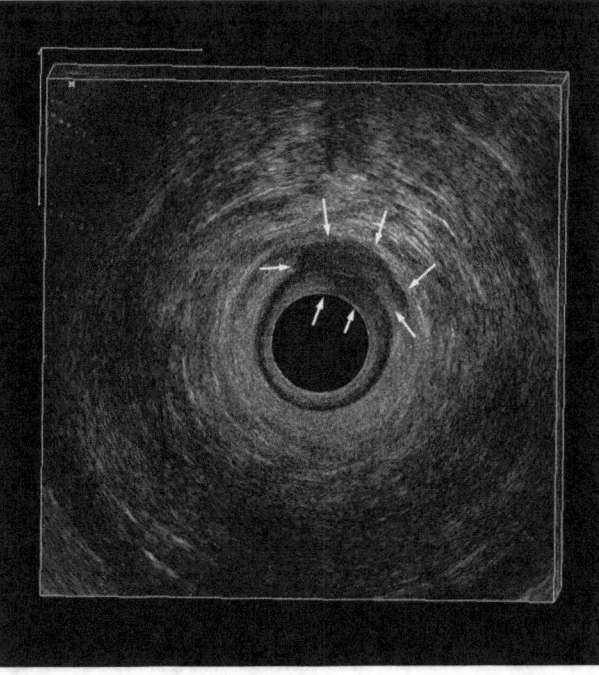

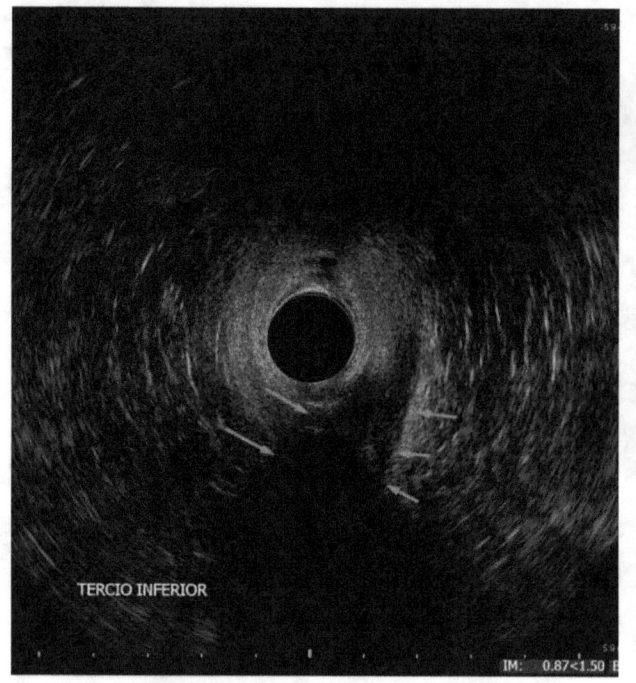

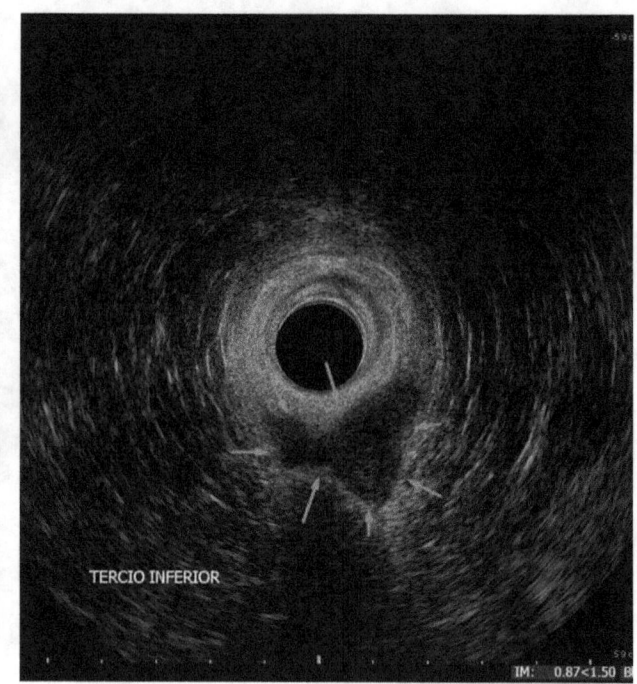

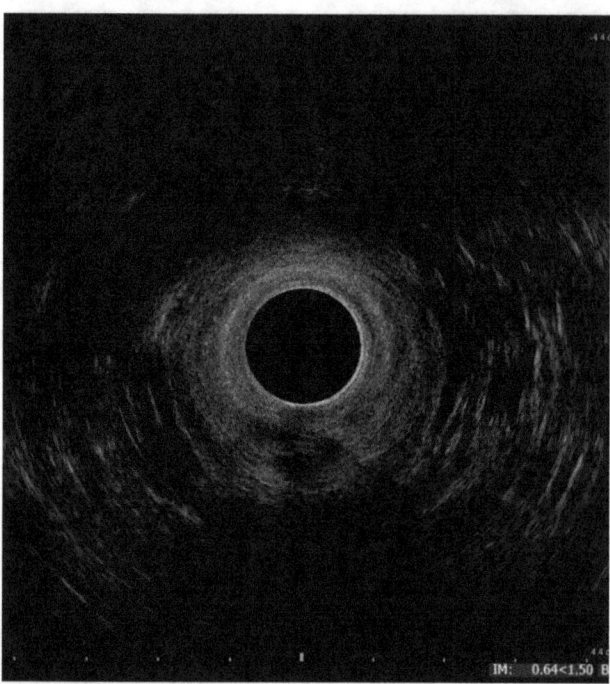

4. ULTRASONIDO ENDOANAL EN FÍSTULAS ANALES

Alan Garza, Dra. Dahiana Pichardo, Gerardo Maya

Se definen como una conexión anormal entre dos superficies epiteliales, en este caso resultado de la comunicación del conducto anal o recto con la piel perianal. Una fístula anal se caracteriza por un orificio fistuloso primario o interno (OFI), el trayecto primario y el orificio fistuloso secundario o externo (OFE). Es común encontrar fistulas con trayectos secundarios, trayectos ciegos o una fístula sin un orificio fistuloso "externo" también llamado seno anal.

Al igual que en el caso de los abscesos anales, mencionados en el capítulo anterior, la mayoría de las fístulas son de origen criptoglandular, resultando de la obstrucción de una glándula anal y formación de un absceso como la etapa aguda del proceso infeccioso, con la consecuente persistencia del proceso pasando a una etapa crónica con formación y epitelización del trayecto y desarrollo de la fístula anal. La Enfermedad de Crohn, una fisura anal, infecciones específicas, trauma anal, y tumores del conducto anal o recto, constituyen causas etiológicas menos comunes. Pacientes que presentaron un absceso anal desarrollarán una fístula anorrectal en el 30 a 70% de los casos, la cual puede aparecer varios meses posteriores al drenaje del absceso.

Tomando en cuenta la clasificación de Parks propuesta en 1976 para fístulas anorrectales de origen criptoglandular, las fistulas pueden ser clasificadas en:

1. Interesfintéricas. Tienen un trayecto principal entre ambos esfínteres hasta la piel perianal. El trayecto fibroso superficial es patente al tacto rectal en la mayoría de los casos y generalmente el OFE esta cerca del margen anal.

2. Transesfintéricas. El trayecto principal atraviesa ambos esfínteres hacia la fosa isquiorrectal y desembocan en la piel perianal abriéndose generalmente más lejos del margen anal que una fístula interesfintérica; se subdividen en altas o bajas, dependiendo de la altura en la cual atraviesan el esfínter anal externo (EAE). Es relevante mencionar que la altura del OFI no siempre concuerda con el nivel al que una fístula transesfintérica cruza el EAE. Estas fístulas pueden presentar trayectos secundarios supraelevadores por el espacio isquiorrectal, a través del músculo elevador del ano, así como trayecto por el espacio interesfintérico.

3. Supraesfintéricas. Tienen un trayecto a través del espacio interesfintérico, por arriba del músculo puborrectal y tienen una trayecto principal que atraviesa el músculo elevador del ano por el espacio isquiorrectal hasta la piel.

4. Extraesfintéricas. Se describen como una comunicación directa del recto con la piel perianal.

Los dos primeros tipos de fistulas son las más frecuentes con una incidencia similar; a esta clasificación podríamos agregar las fístulas submucosas, las cuales presentan un trayecto que no compromete el esfínter.

Las fístulas pueden ser clasificadas en simples y complejas, considerando simples a aquellas fístulas superficiales, interesfintéricas o transesfintéricas bajas que no presenten abscesos o múltiples trayectos secundarios; mientras que las complejas incluyen las transesfintéricas altas, supraesfintéricas o extraesfintéricas, aquellas con grandes abscesos y múltiples trayectos secundarios, fístulas anteriores en mujeres, fístulas recurrentes y aquellas secundarias a enfermedad inflamatoria intestinal, generalmente a Enfermedad de Crohn y aquellas secundarias a radioterapia. Teniendo en cuenta que la mayor parte de las fístulas son simples, llegando al diagnóstico mediante el examen físico sin la necesidad del uso de estudios de imagen, la indicación para realizar un USEA sería la sospecha de presentación de una fístula compleja.

En el estudio de las fístulas anorrectales se pueden utilizar diversos métodos de imagen, entre los que destacan la tomografía axial computarizada (TAC), el ultrasonido endoanal (USEA) y la resonancia magnética (RMN). Considerando los requerimientos técnicos, el costo y disponibilidad de los estudios antes mencionados, el ultrasonido endoanal se deberá considerar como primera elección en el estudio de los abscesos y fístulas anales, reservando la resonancia magnética para casos Enfermedad de Crohn o aquellos trayectos que no puedan ser bien delimitados por medio del USEA. Las fístulas más complejas pueden resultar difíciles de clasificar o identificar en su totalidad con un ultrasonido 2D; el modo 3D permite la visualización con mayor extensión en relación con los esfínteres siendo más sencillo la identificación de trayectos secundarios, orificios internos o cavidades.

La recurrencia de una fístula y la incontinencia fecal son las complicaciones más frecuentes de una cirugía de fístula anal. La recurrencia es habitualmente el resultado de una incorrecta identificación transoperatoria de trayectos secundarios o del OFI. El USEA complementa la evaluación haciendo posible la identificación del complejo fistuloso en todo su trayecto, facilitando la planeación quirúrgica y mejorando así los resultados, previniendo la recurrencia y la incontinencia.

El trayecto fistuloso se identifica como una imagen hipoecogénica longitudinal u ovoidea, la cual se observa en los distintos cortes y que puede seguir uno de los trayectos de acuerdo a su clasificación. Ya que el OFI no siempre se identifica con facilidad, Cho y cols. describieron en 1999 tres criterios para identificar el OFI. Dichos criterios tienen una sensibilidad y especificidad combinadas cercanas al 94 y 87% respectivamente, y son:

      1. Criterio 1: Imagen parecida a una raíz o brote en el espacio interesfintérico que contacta con el EAI.

      2. Criterio 2: Ruptura del EAI donde contacta la imagen del criterio 1.

      3. Criterio 3: Defecto en el subepitelio que se extiende hacia el espacio interesfintérico a través del defecto en el EAI.

En los casos en los que no es posible identificar el OFI o cuando la imagen hipoecogénica observada no se sabe con certeza si corresponde a un trayecto fistuloso o a fibrosis, se puede recurrir a la utilización de un medio de contraste, el cual consiste en la instilación de agua oxigenada diluida al 50% con agua inyectable a través del OFE. Si el OFE no se encuentra abierto y no es posible canularlo, en el Hospital General de México en el Servicio de Coloproctología, hemos desarrollado una técnica para colocar el agua oxigenada intraanal y localizar el OFI y trayectos asociados. Esta maniobra modifica la ecogenicidad de la imagen realzando los trayectos fistulosos o cavidades de manera hiperecogénica, mientras que el tejido cicatrizal o fibroso no realzará. Una vez realizado el estudio, se deberán describir los hallazgos con y sin medio de contraste (H2O2), llegando a un diagnóstico basado en las características y trayectos observados.

Lecturas sugeridas

1. Brillantino, A., Iacobellis, F., Reginelli, A., Monaco, L., Sodano, B., Tufano, G, et al. Preoperative assessment of simple and complex anorectal fistulas: Tridimensional endoanal ultrasound? Magnetic resonance? Both?. *La radiologia medica* 2019; *124*(5):339-349. DOI: 10.1007/s11547-018-0975-3

2. Emile, S.H., Magdy, A., Youssef, M., Thabet, W., Abdelnaby, M., Omar, W, et al. Utility of endoanal ultrasonography in assessment of primary and recurrent anal fistulas and for detection of associated anal sphincter defects. *Journal of Gastrointestinal Surgery* 2017;*21*(11):1879-1887. DOI: 10.1007/s11605-017-3574-z

3. Siddiqui, M.R., Ashrafian, H., Tozer, P., Daulatzai, N., Burling, D., Hart, A., et al. A diagnostic accuracy meta-analysis of endoanal ultrasound and MRI for perianal fistula assessment. *Diseases of the colon & rectum 2012; 55*(5):576-585. DOI: 10.1097/DCr.0b013e318249d26c

4. Cho, D.Y. Endosonographic criteria for an internal opening of fistula-in-ano. *Diseases of the colon & rectum 1999;42*(4):.515-518.DOI: 10.1007/BF02234179

5. Buchanan, G.N., Bartram, C.I., Williams, A.B., Halligan, S. and Cohen, C.R.G. Value of hydrogen peroxide enhancement of three-dimensional endoanal ultrasound in fistula-in-ano. *Diseases of the colon & rectum 2005;48*(1):141-147. DOI: 10.1007/s10350-004-0752-3

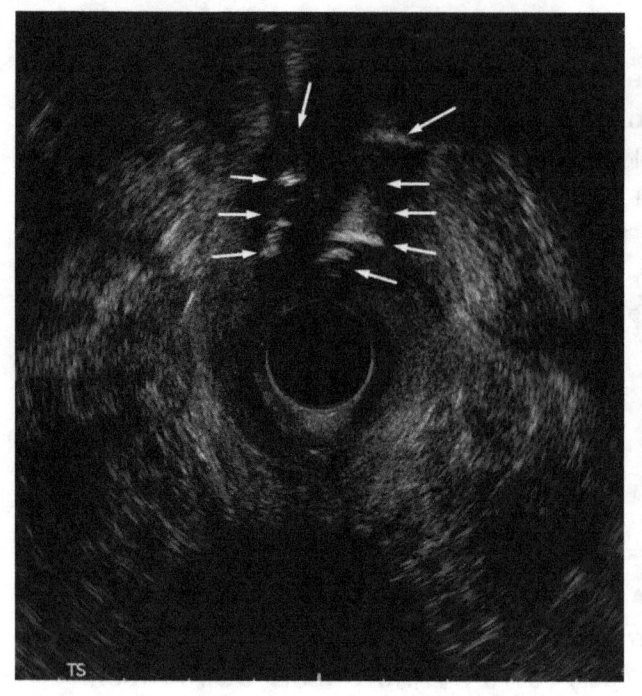
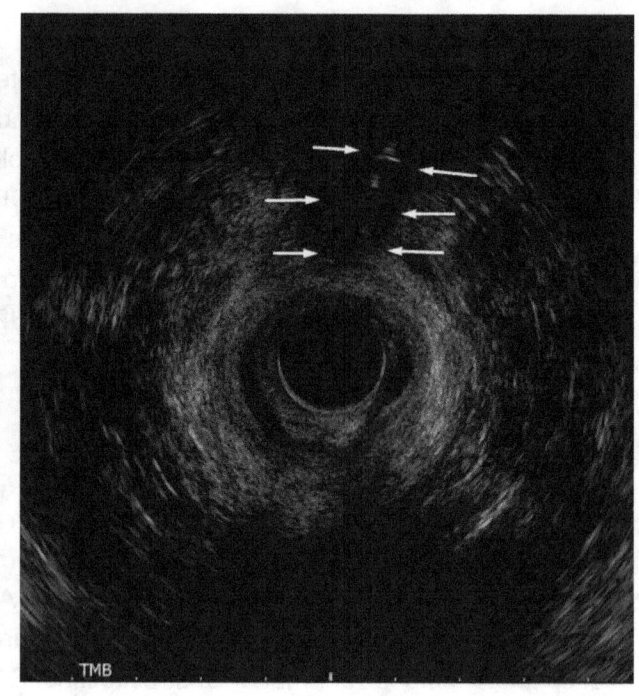
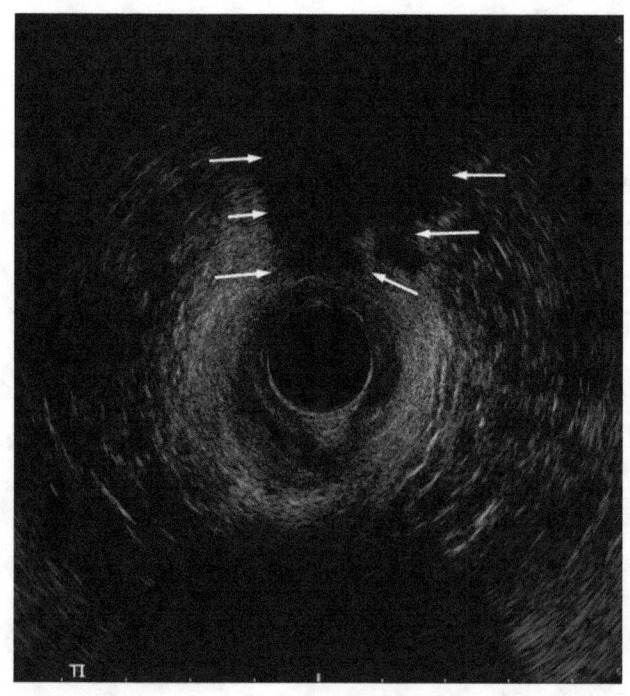
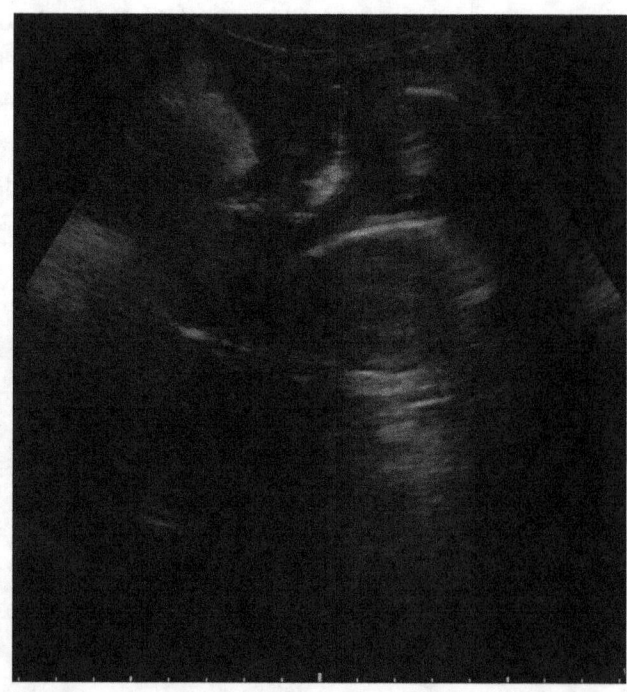

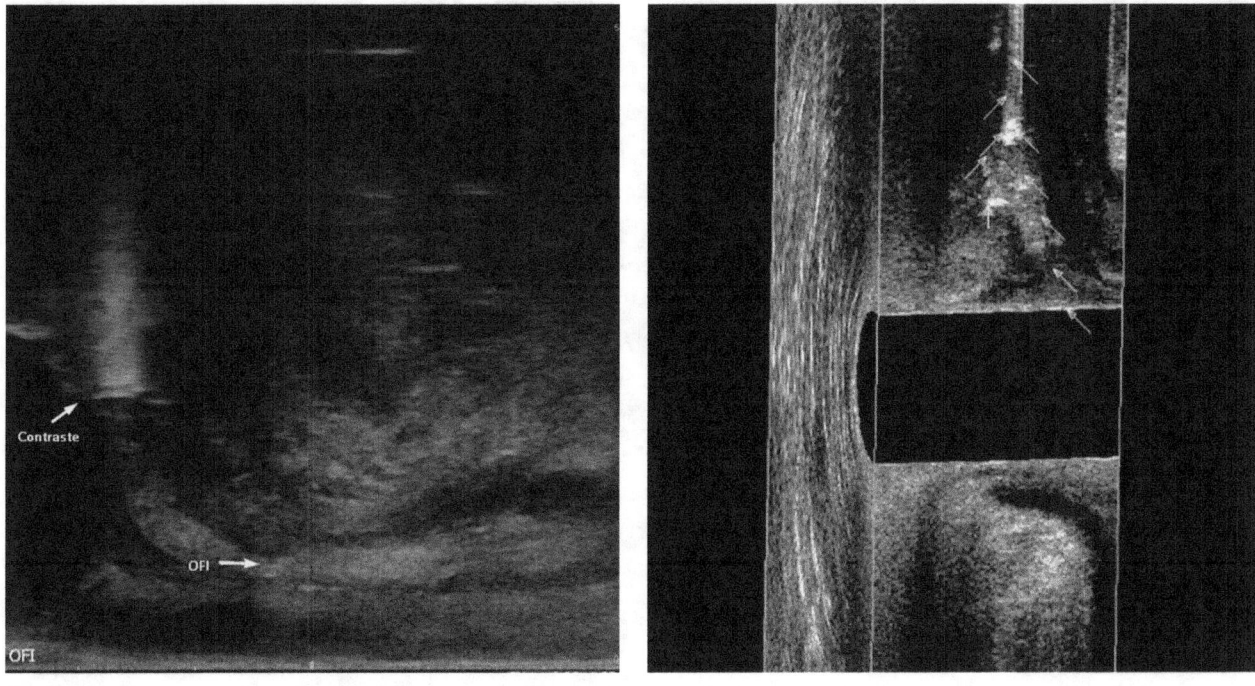

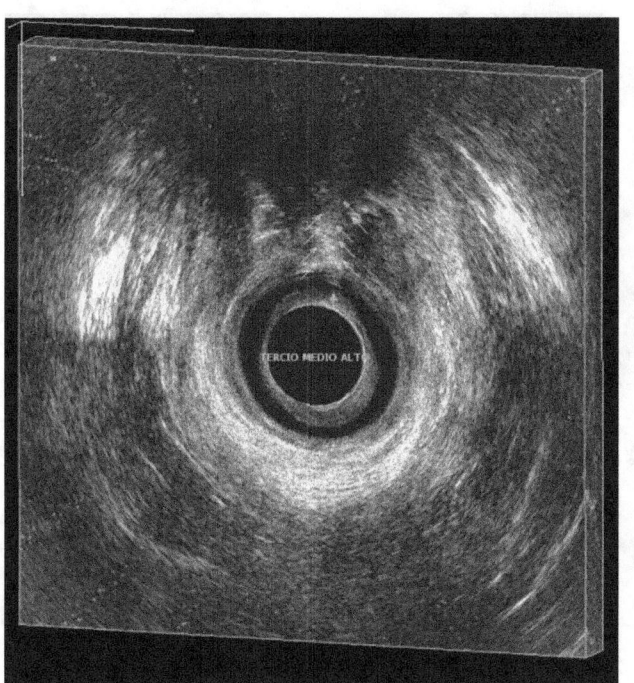
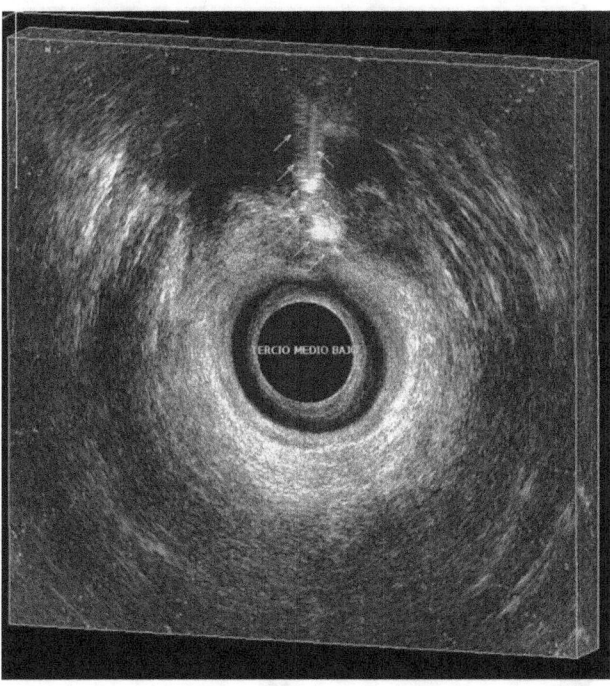

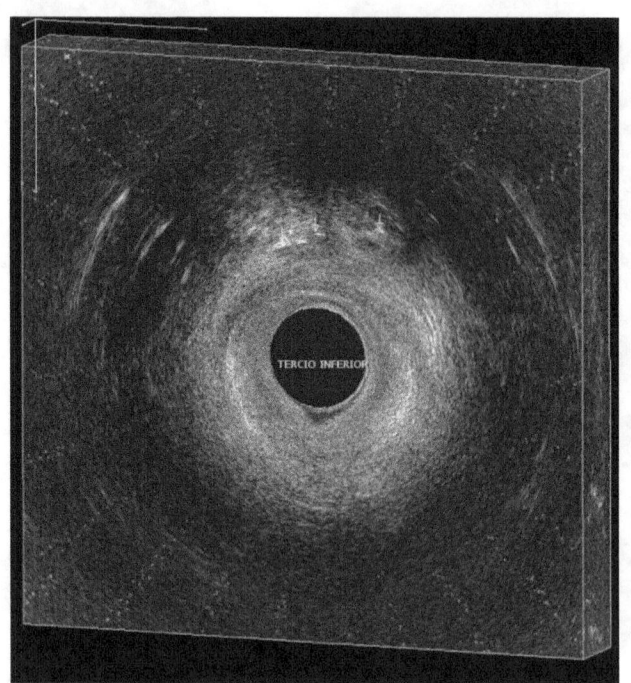

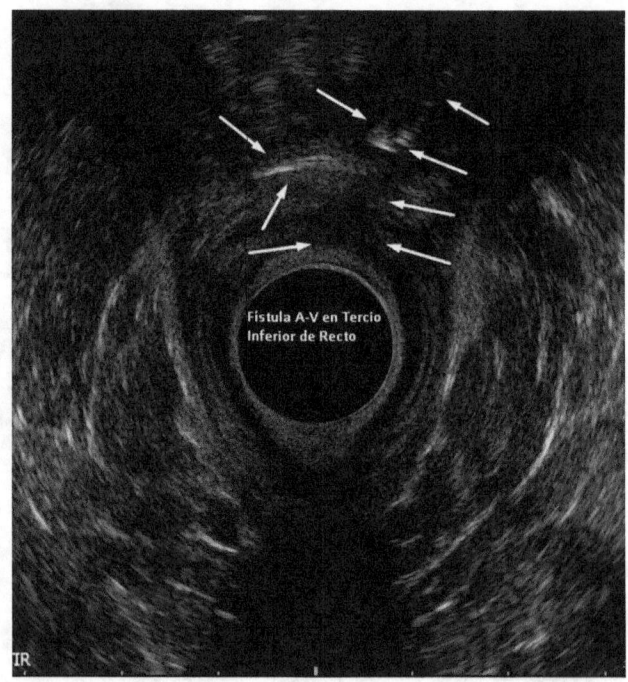

Fistula A-V en Tercio
Inferior de Recto

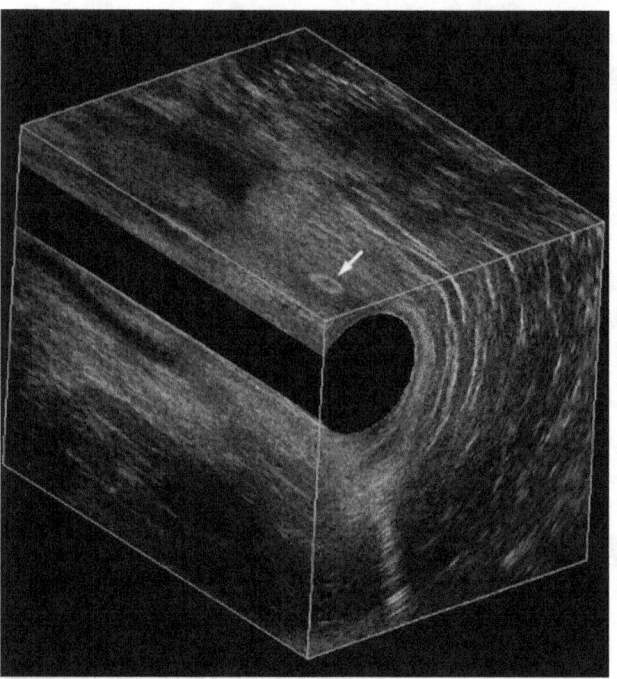

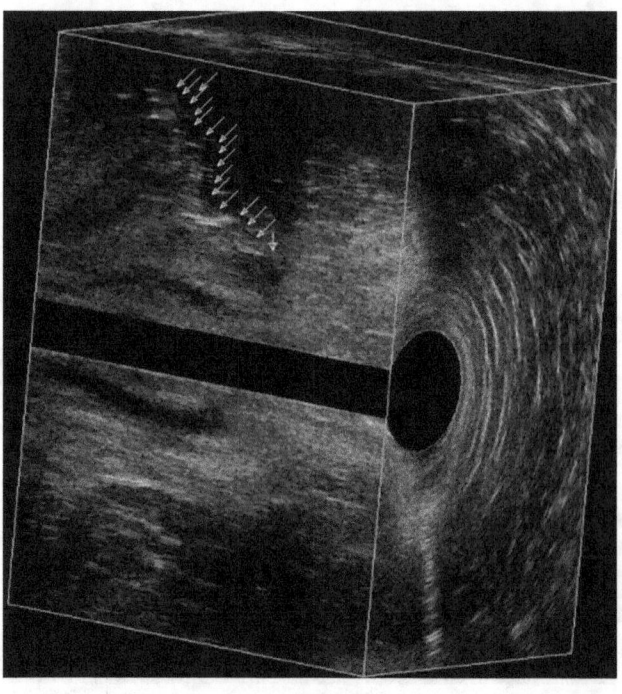

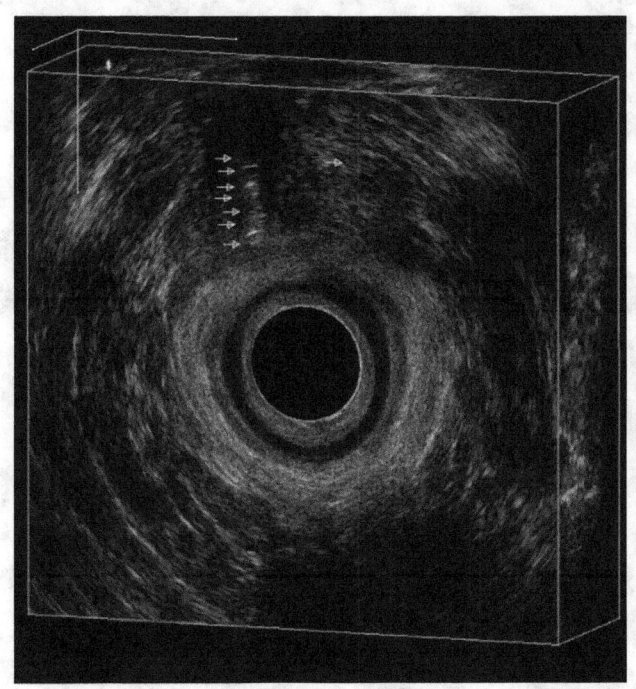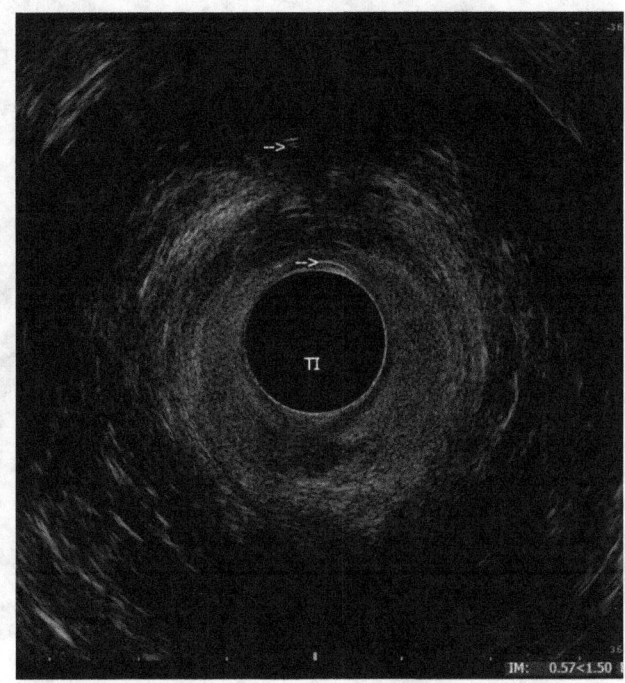
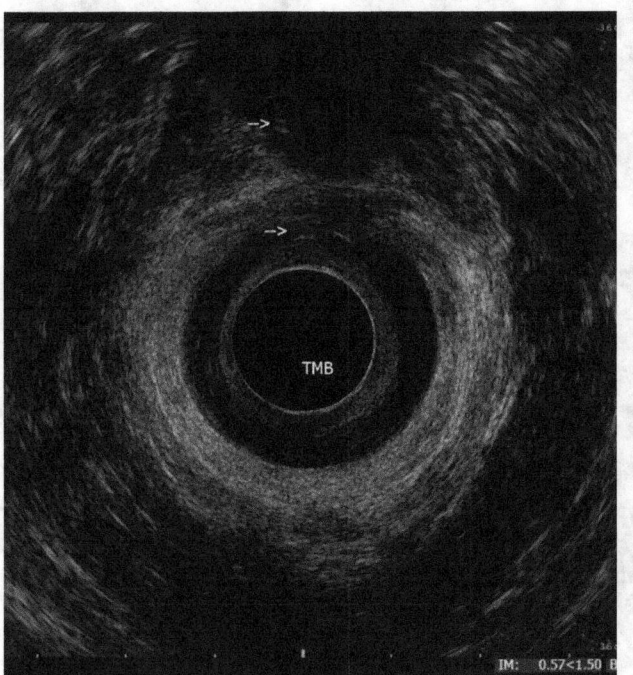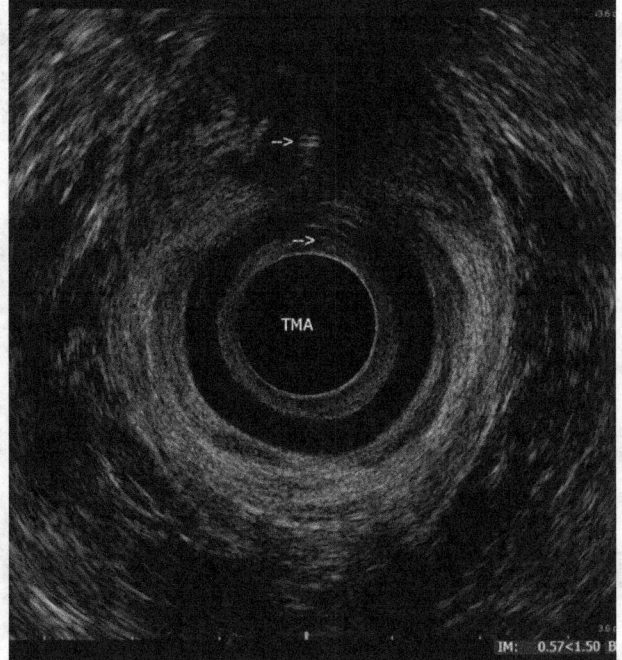

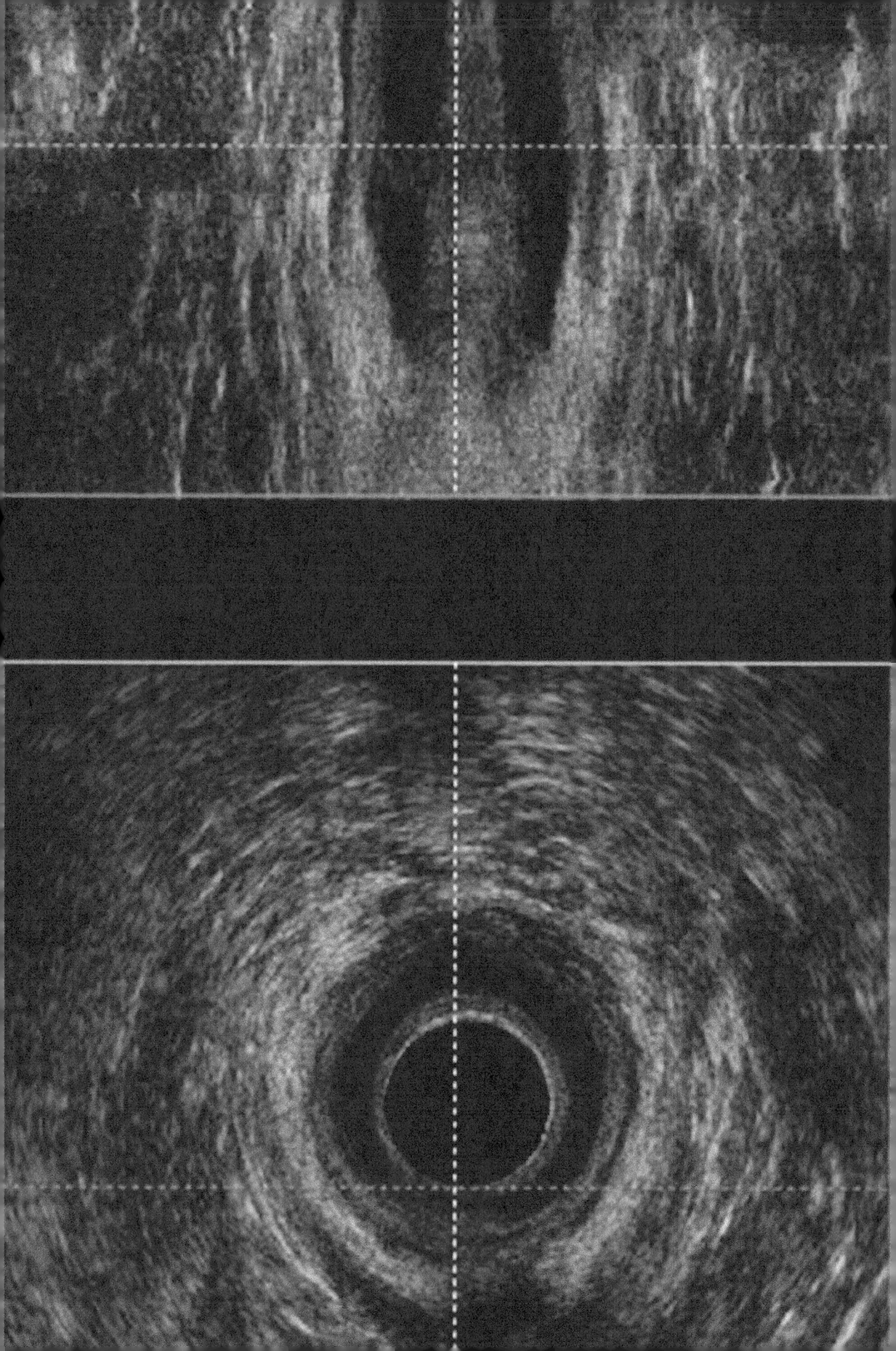

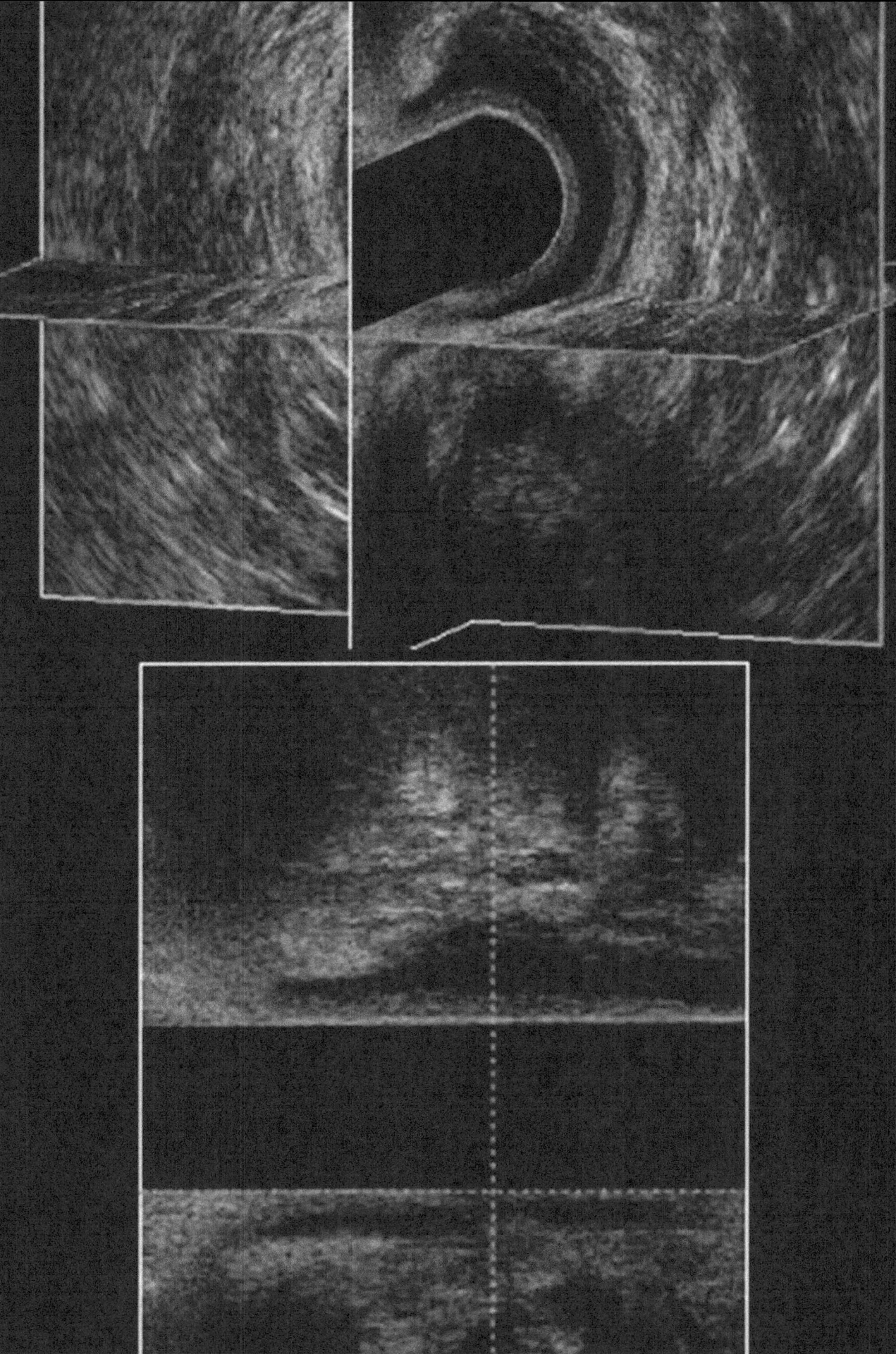

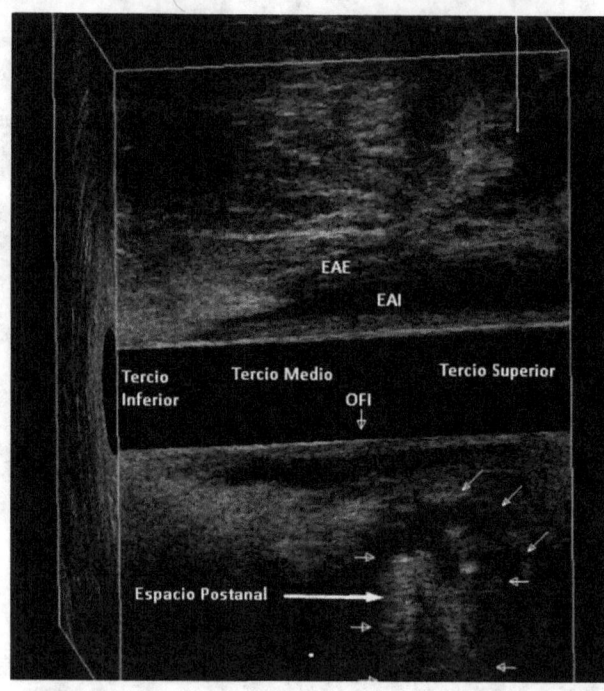

EAE

EAI

Tercio
Inferior

Tercio Medio

Tercio Superior

OFI

Espacio Postanal

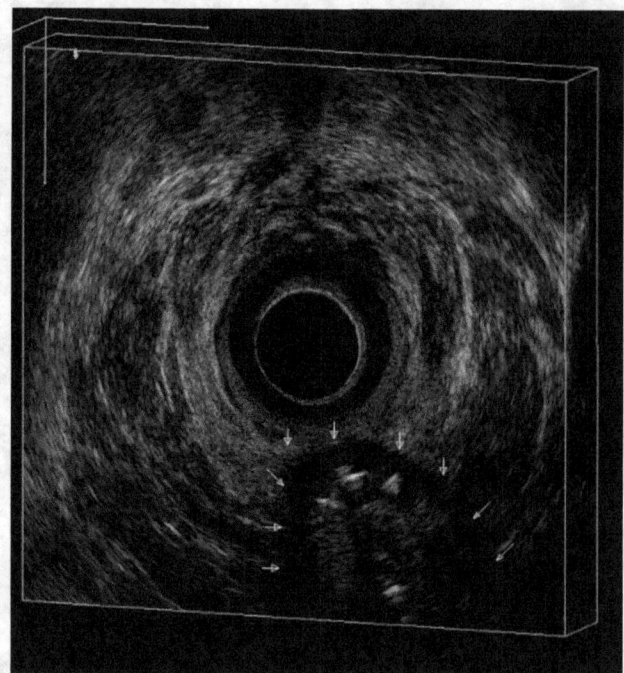

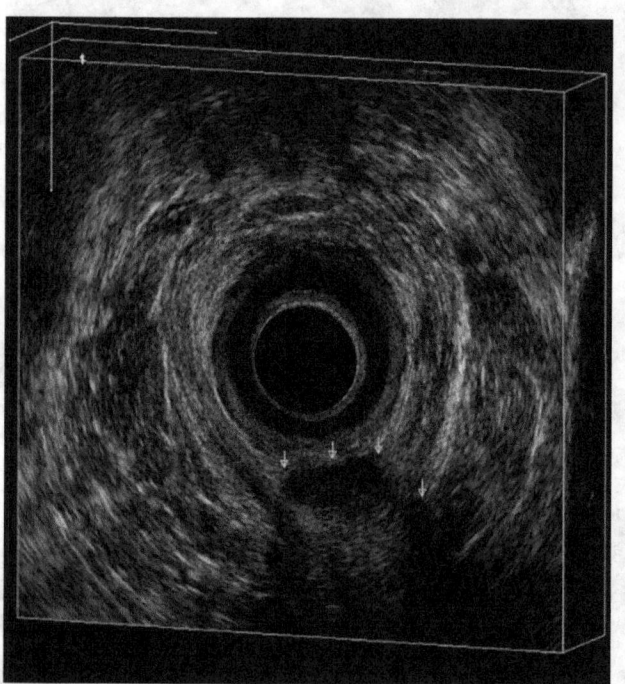

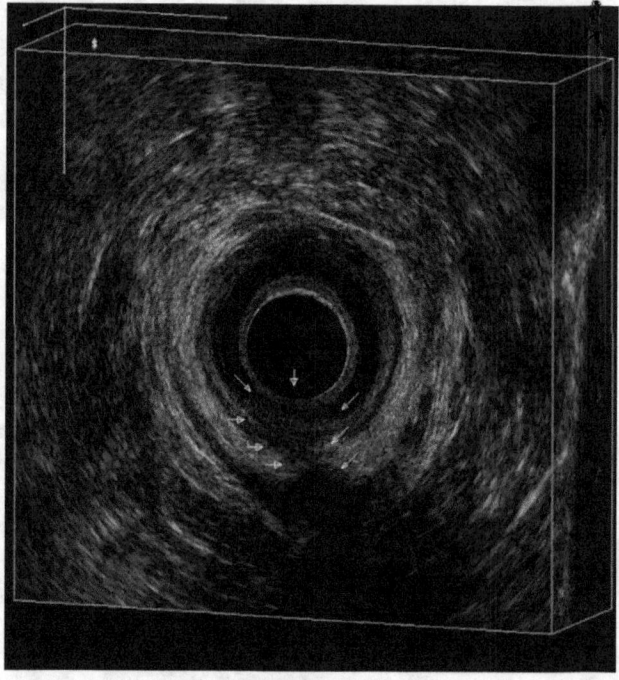

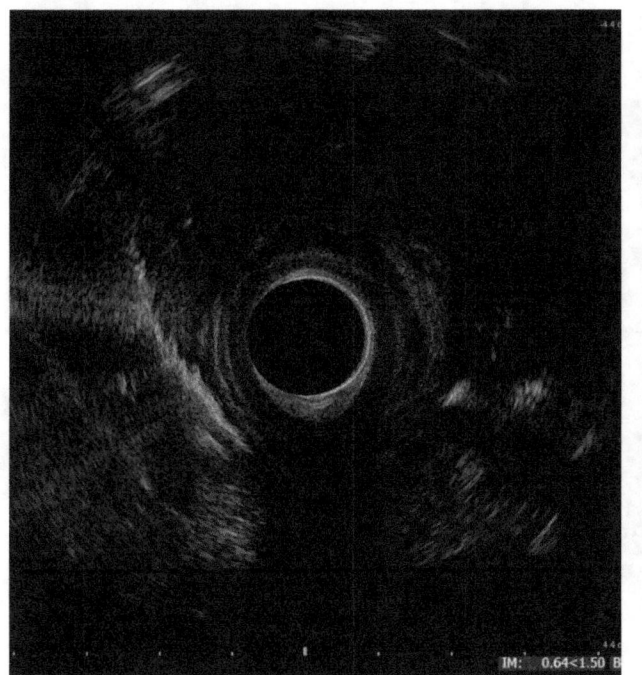

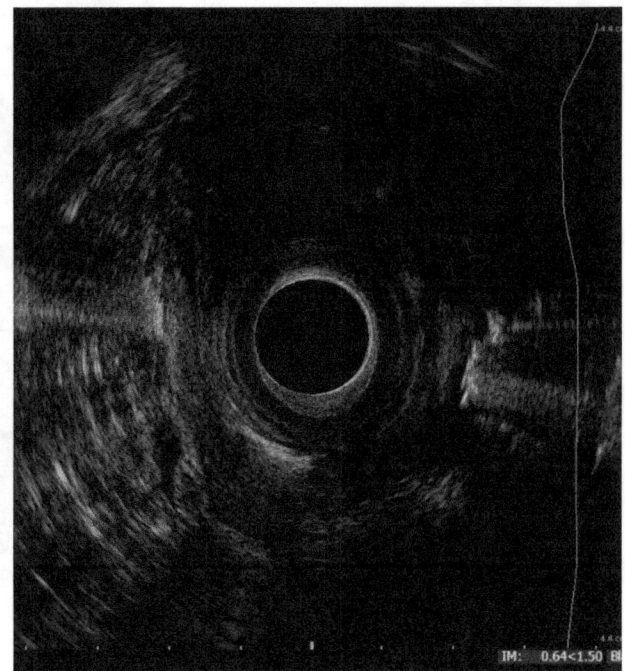

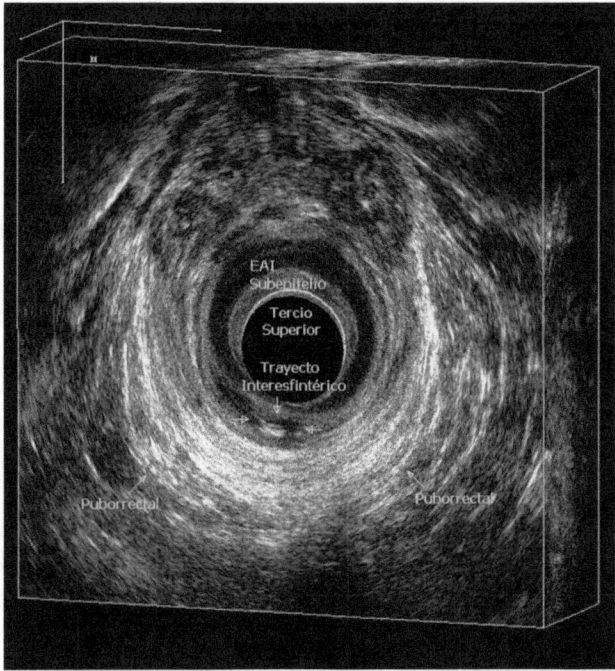

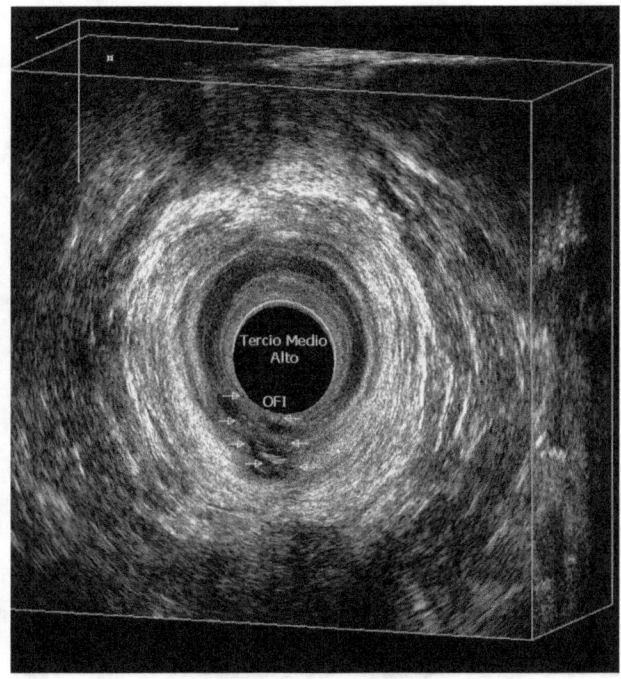

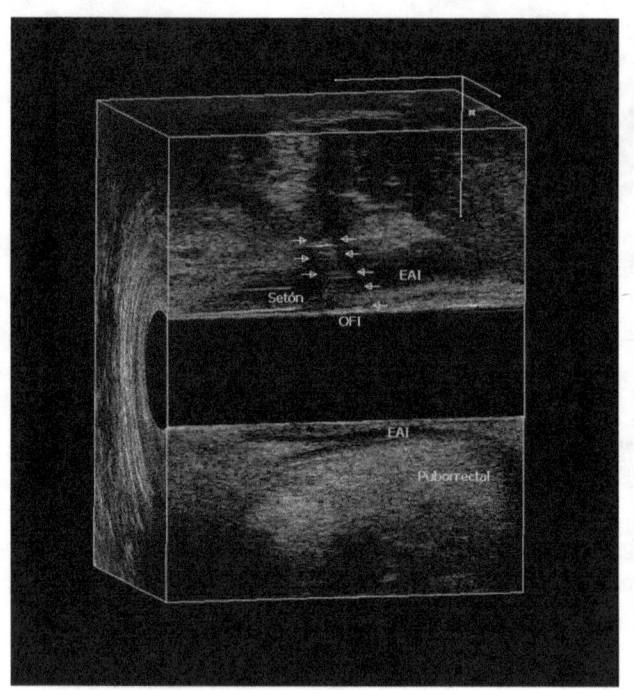

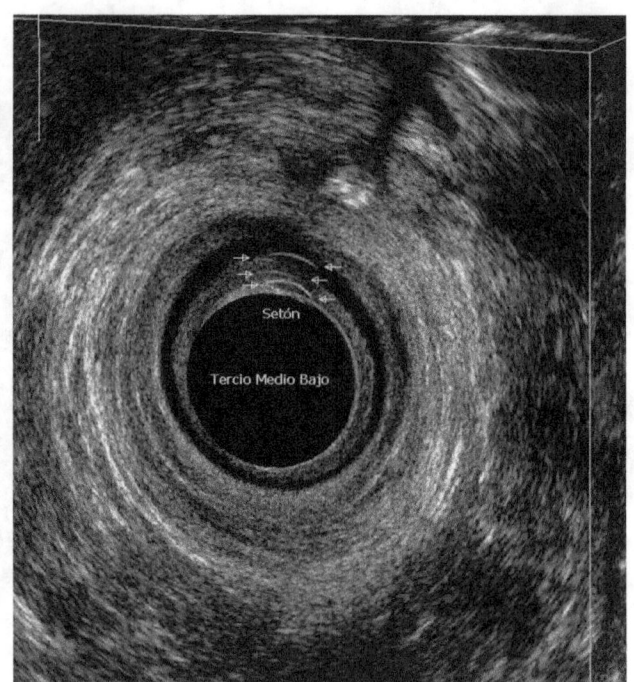

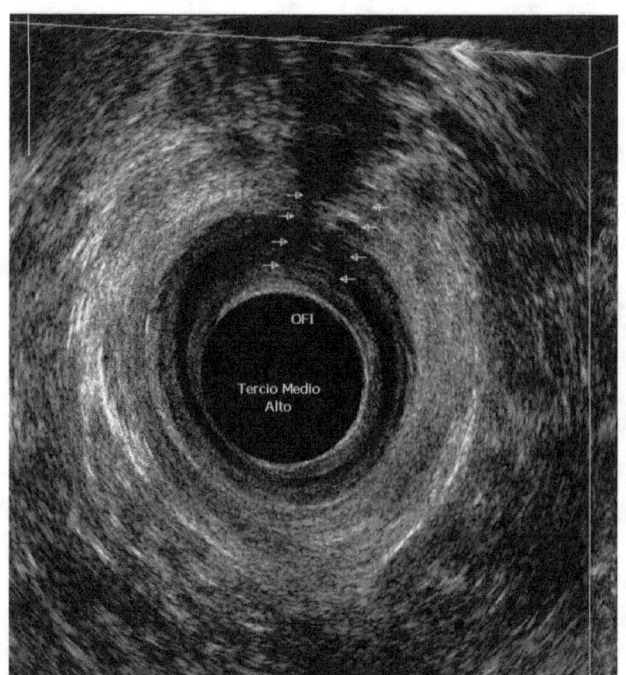

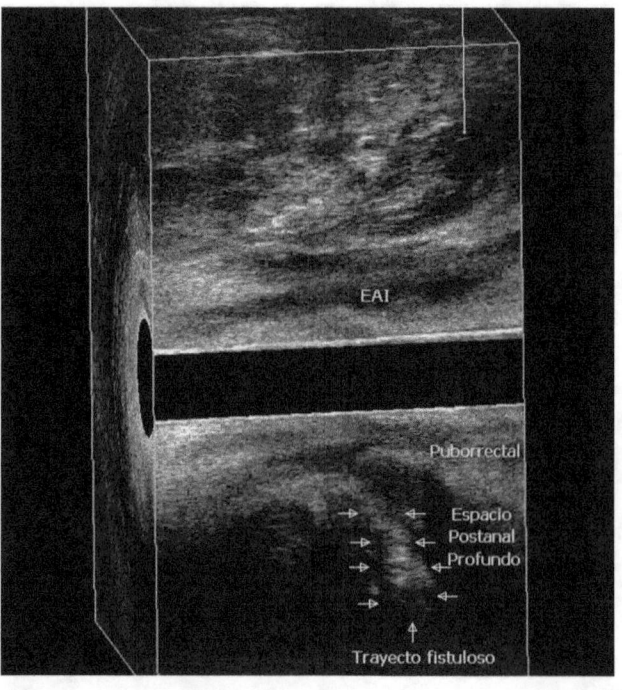

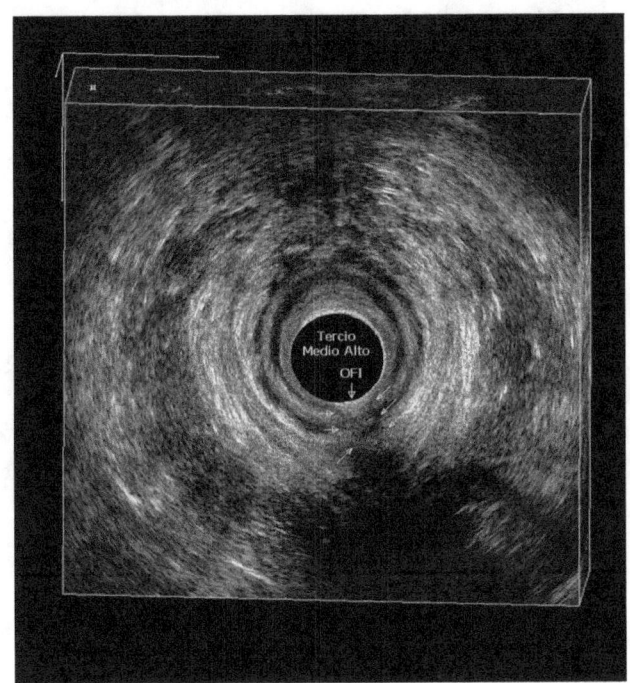

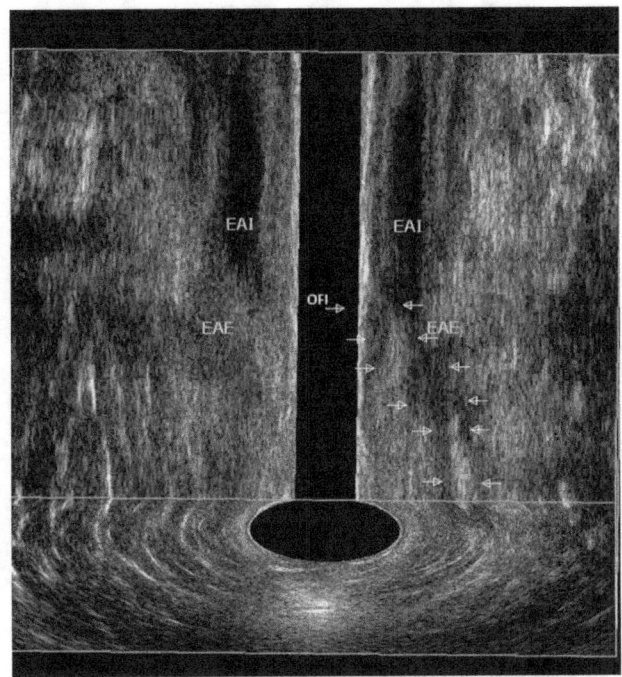

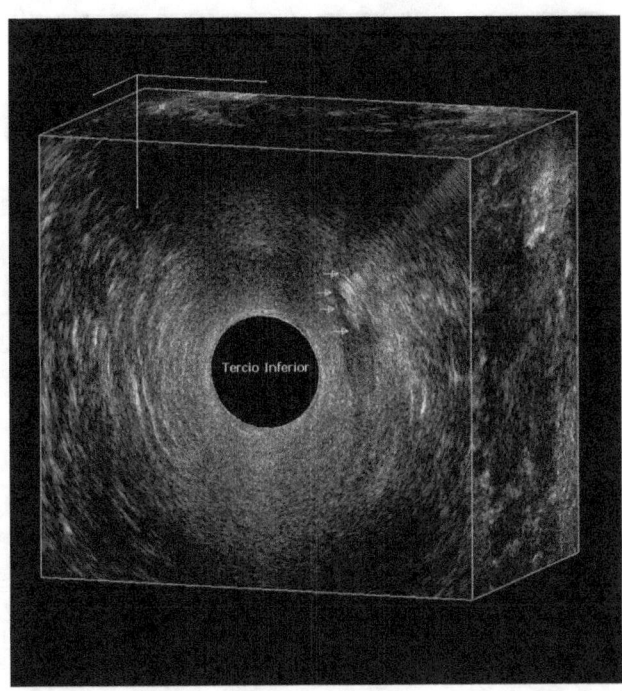

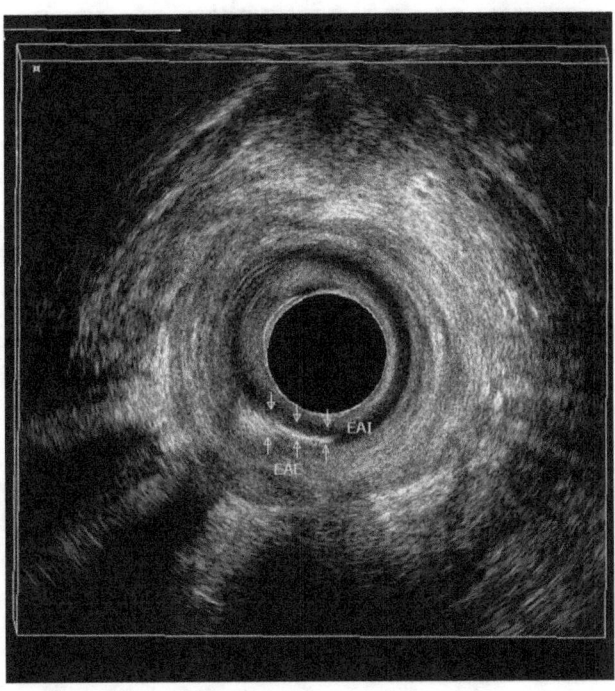

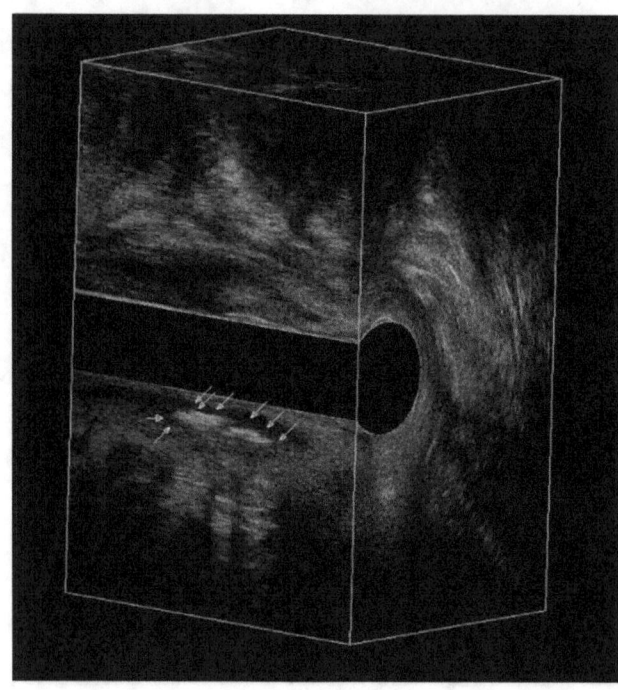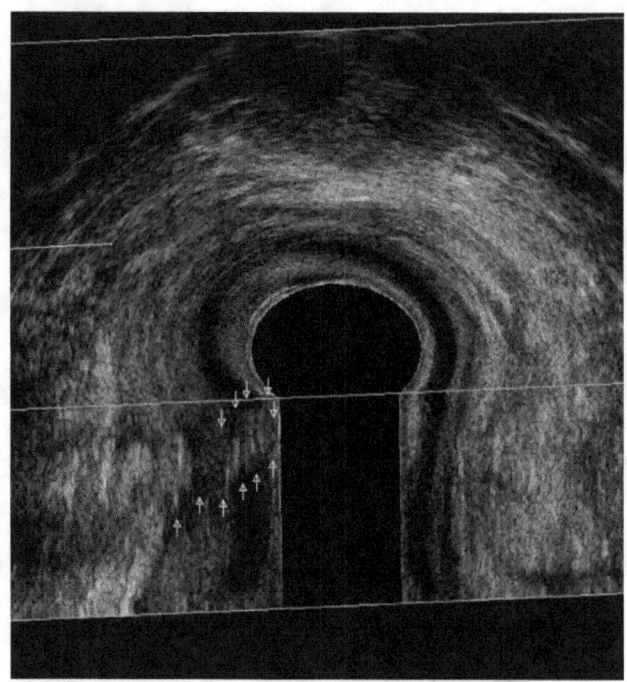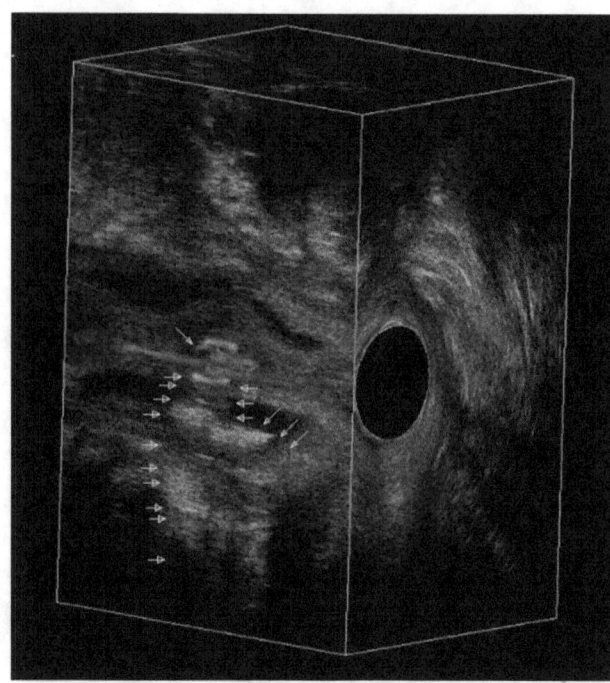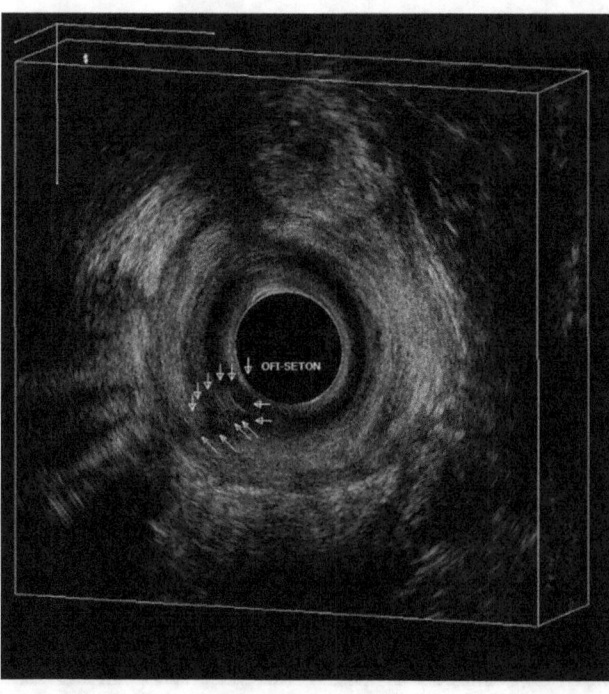

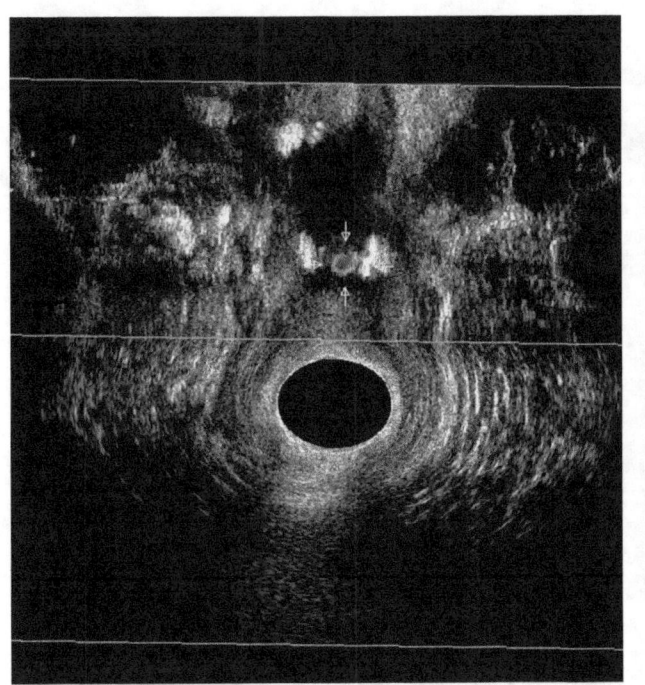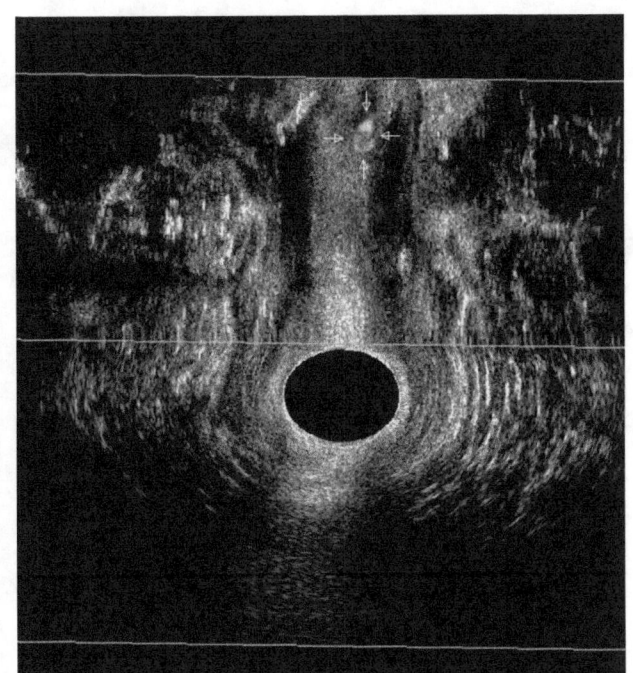
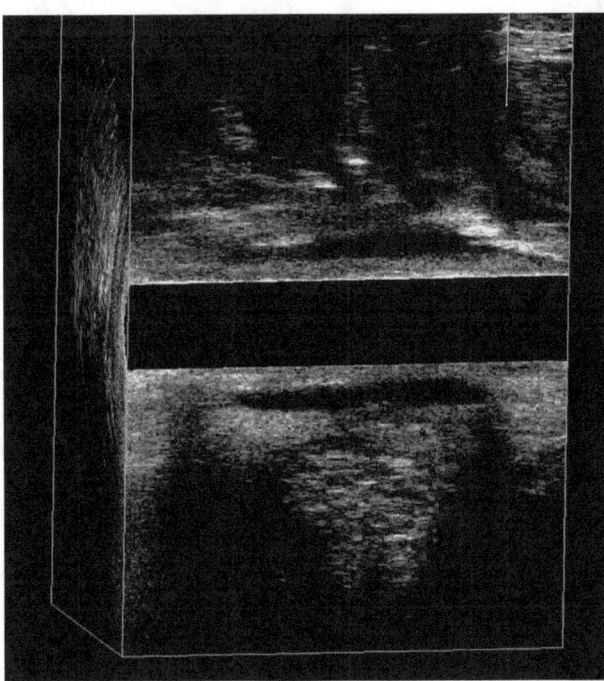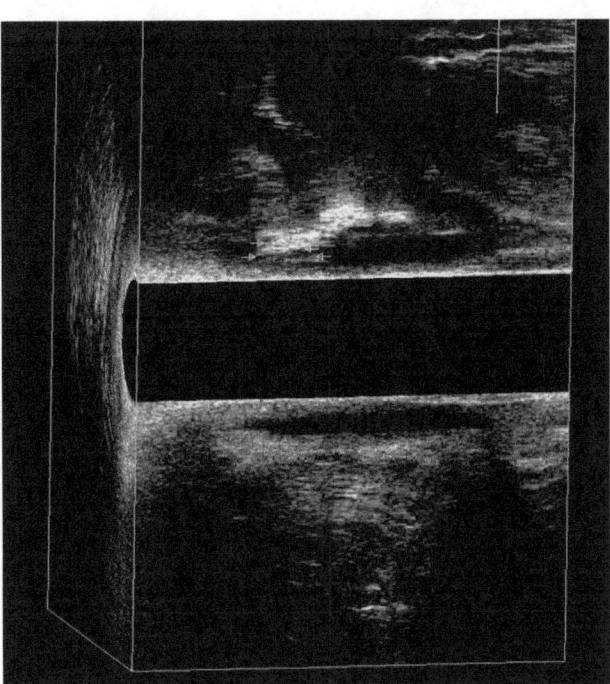

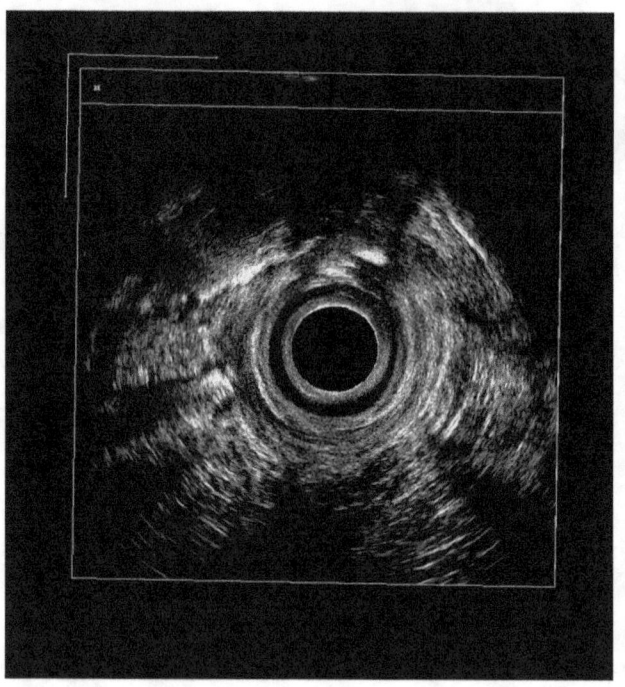

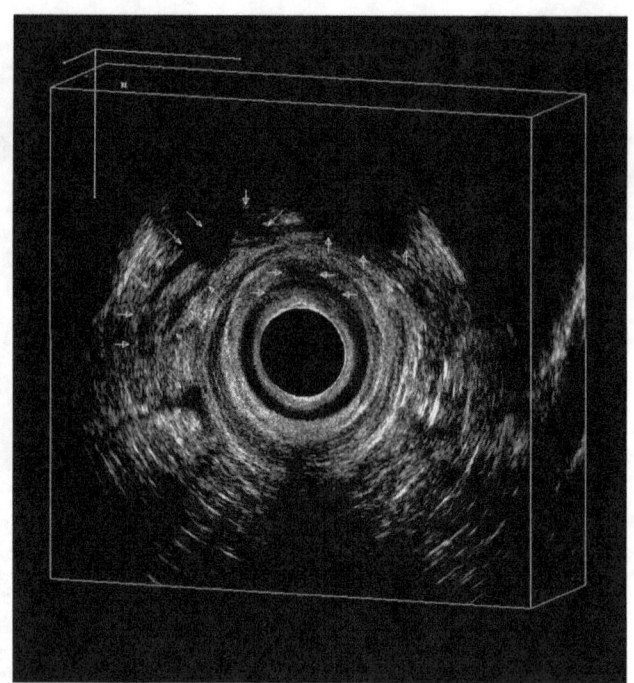

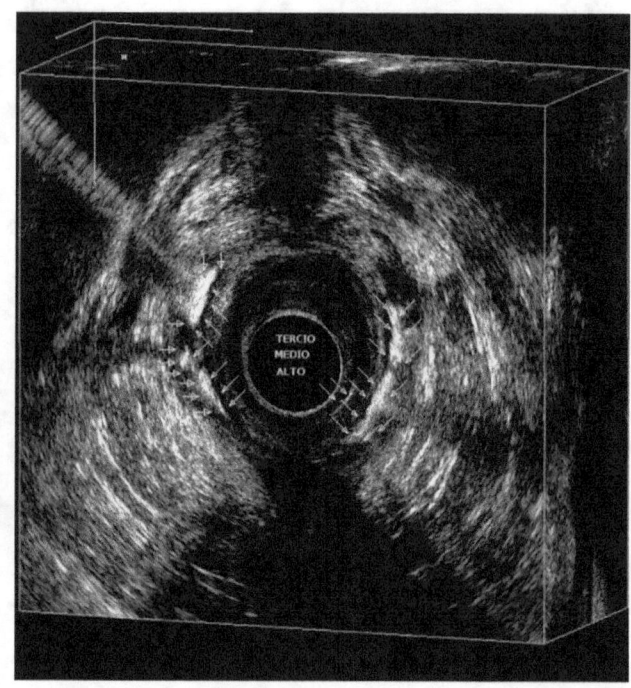

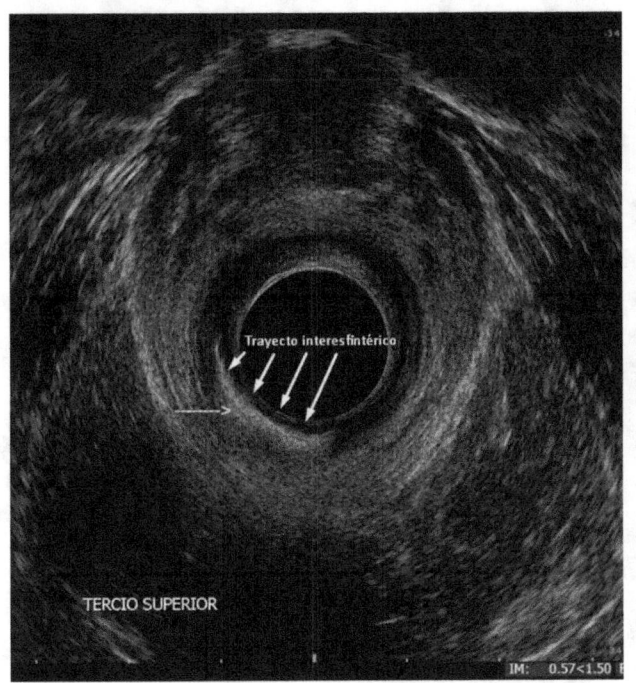

Trayecto interesfintérico

TERCIO SUPERIOR

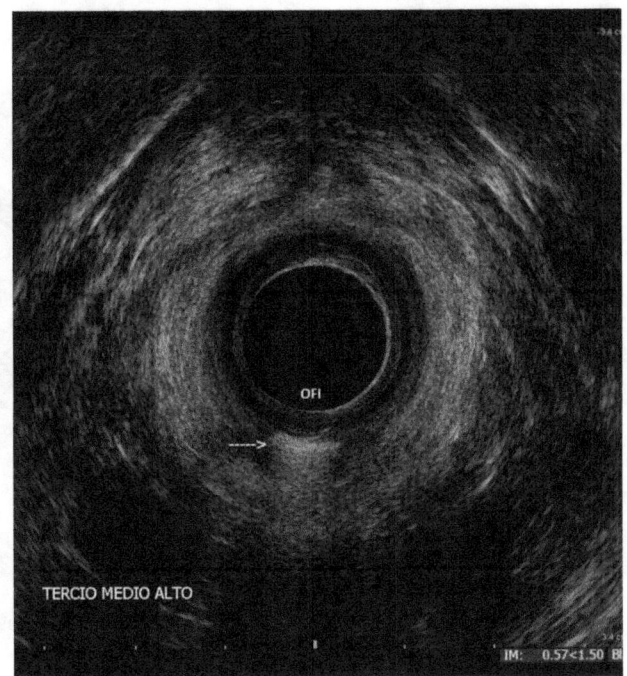

OFI

TERCIO MEDIO ALTO

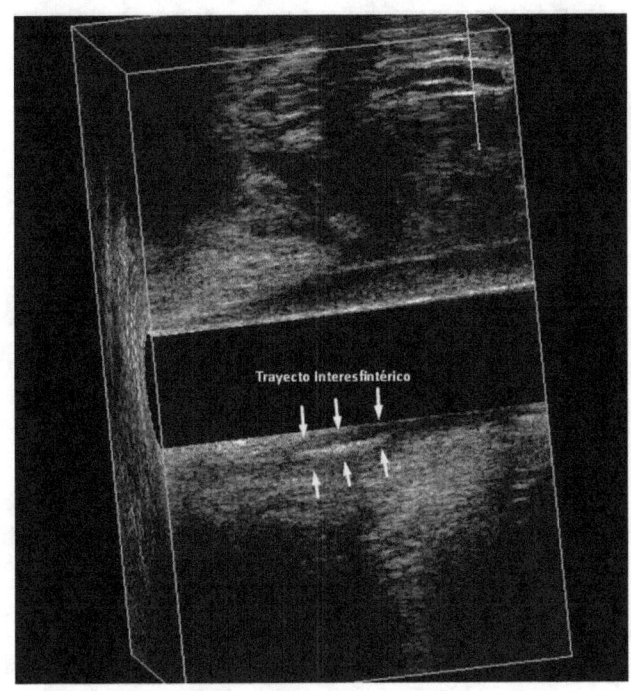

Trayecto Interesfintérico

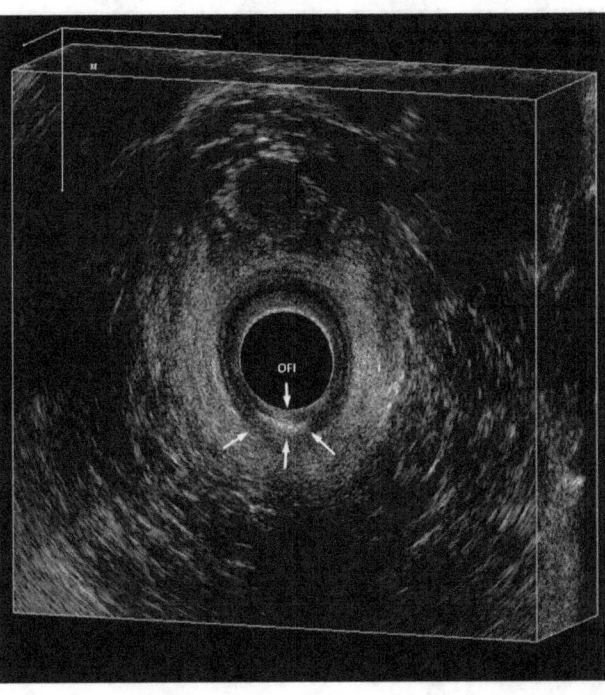

OFI

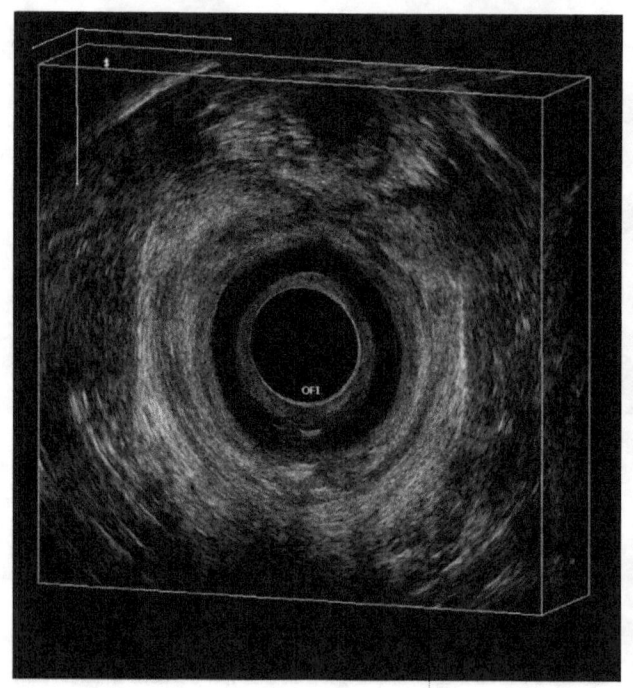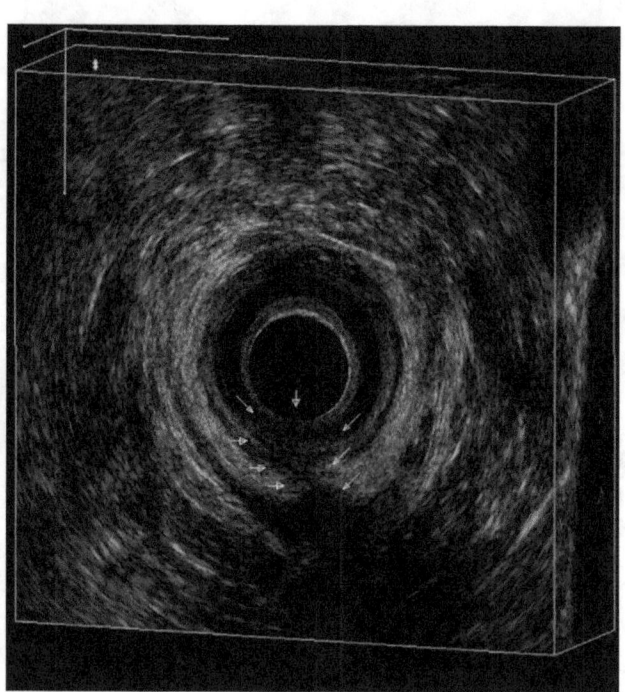
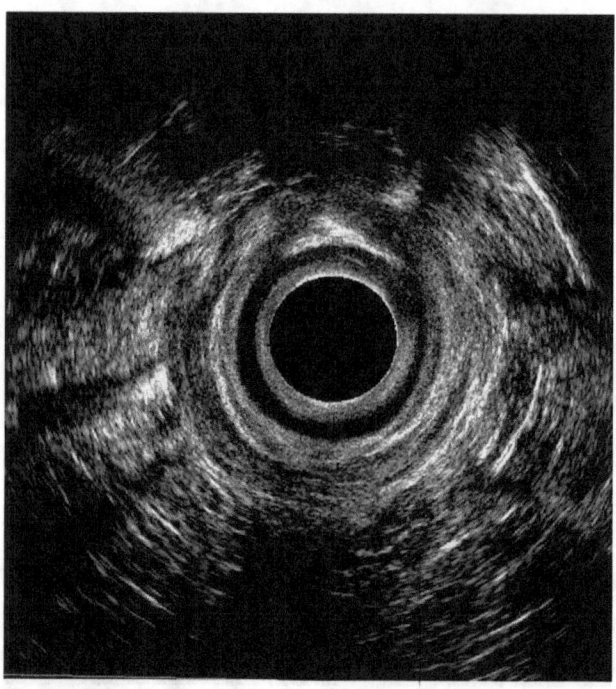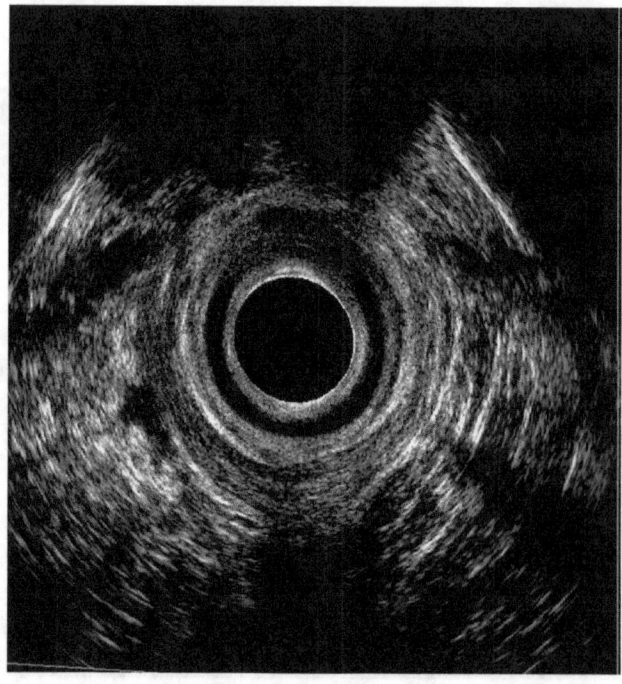

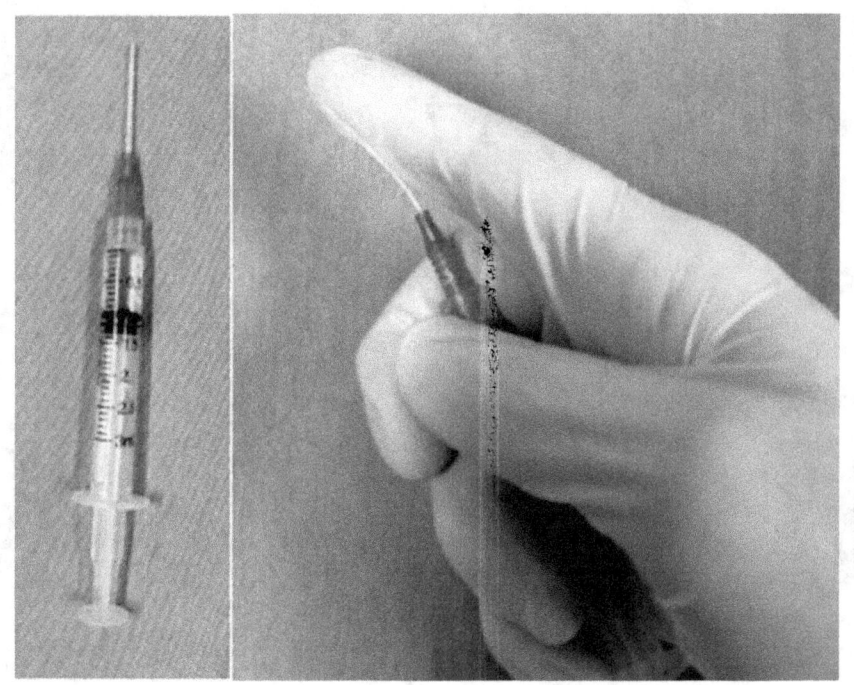

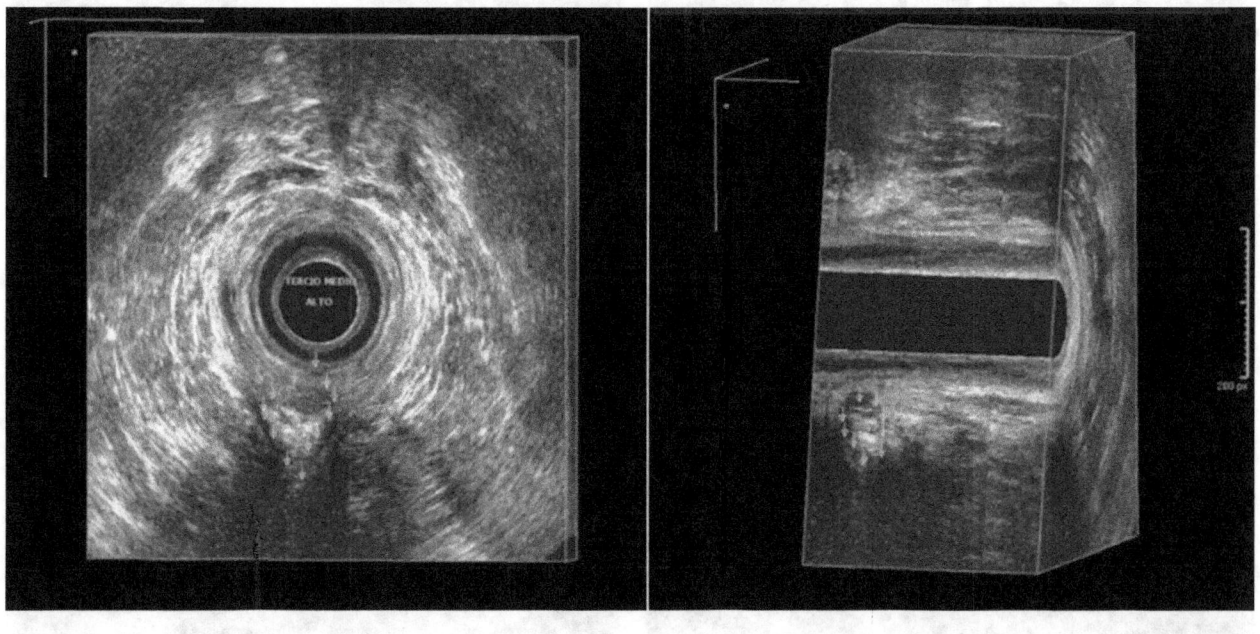

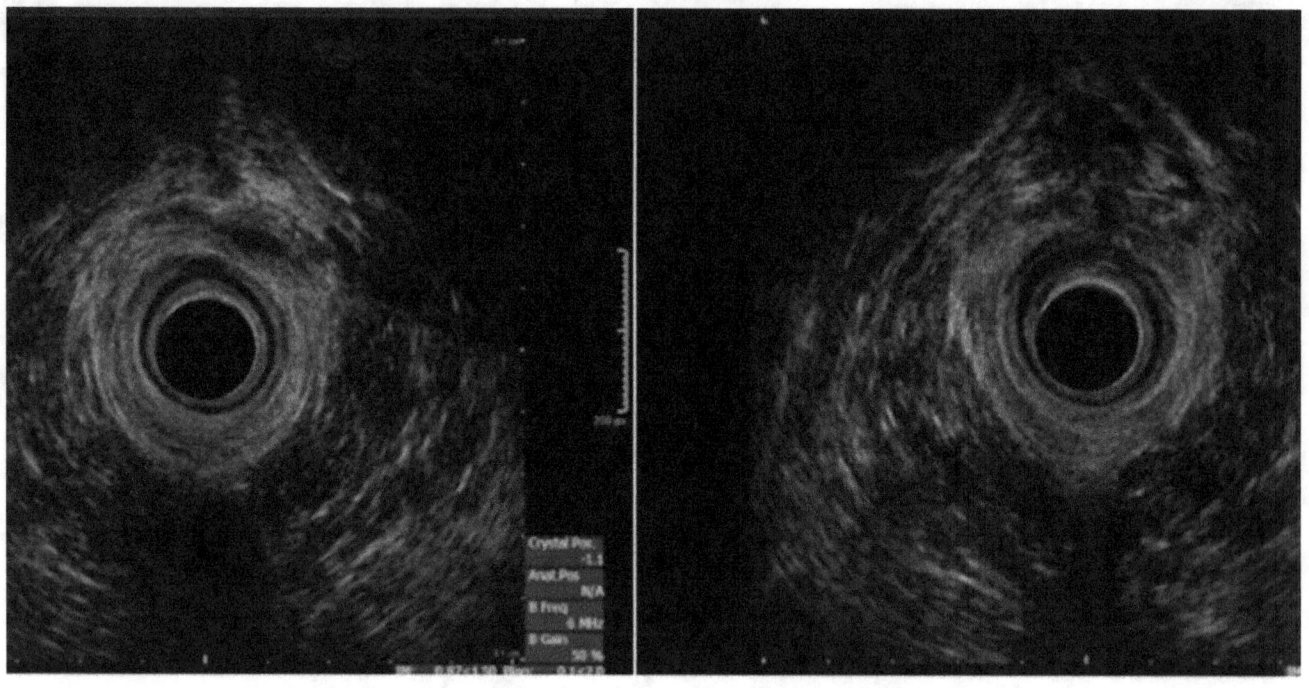

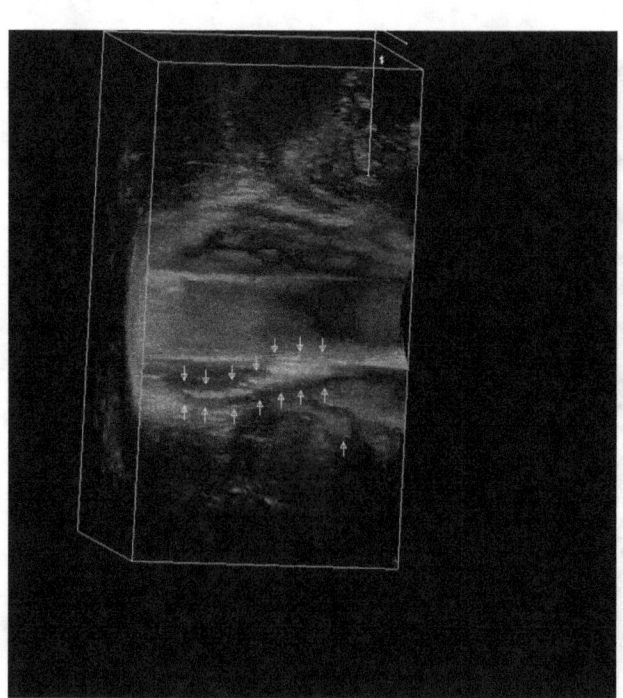
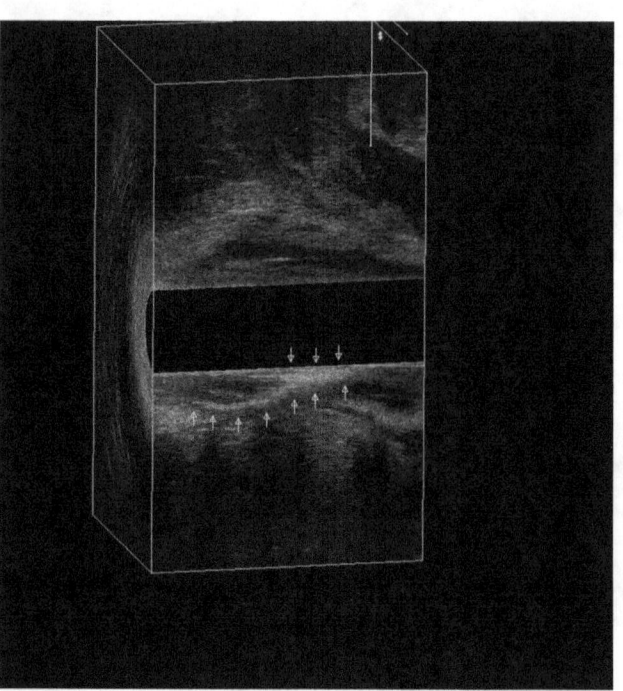

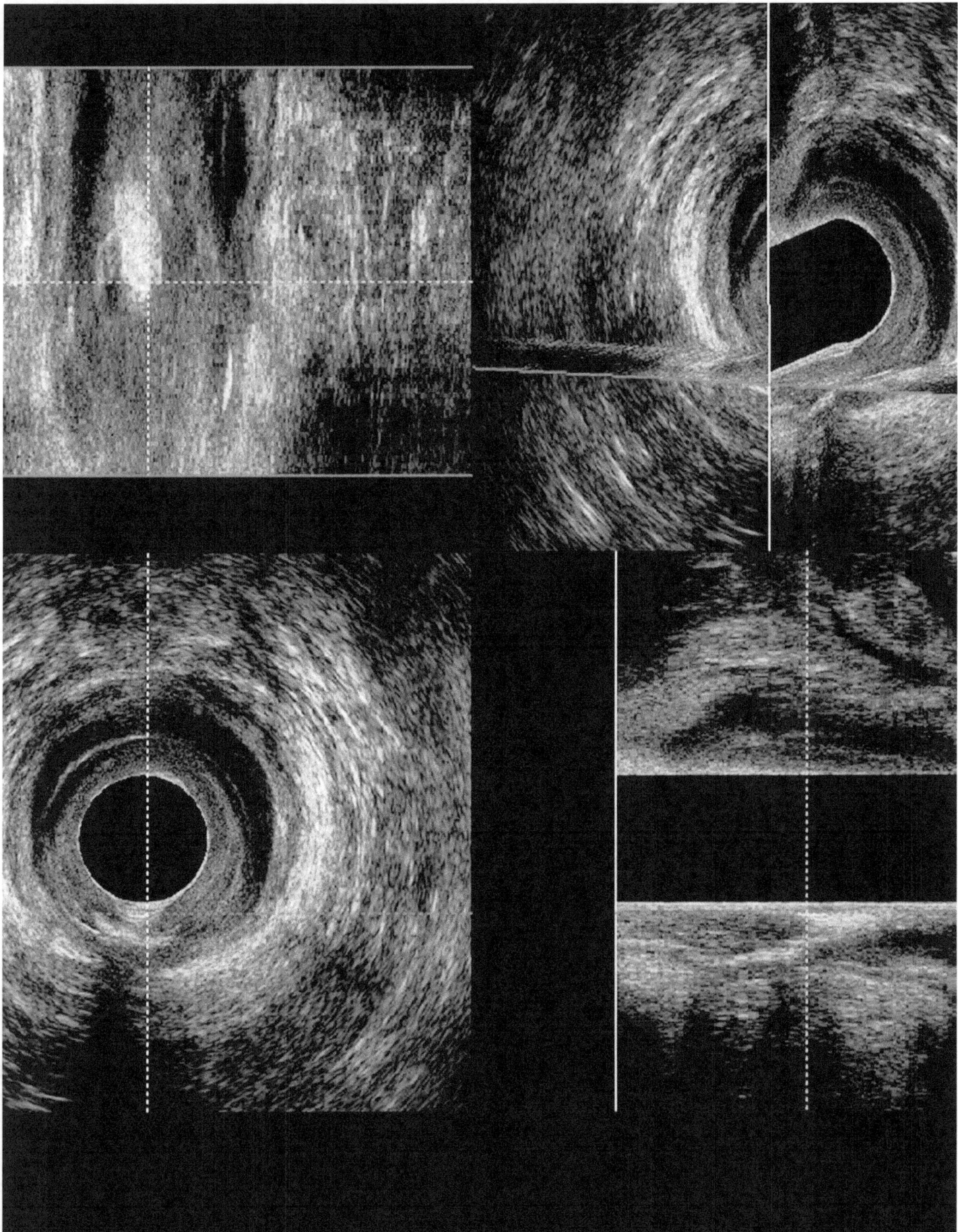

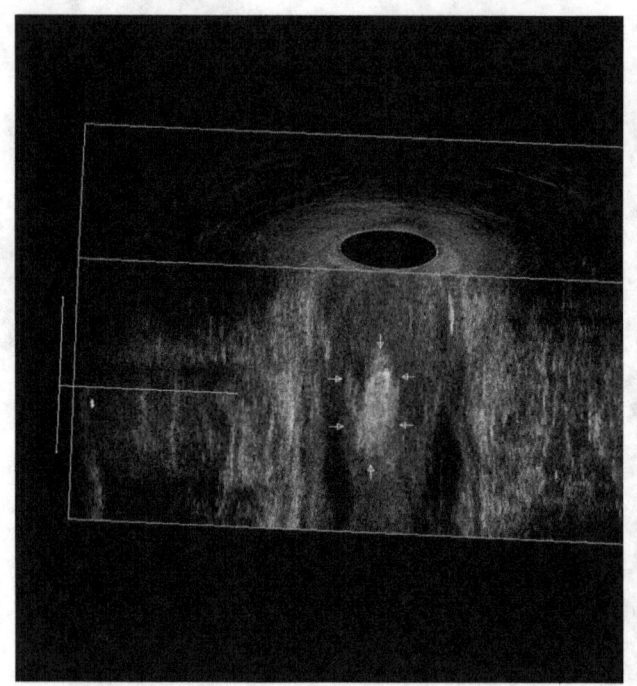

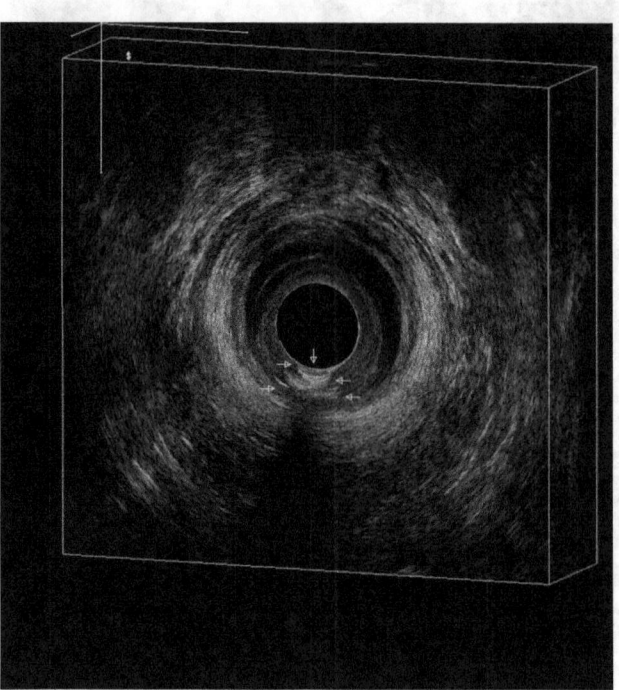

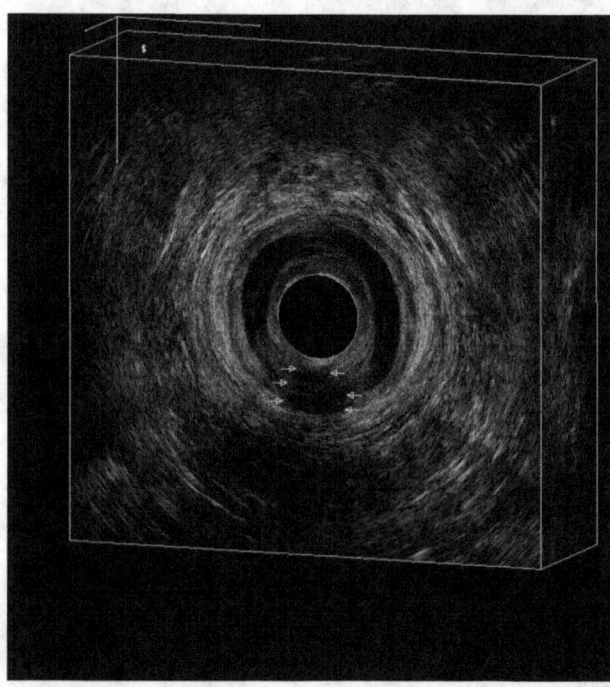

5. ULTRASONIDO ENDOANAL EN INCONTINENCIA FECAL

Alan Garza, Dahiana Pichardo, Jonatan Olvera, Gerardo Maya

La incontinencia fecal se refiere a la incapacidad para retener los gases o la materia fecal de manera voluntaria y diferir el deseo evacuatorio hasta que sea socialmente aceptable. Con una prevalencia mundial del 0.2 al 2.2%, es una enfermedad que impacta de manera considerable la calidad de vida de quien la padece. Su etiología es múltiple y puede dividirse en tres tipos: funcional, estructural (alteraciones esfínter anal) y alteraciones neuropáticas. La más frecuente es la estructural, por lesiones del esfínter anal, secundarios a desgarros obstétricos o cirugía anorrectal. La correcta evaluación e identificación de los diferentes factores fisiopatogénicos resultan esenciales para un adecuado plan de tratamiento.

El ultrasonido endoanal (USEA) es el mejor método para la evaluación de las estructuras del conducto anal pudiendo identificar y clasificar los diferentes tipos de lesiones del esfínter, con mayor especificidad y sensibilidad comparado con la resonancia magnética y el examen digital. Tomando una imagen de 360° a una frecuencia de 5 a 16 Mhz, podemos valorar la circunferencia del complejo muscular del esfínter anal y de las estructuras y espacios adyacentes, la pared del recto con las estructuras relacionadas y la inserción de las ramas del músculo puborrectal. Además de una correcta anamnesis y exploración proctológica, el USEA puede considerarse el único estudio necesario e imprescindible en la valoración de un paciente incontinente.

Como se mencionó en capítulos anteriores, el conducto anal se puede valorar en tres tercios: tercio superior, medio (tercio medio alto y bajo) e inferior. En el tercio superior se encuentran el músculo puborrectal del cual tenemos que valorar su integridad, la inserción al pubis, la simetría de sus ramas y ecogenicidad de las mimas. En el paciente incontinente a este nivel se ha implementado la valoración en tiempo real de la contracción dinámica. El esfínter anal interno (EAI) también es valorado en el tercio superior encontrándose como una estructura hipoecoica circunferencial. En el tercio medio, de igual manera, se valora la integridad circunferencial tanto del EAE y EAI, así como realizar la medición de su grosor y del tabique anovaginal (TAV). El TAV tiene un valor normal >10mm y se refiere que una disminución del grosor es altamente sugestiva de una lesión del complejo esfintérico anterior. En las pacientes mexicanas hemos observado que lo habitual es un TAV de 10mm sin presencia de lesión del esfínter. Es importante mencionar que en las pacientes femeninas existe la un gap fisiológico o falta de la continuidad del EAE en la región anterior, en el tercio medio alto. En el tercio inferior se valora la porción subcutánea del EAE de características hiperecogénicas.

Las disrupciones esfintéricas son identificadas como una interrupción de la ecotextura o ecogenicidad de los esfínteres. Los defectos del EAI son más fácilmente reconocidos que aquellos del EAE, debido a sus características hipoecogénicas bien definidas, presentando diferentes patrones de lesión dependiendo de la causa etiológica. Así bien, puede existir una lesión lateral única en pacientes postoperados de esfinterotomía lateral interna, lesiones múltiples o multifragmentadas en pacientes con trauma anal o dilatación forzada o en pacientes con antecedente de hemorroidectomía. En ocasiones el EAI contralateral a la zona de disrupción, presenta un engrosamiento reactivo por fenómeno de retracción, aunque algunos autores mencionan este patrón como un fenómeno de compensación. Existe un número reducido de pacientes los cuales aquejan incontinencia fecal pasiva o soiling, y que en el USEA presentan solamente un adelgazamiento del EAI sin ningún otro hallazgo patológico, atribuyéndoseles el diagnóstico de degeneración primaria del EAI.

Es importante conocer las medidas normales de los esfínteres y sus posibles variaciones ya que tienden a cambiar con la edad y con algunas patologías, por ejemplo, el EAI tiende a ser más grueso y de ecogenicidad disminuida o mixta en pacientes añosos, al contrario de los pacientes jóvenes o aquellos con una fisura anal crónica, donde el grosor del EAI puede ser menor, en el último de los casos siendo un signo de aumento del tono esfintérico.

Las lesiones del EAE se pueden identificar como una ruptura o pérdida de la integridad circunferencial o disminución de la ecogenicidad, pudiendo presentar patrones tanto hipoecogénicos como hiperecogénicos, debido al remplazo del músculo estriado normal por tejido fibroso o cicatrizal. La región anterior del segmento superior del conducto anal (tercio superior y tercio medio alto) resultan de mayor complejidad en la evaluación de disrupciones por las variantes anatómicas del EAE en esta región, por lo que valernos de un tacto vaginal, cuando se realiza la medición del TAV, resulta de gran ayuda, existiendo aun así variabilidad interobservador. En cuanto a las lesiones esfintéricas por causa obstétrica, el patrón clásico es una disrupción anterior asociada del EAE con un defecto simple que puede estar combinado con una disrupción del EAI dependiendo del grado y severidad del desgarro.

Es importante recordar a la exploración de una mujer, las variantes anatómicas antes mencionadas, las cuales se observarán como áreas hipoecóicas de bordes lisos y regulares principalmente localizadas en la porción anterior y superior del conducto anal, a diferencia de las lesiones esfintéricas que se identifican con ecogenicidad mixta con bordes irregulares.

Existen diferentes escalas para valorar la gravedad de las disrupciones o lesiones esfintéricas, siendo una de las más utilizadas la clasificación de Starck, la cual consiste en asignar una puntuación del 0 al 3 evaluando cada uno de los tres ejes del espacio y cada uno de los esfínteres, siendo el valor mínimo 0 y máximo 16.

Lecturas sugeridas

1. Tejedor, P., Plaza, J., Bodega-Quiroga, I., Ortega-López, M., García-Olmo, D. and Pastor, C. The Role of Three-Dimensional Endoanal Ultrasound on Diagnosis and Classification of Sphincter Defects After Childbirth. Journal of Surgical Research 2019; 244:382-388. DOI: 10.1016/j.jss.2019.06.080
2. Thomas, G.P., Gould, L.E., Casunuran, F. and Kumar, D.A. A retrospective review of 1495 patients with obstetric anal sphincter injuries referred for assessment of function and endoanal ultrasonography. International journal of colorectal disease 2017;32(9):1321-1325. DOI: 10.1007/s00384-017-2851-3
3. Murad-Regadas, S.M., Fernandes, G.O.D.S., Regadas, F.S.P., Rodrigues, L.V., Regadas Filho, F.S.P., Dealcanfreitas, I.D. Usefulness of anorectal and endovaginal 3D ultrasound in the evaluation of sphincter and pubovisceral muscle defects using a new scoring system in women with fecal incontinence after vaginal delivery. International journal of colorectal disease 2017;32(4):499-507. DOI: 10.1007/s00384-016-2750-z.
4. Murad-Regadas, S.M., Regadas, F.S.P., Borges, L.B., da Silva Vilarinho, A., Veras, L.B., Regadas, C.M. Pubovisceral muscle and anal sphincter defects in women with fecal or urinary incontinence after vaginal delivery. Techniques in coloproctology 2019; 23(2): 117-128. DOI: 10.1007/s10151-018-1895-x.

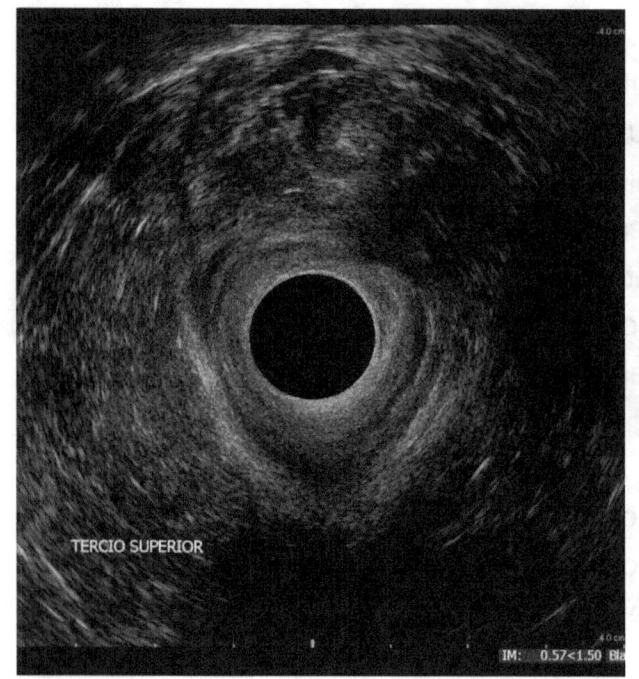

TERCIO SUPERIOR

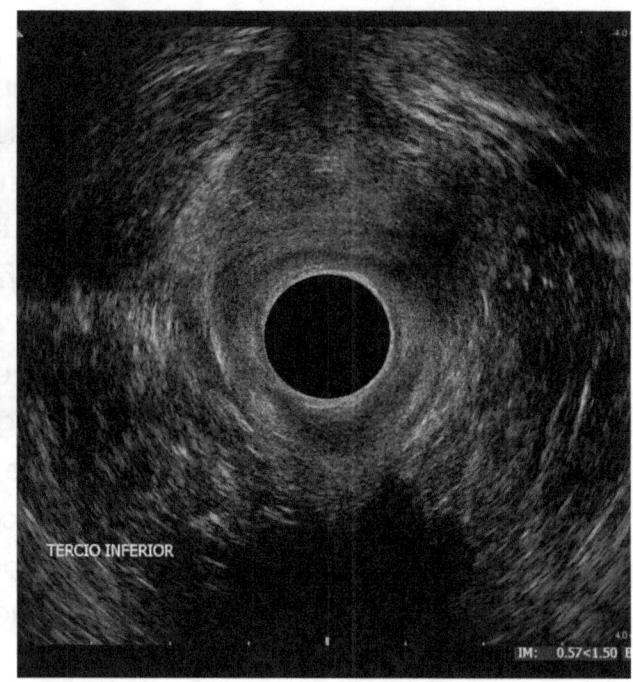

TERCIO INFERIOR

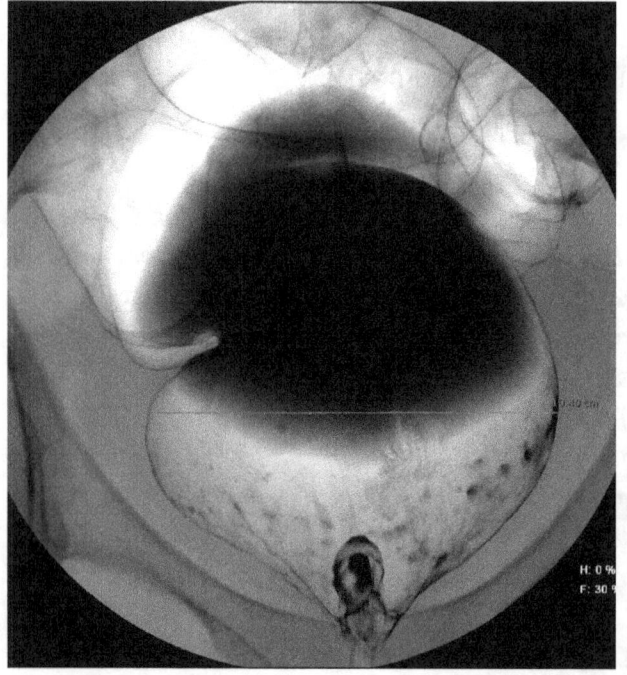

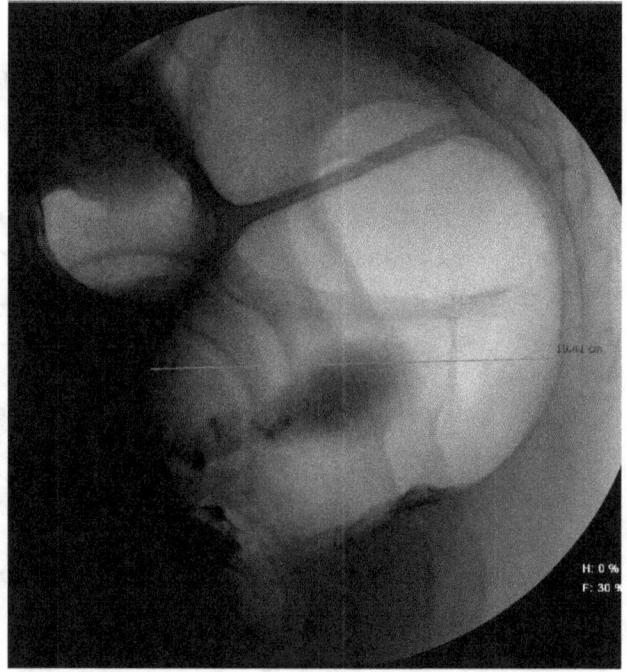

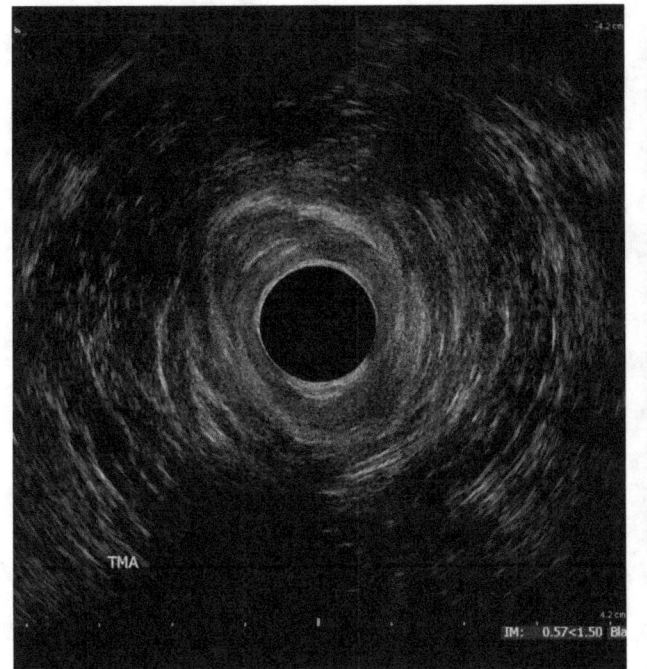

TMA

IM: 0.57<1.50 Bla

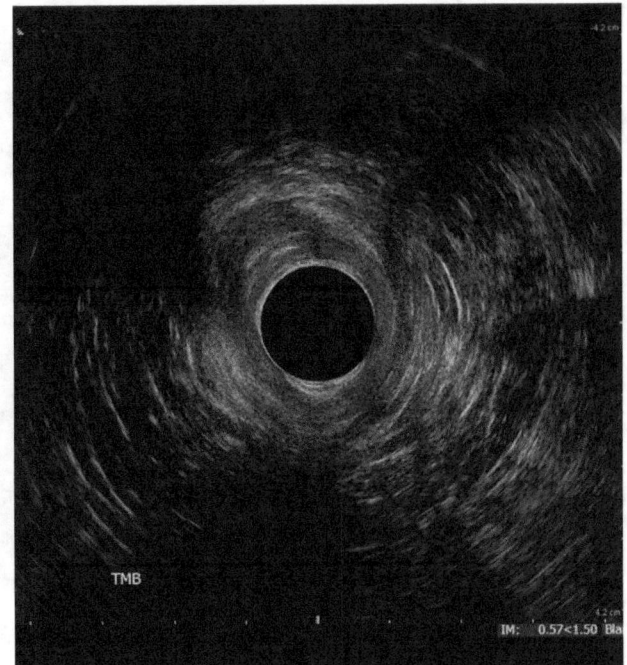

TMB

IM: 0.57<1.50 Bla

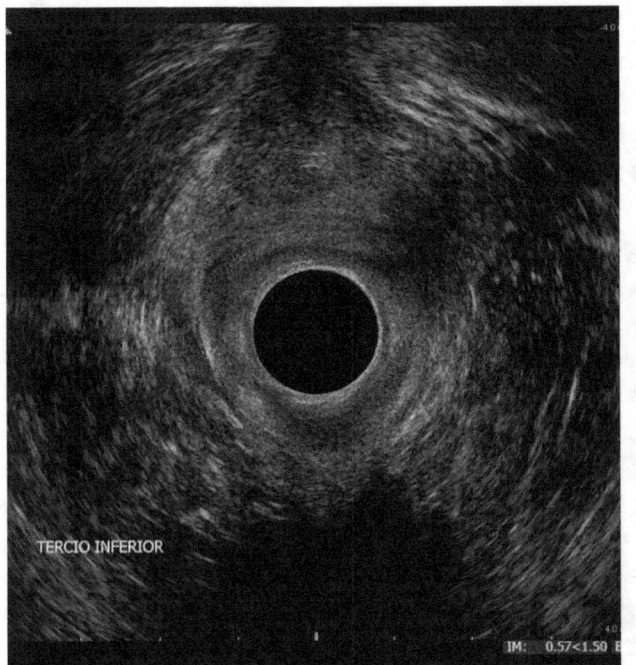

TERCIO INFERIOR

IM: 0.57<1.50 B

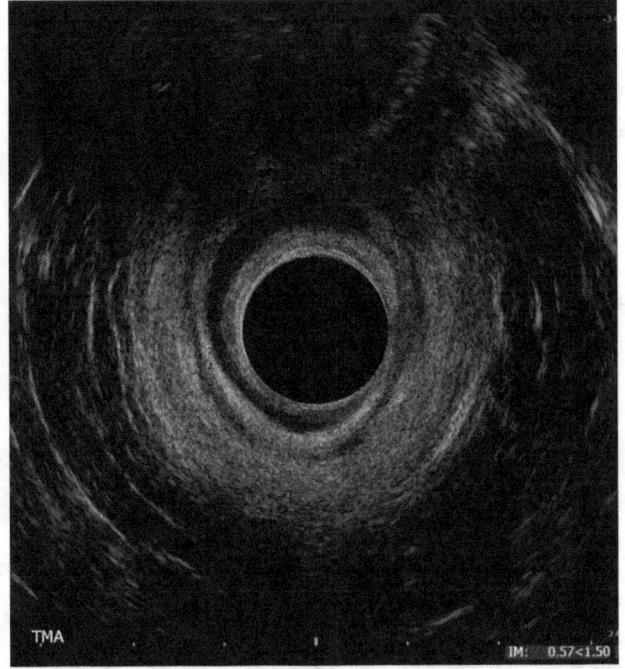

TMA

IM: 0.57<1.50

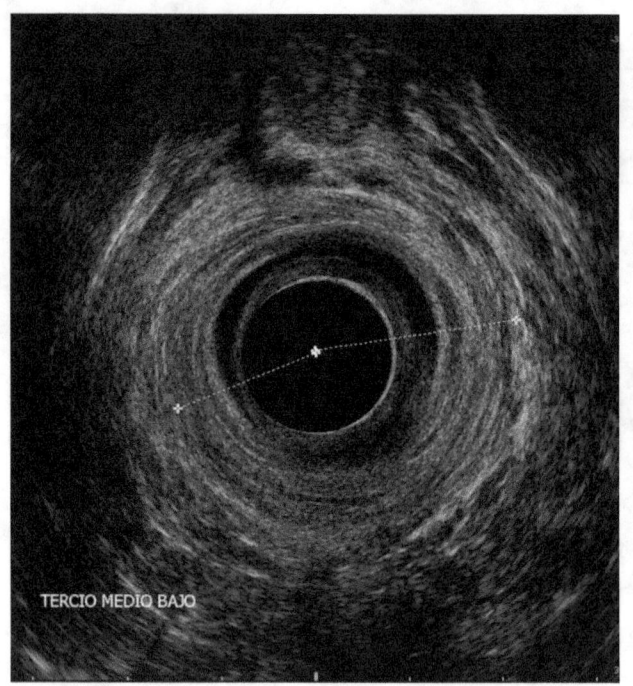

TERCIO MEDIO BAJO

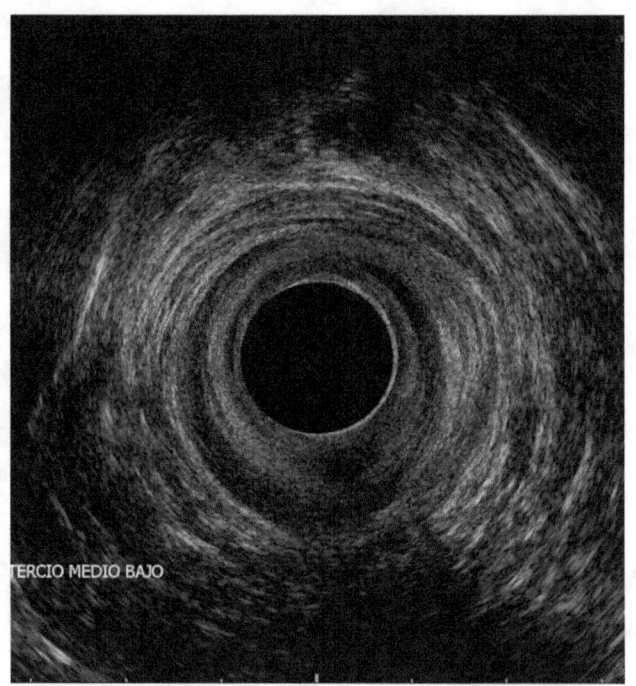

TERCIO MEDIO BAJO

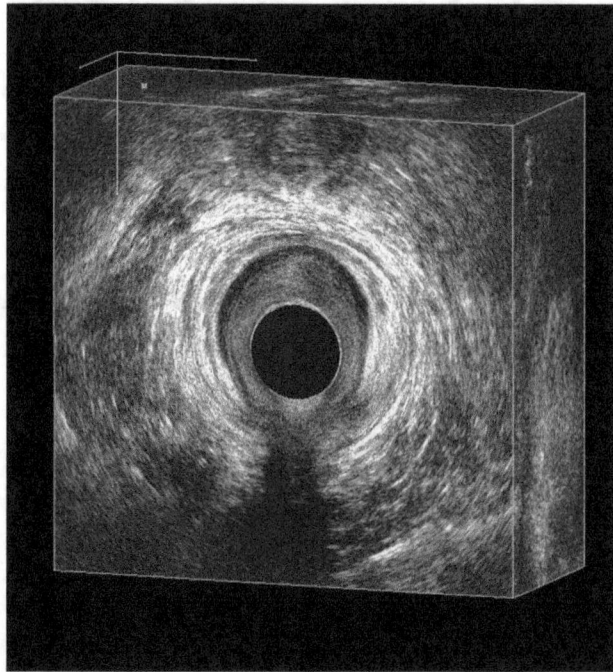

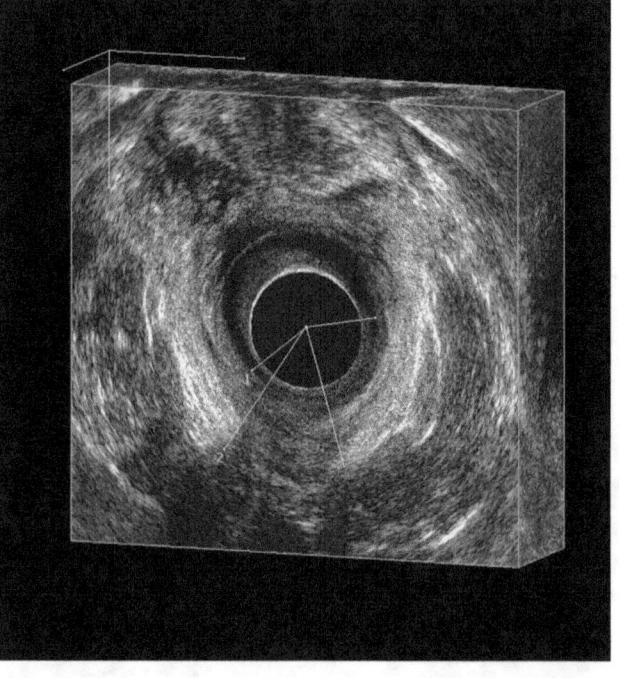

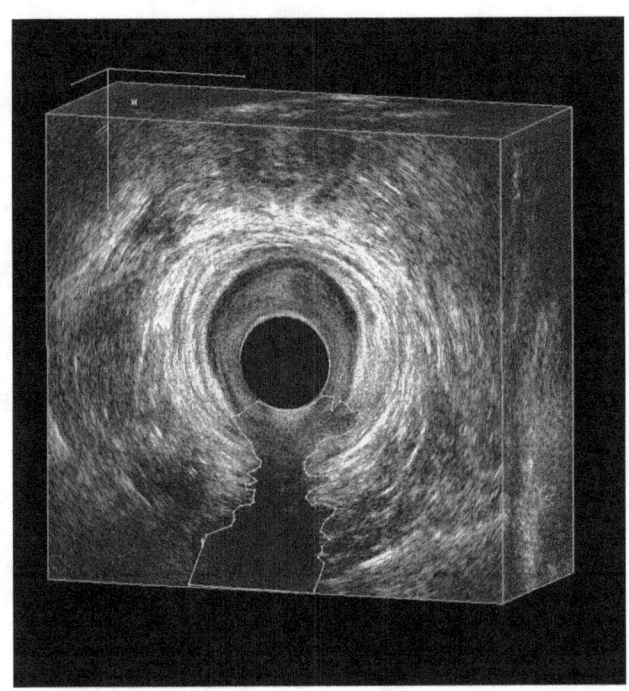
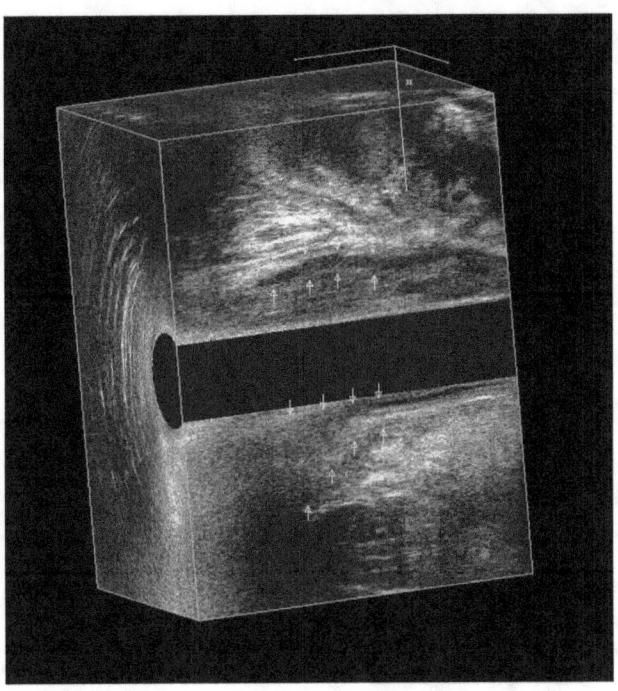
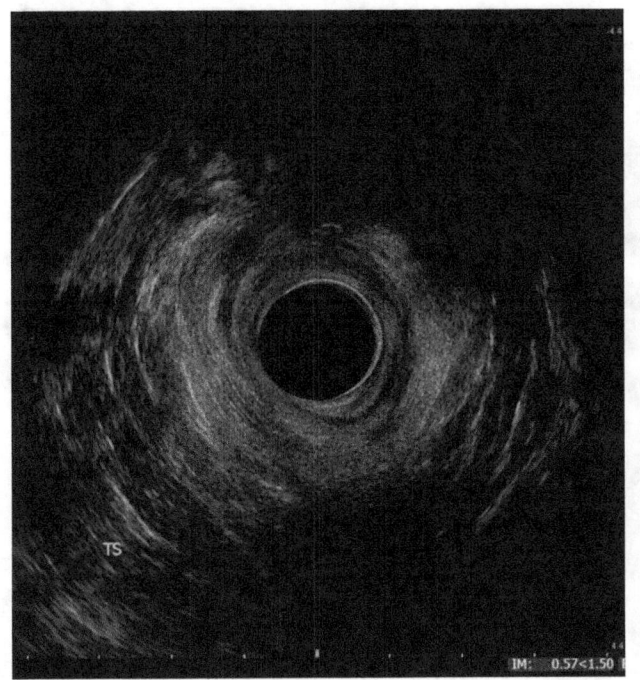
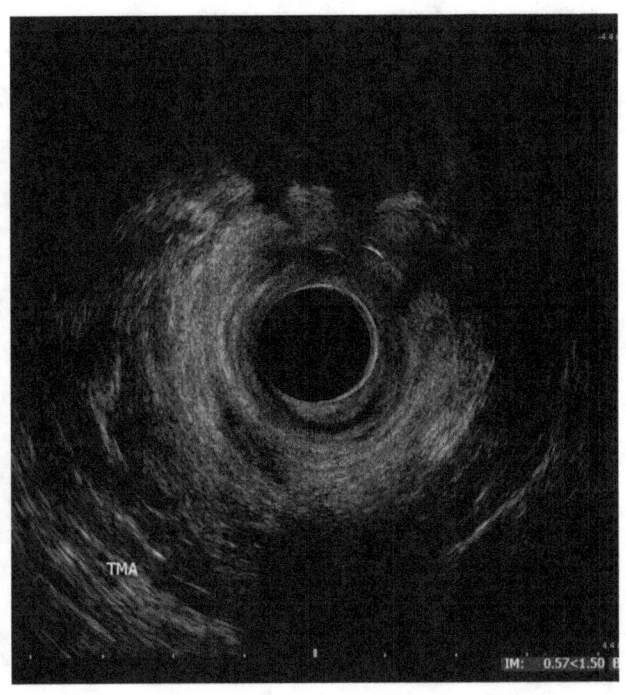

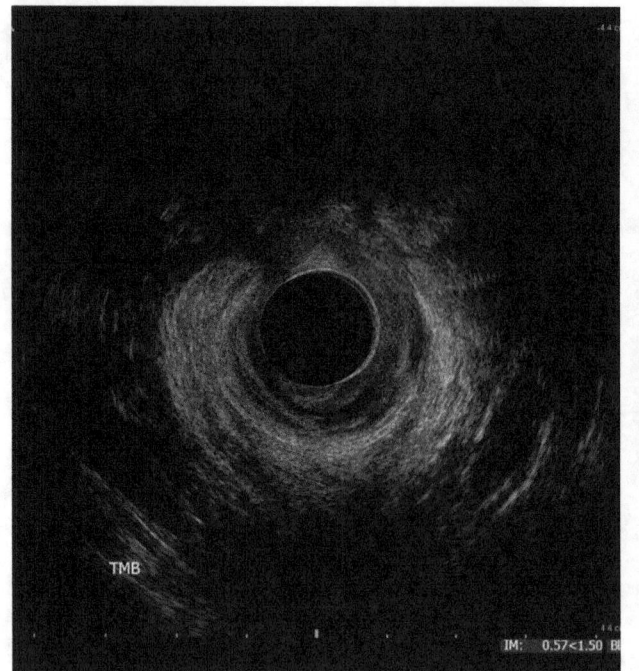

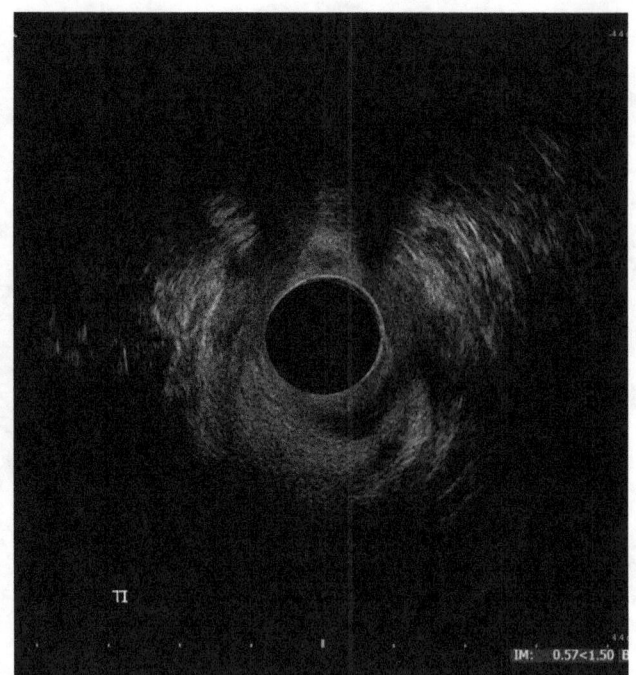

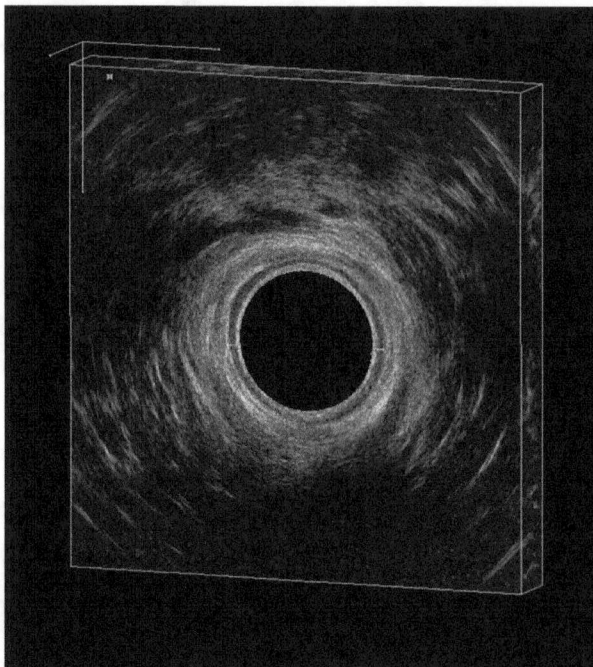

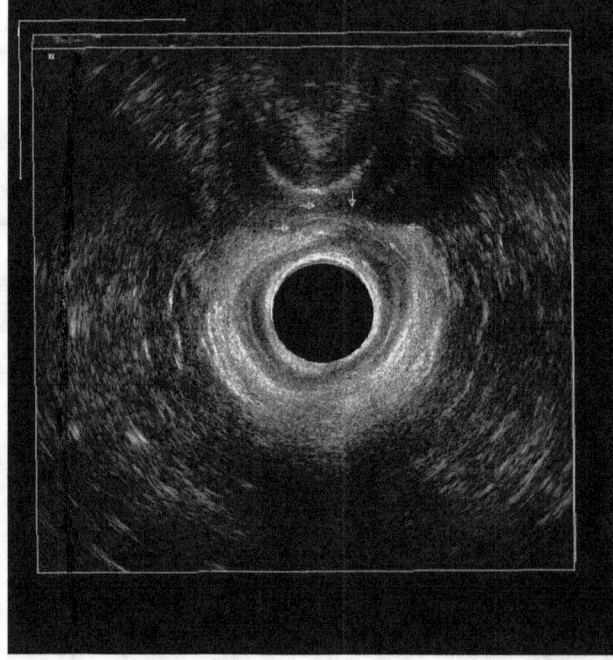

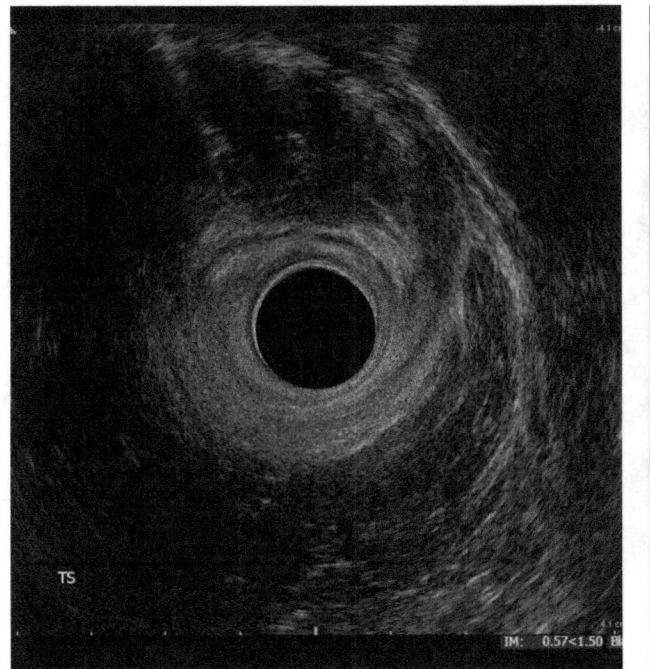

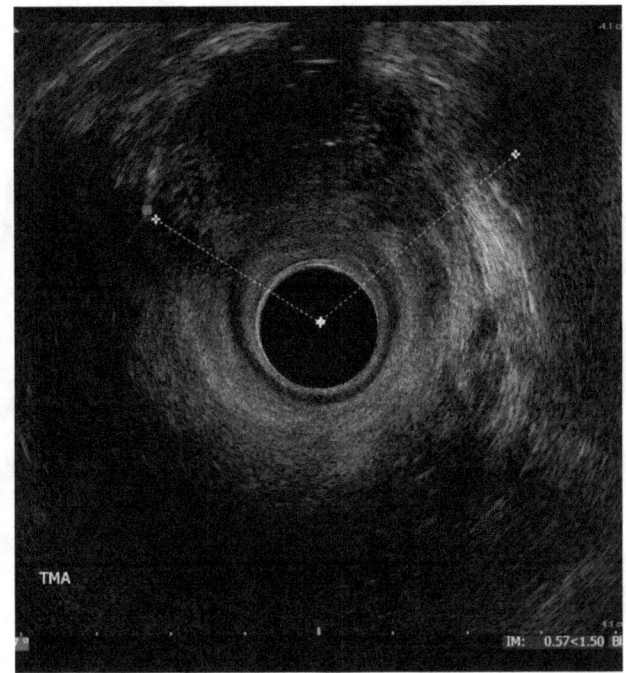

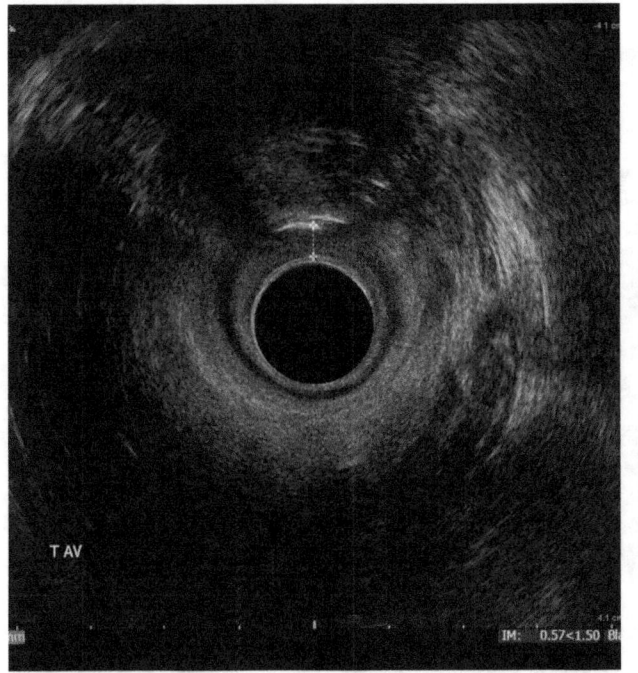

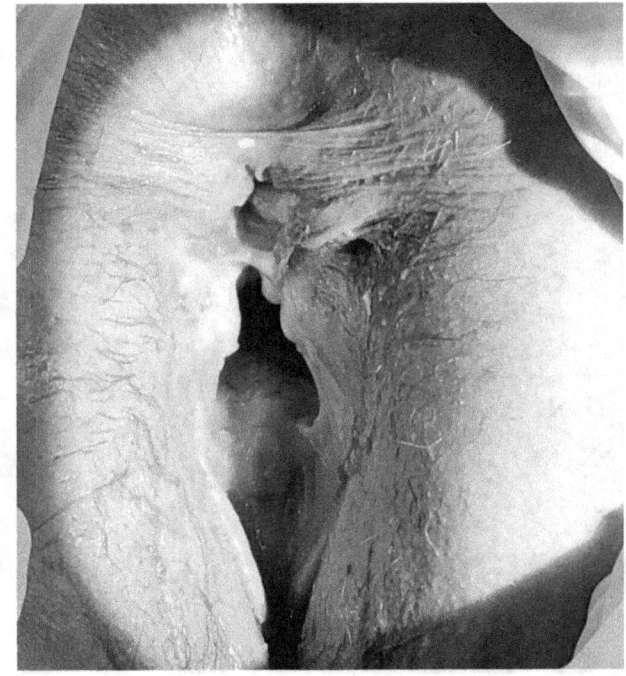

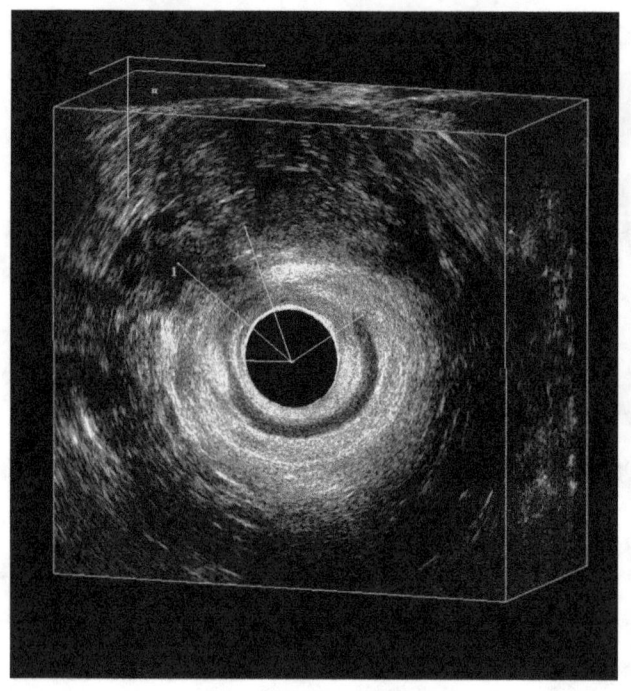
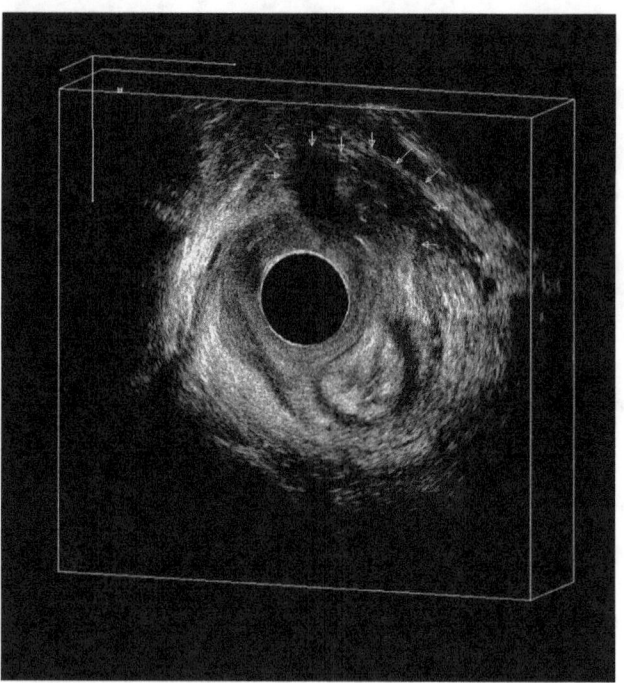
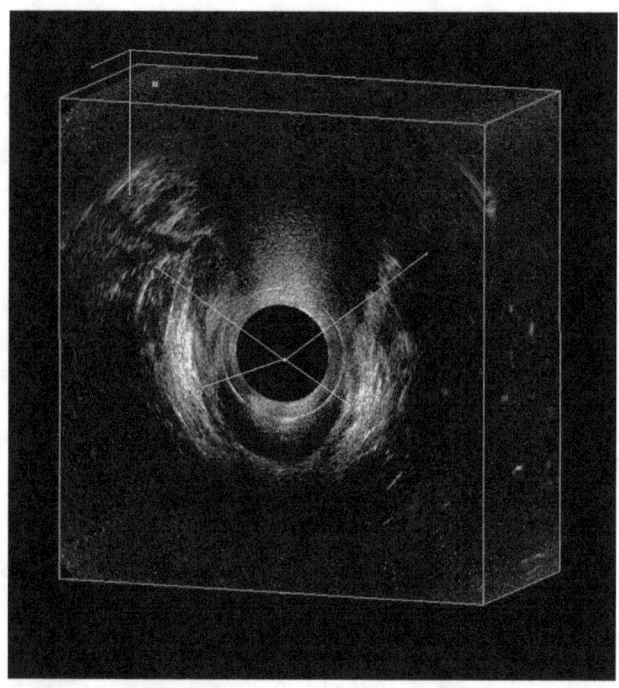
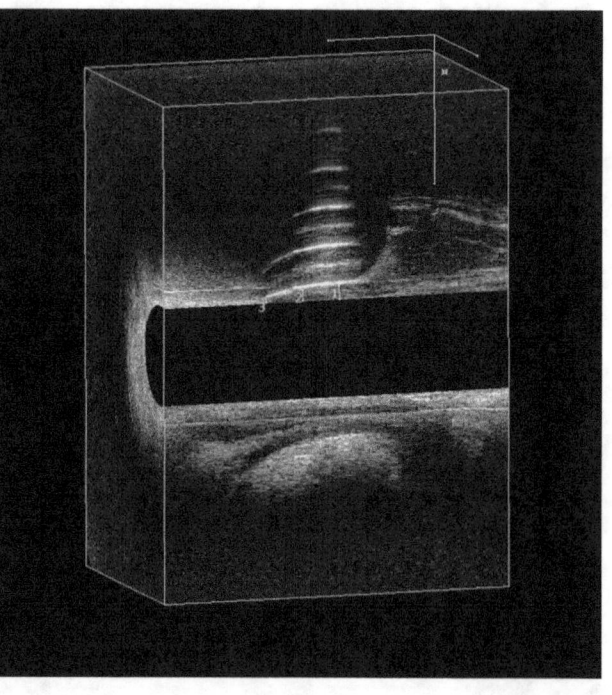

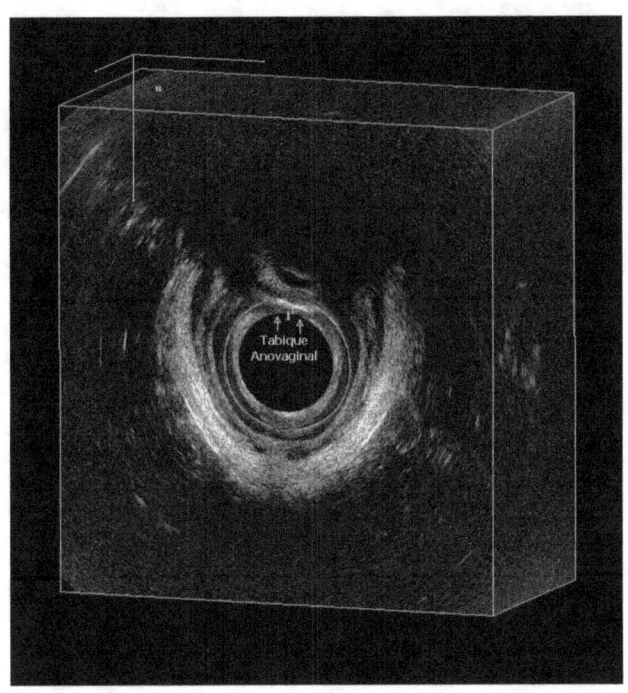

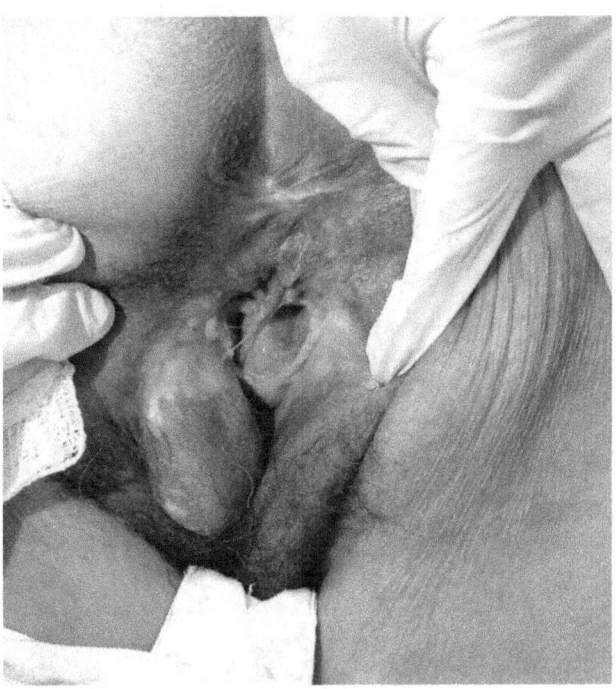

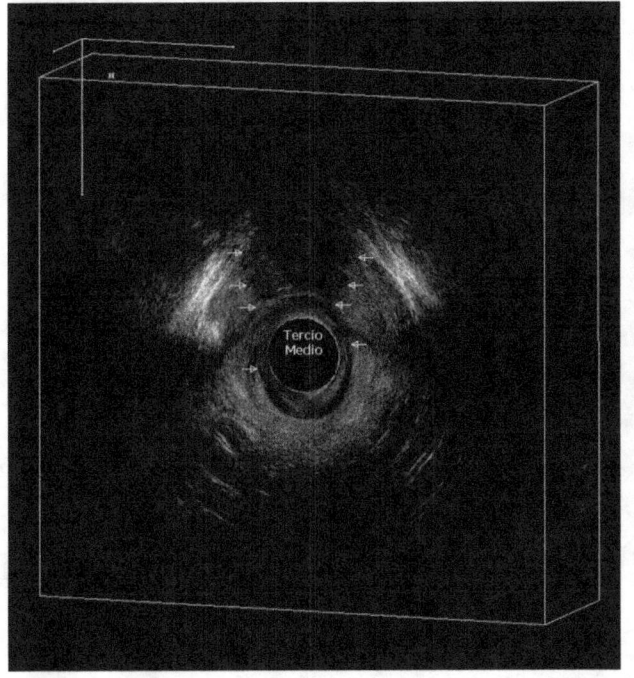

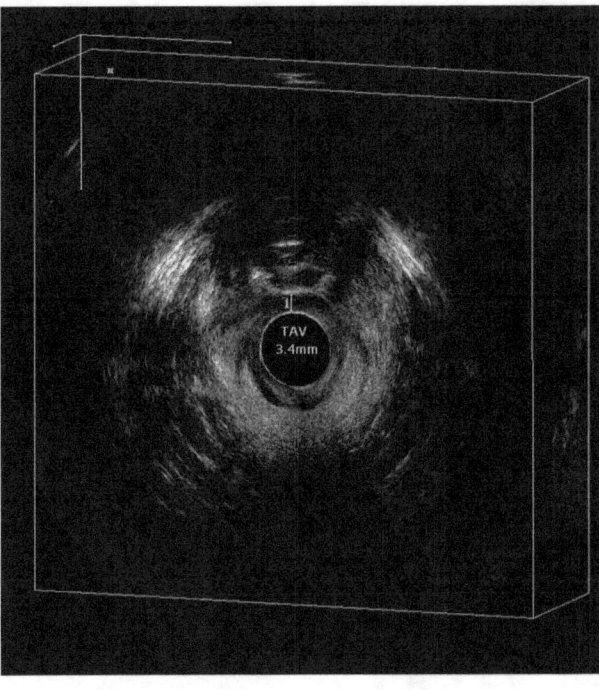

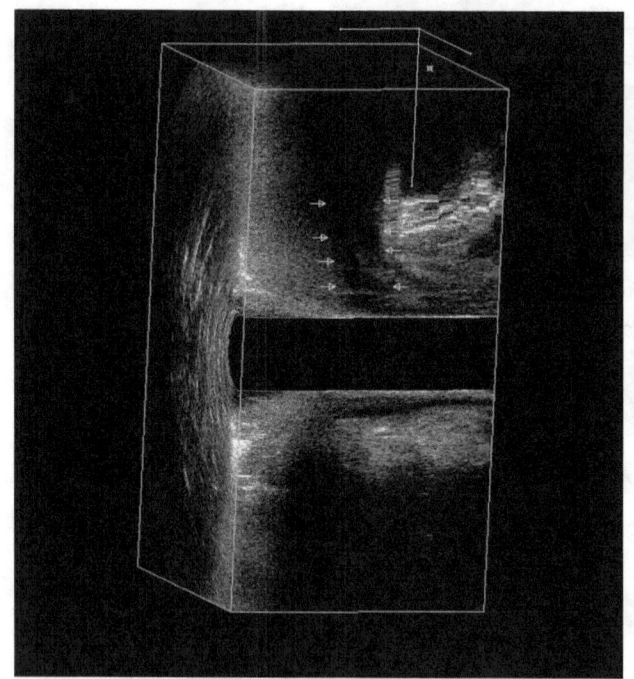 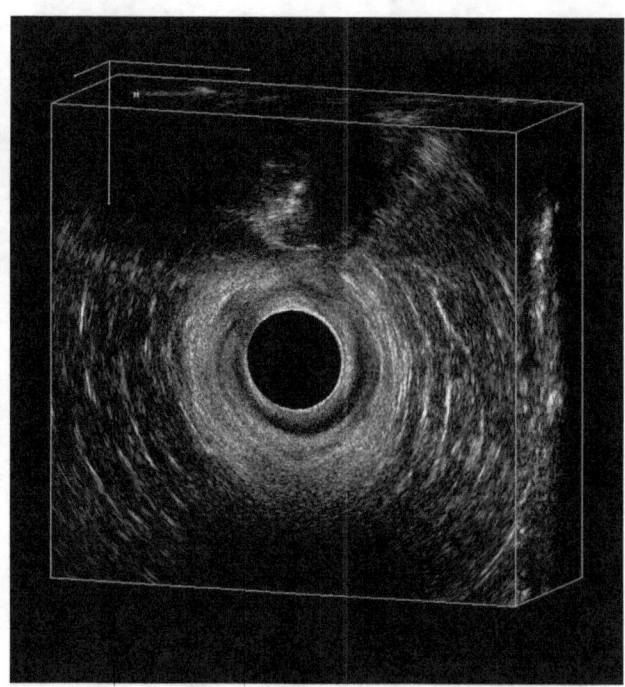

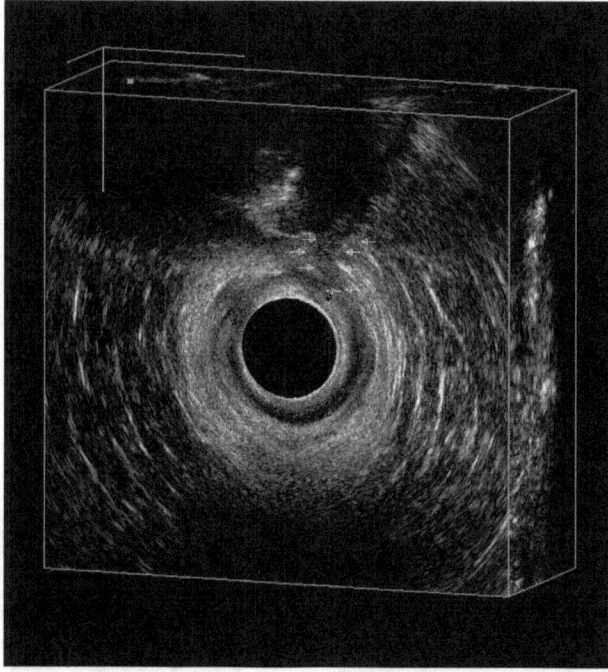 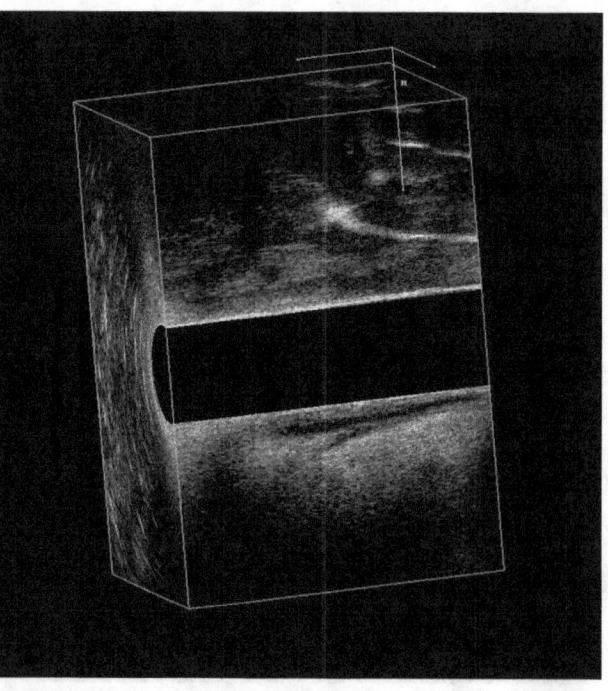

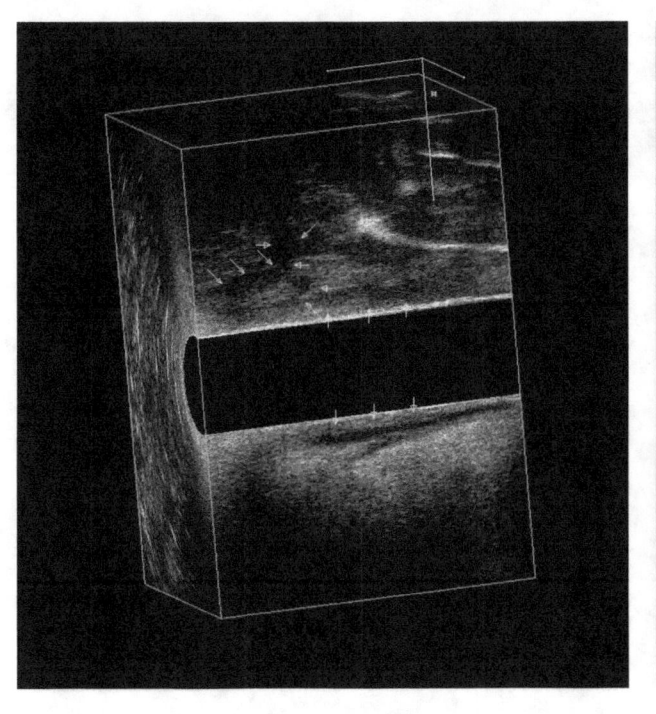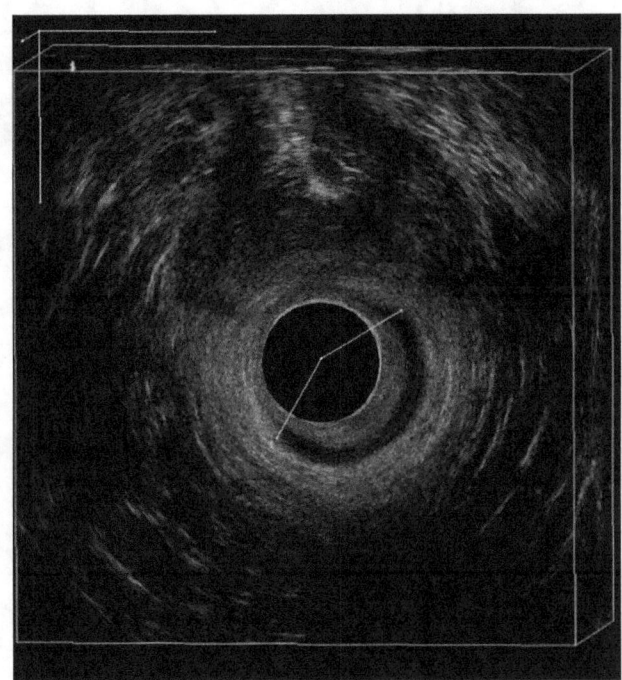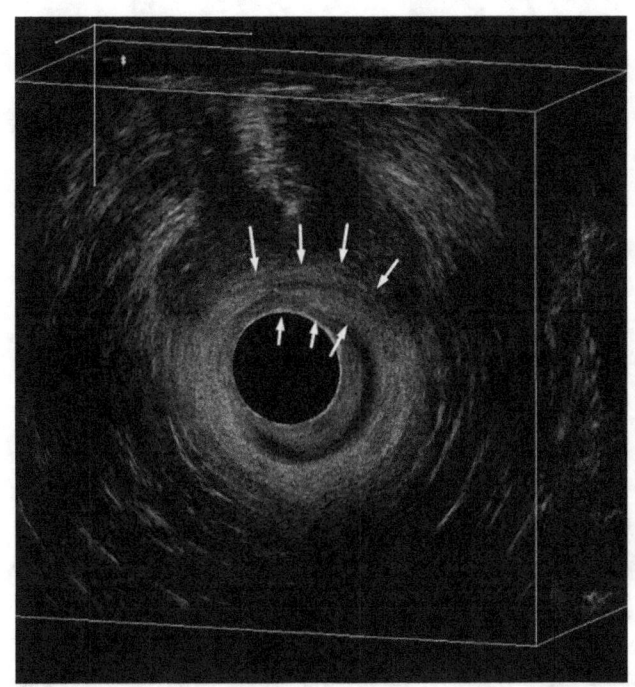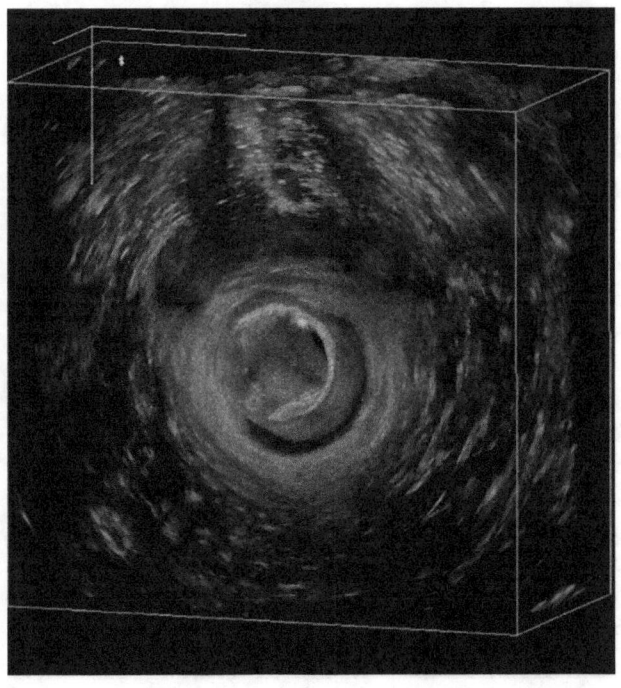

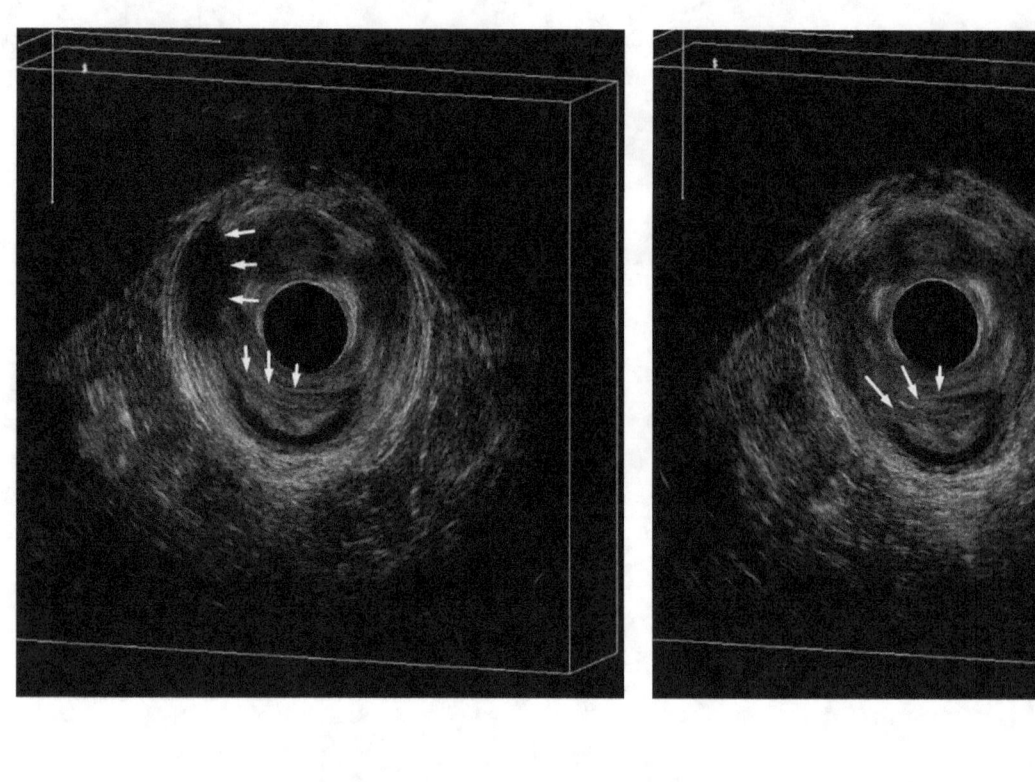

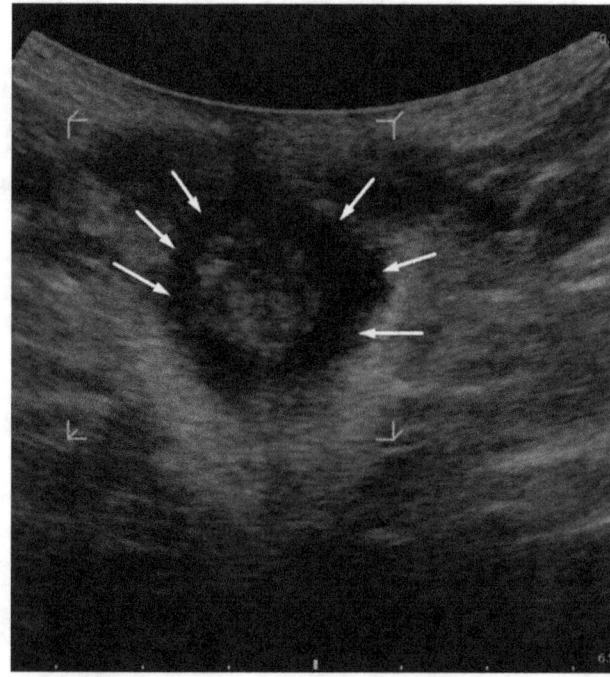

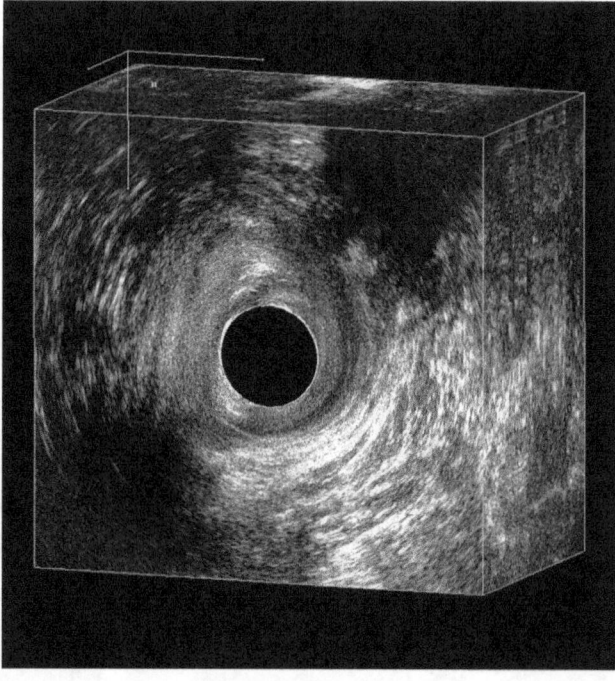

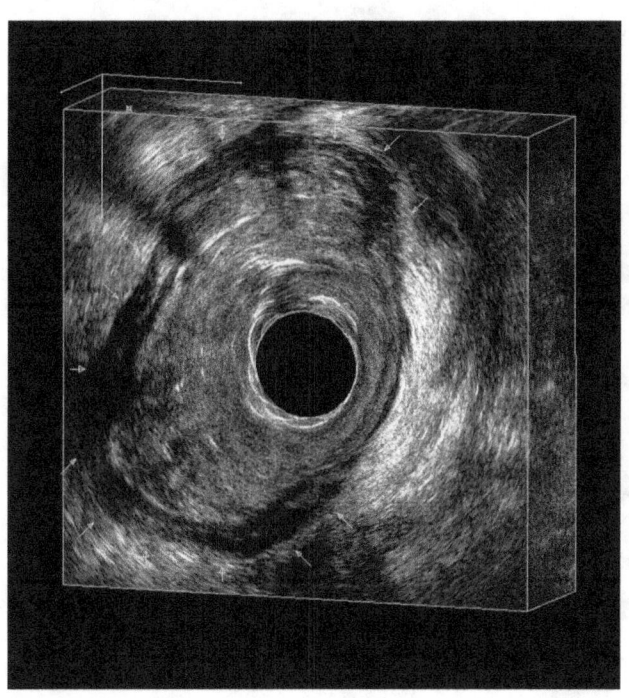
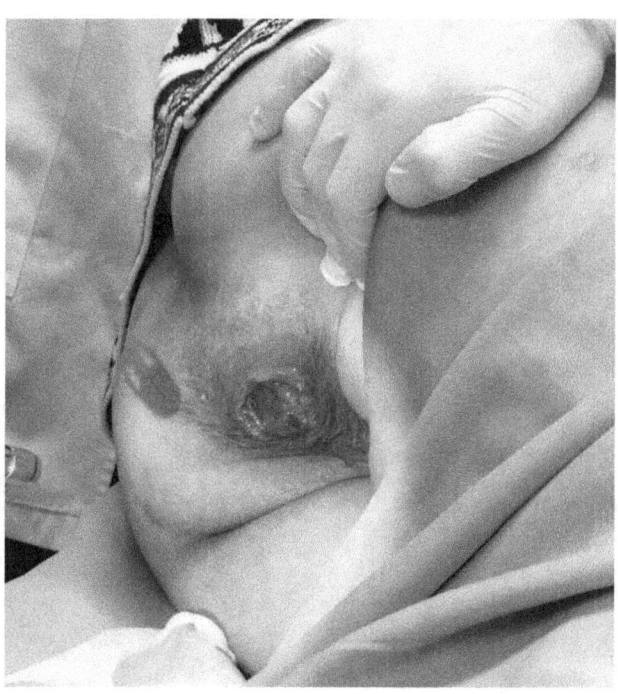
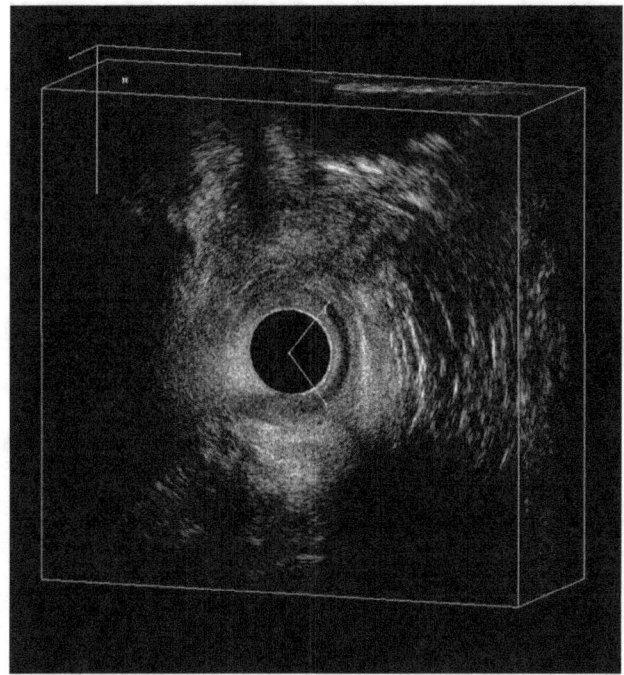
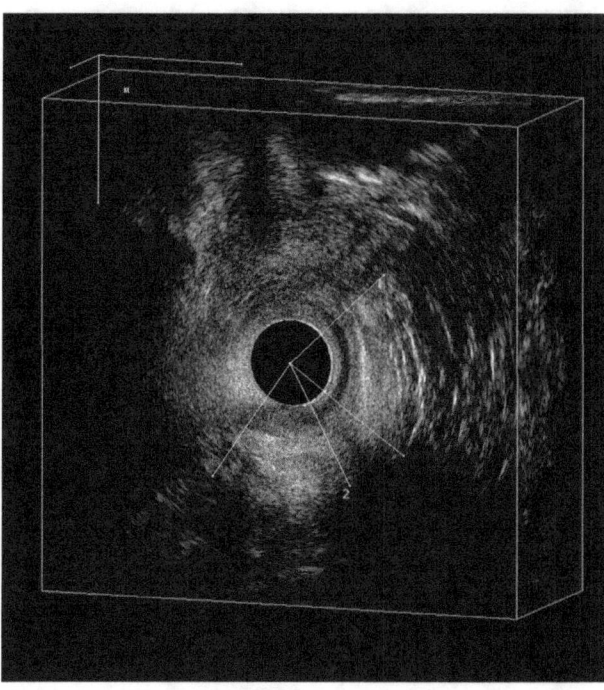

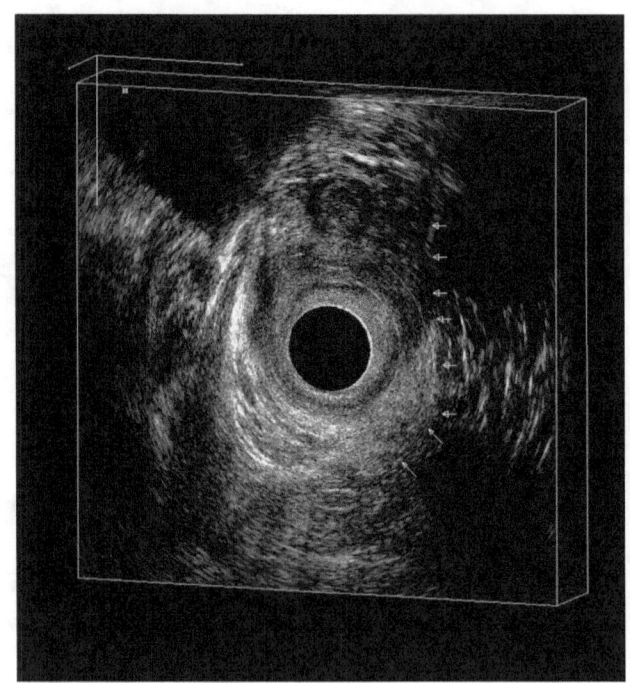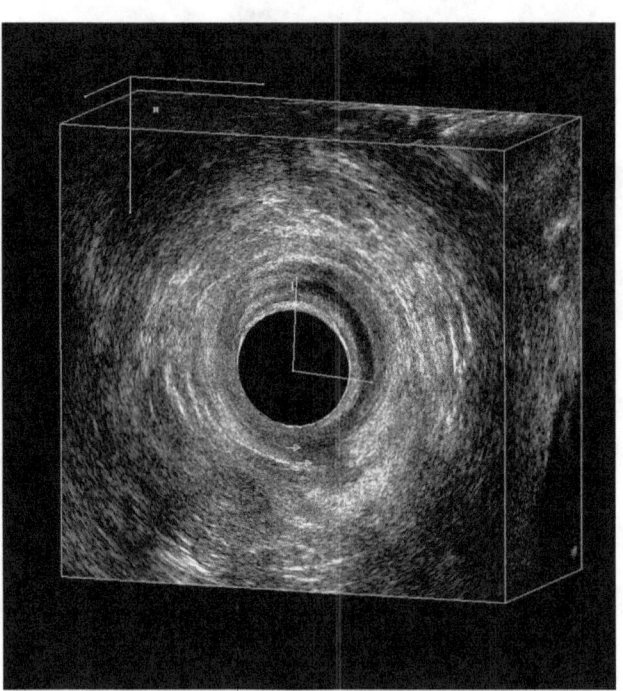

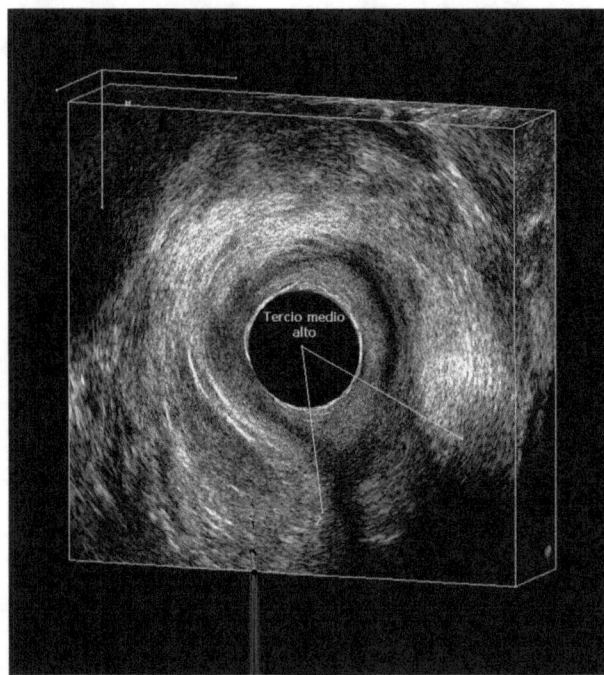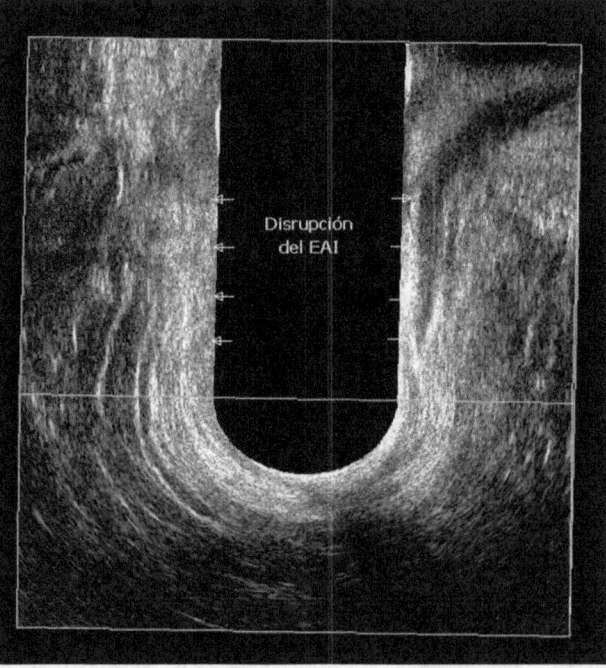

6. ULTRASONIDO ENDORRECTAL EN CÁNCER DE RECTO

Jorge de León, Rafael Navarra, Billy Jiménez

El cáncer colorrectal es el tercer cáncer más común en todo el mundo, con un estimado de 1.2 millones de casos nuevos por año, y es el responsable del 8% de todas las muertes por cáncer. Aproximadamente un tercio de estos tumores colorrectales se localizan en el recto.

En la estadificación del cáncer de recto se utilizan diversos estudios de imagen, entre los que se encuentran: la TAC, RMN, PET- CT y ultrasonido endorrectal. La TAC fue uno de los primeros estudios utilizados y que demostró utilidad en la evaluación y estadificación del cáncer de recto en etapas avanzadas (metástasis a distancia), sin embargo, su utilidad es menor cuando requerimos evaluar la extensión del tumor rectal a través de la pared del recto y en la evaluación de la invasión de los ganglios linfáticos locales. Con el desarrollo de la ultrasonografía endorrectal es posible determinar la extensión de la invasión tumoral a través de la evaluación de las capas que componen el recto, así como la presencia de metástasis a ganglios linfáticos perirrectales; con este método no es posible evaluar la actividad tumoral a distancia.

El ultrasonido endorrectal (USER) permite delinear cinco capas de la pared rectal como bandas alternadas hiperecóicas e hipoecoicas. El USER es particularmente efectivo para evaluar la profundidad de la invasión tumoral en la pared rectal, con una precisión del 69% al 94%. El USER puede distinguir con exactitud entre las lesiones rectales en estadio temprano y avanzado con sensibilidad, especificidad y precisión de 96%, 85% y 94%, respectivamente. El USER es más específico en la evaluación de la invasión tumoral local en comparación con la imagen de resonancia magnética (especificidad de 86% vs 69%, respectivamente), aunque ambos métodos tienen la misma sensibilidad para evaluar la profundidad de la penetración tumoral en la muscularis propia (94%).

Un metaanálisis que incluyó 5,039 pacientes de 42 estudios realizados entre los años de 1980 y 2008 reporta una precisión del USER para determinar las etapas T, con una sensibilidad y especificidad de aproximadamente 81%-96% y 91%-98%, respectivamente. Sin embargo, la precisión del USER en la evaluación de la profundidad de la invasión en la pared rectal parece variar con el estadio tumoral, con menor precisión en las lesiones T2, en comparación con las lesiones en estadio temprano (T1) y avanzado (T3-T4). Además, el USER no puede distinguir de manera confiable entre la inflamación peri tumoral o la infiltración tumoral transmural, lo que puede conducir a una estadificación excesiva de los tumores T2 como tumores T3 y su sobretratamiento posterior. La estadificación de lesiones de gran tamaño, distales y/o estenóticas mediante USER representan un verdadero desafío debido al campo de visión limitado y la incapacidad de las sondas (especialmente las sondas rígidas) para franquear la lesión.

La estadificación de ganglios linfáticos (GL) con USER sigue siendo difícil y es menos precisa que la estadificación en T, con tasas de precisión reportadas de 64%-83%. Aunque las características morfológicas detectadas por USER, que incluyen una delimitación, ubicación peri tumoral, tamaño e hipoecogeneidad; podrían asociarse con GL malignos, estas características no son sensibles ni específicas. Además, el USER sólo puede evaluar GL perirrectales o mesorrectales, lo que limita la capacidad de detección de este método. Por el contrario, otras modalidades de imagen como la TAC, RMN y PET/CT pueden visualizar los ganglios ilíacos y mesentéricos o retroperitoneales, lo que permite una estadificación de GL más completa.

El USER no parece jugar un papel en las evaluaciones de respuesta al tratamiento neoadyuvante porque no puede diferenciar de manera certera entre el edema post-radiación, la inflamación, la fibrosis y el tejido tumoral residual. Debido a esta limitación, la precisión del USER para la evaluación del cáncer de recto después de la radioterapia es marcadamente baja (47%).

En los cánceres rectales localmente avanzados, evaluados mediante USER, las tasas de precisión de estadificación cuando se realizó el USER a las 4-6 semanas después de la finalización de la quimio-radioterapia (QT-RT), fueron del 29% en pacientes con respuesta y del 82% en pacientes sin respuesta, con una alta tasa de interpretación errónea (71%) en los pacientes clasificados con adecuada respuesta. La precisión para la evaluación de los GL después de la QT-RT fue del 57%. Por lo tanto no se recomienda el uso de USER para la reclasificación de la tumoración posterior a QT-RT.

El desarrollo de nuevas tecnologías como el USER tridimensional, han dado como resultado mejores tasas de precisión en la estadificación T y de GL en comparación con el USER bidimensional. La disponibilidad del equipo y su bajo costo le hacen un recurso viable en la mayoría de los centros hospitalarios. Sin embargo, una evaluación adecuada de la fascia del mesorrecto sigue siendo imposible y la precisión del procedimiento depende en gran medida de la experiencia del operador. Por lo tanto, el papel principal del USER en la estadificación del cáncer rectal es la evaluación de la profundidad de la invasión tumoral, particularmente en los tumores rectales en etapa temprana, para la cual el USER se puede usar para evaluar si los tumores son adecuados para el tratamiento por escisión transanal o local.

Recientemente se ha descrito la utilidad de las imágenes del USER como técnica de imagen intraoperatoria en cirugía rectal mediante realidad aumentada en tiempo real asistida por robot; permitiendo un alto nivel de precisión y mejores márgenes oncológicos.

Lecturas recomendadas

1. Tombazzi, C.R., Loy, P., Bondar, V., Ruiz, J.I., Waters, B. and Tombazzi, C.R., 2019. Accuracy of Endoscopic Ultrasound in Staging of Early Rectal Cancer. *Federal Practitioner 2019;36*(Suppl 5): S26. PMID: 31507310

2. Shen, J., Zemiti, N., Taoum, C., Aiche, G., Dillenseger, J.L., Rouanet, P, et al. Transrectal ultrasound image-based real-time augmented reality guidance in robot-assisted laparoscopic rectal surgery: a proof-of-concept study. *International Journal of Computer Assisted Radiology and Surgery 2019:*1-13.DOI: 10.1007/s11548-019-02100-2

3. Ren, Y., Ye, J., Wang, Y., Xiong, W., Xu, J., He, Y., et al. The optimal application of transrectal ultrasound in staging of rectal cancer following neoadjuvant therapy: a pragmatic study for accuracy investigation. *Journal of Cancer 2018;9*(5):784. DOI: 10.7150/jca.22661

4. Heo, S.H., Kim, J.W., Shin, S.S., Jeong, Y.Y. and Kang, H.K. Multimodal imaging evaluation in staging of rectal cancer. *World journal of gastroenterology: WJG 2014;20*(15):4244. DOI: 10.3748/wjg.v20.i15.4244

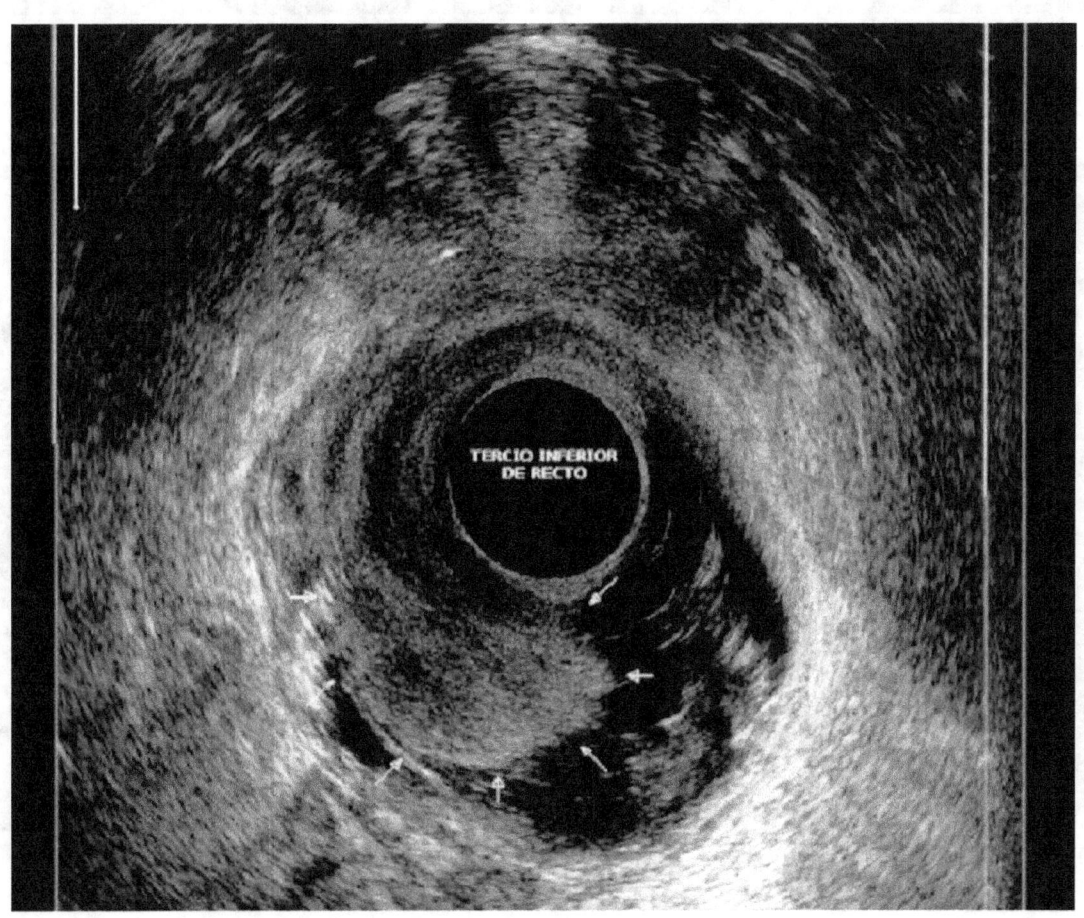

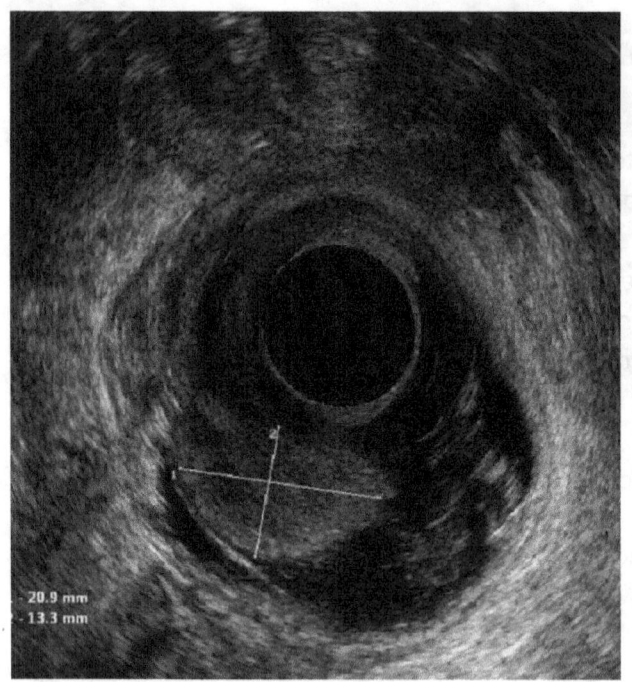

20.9 mm
13.3 mm

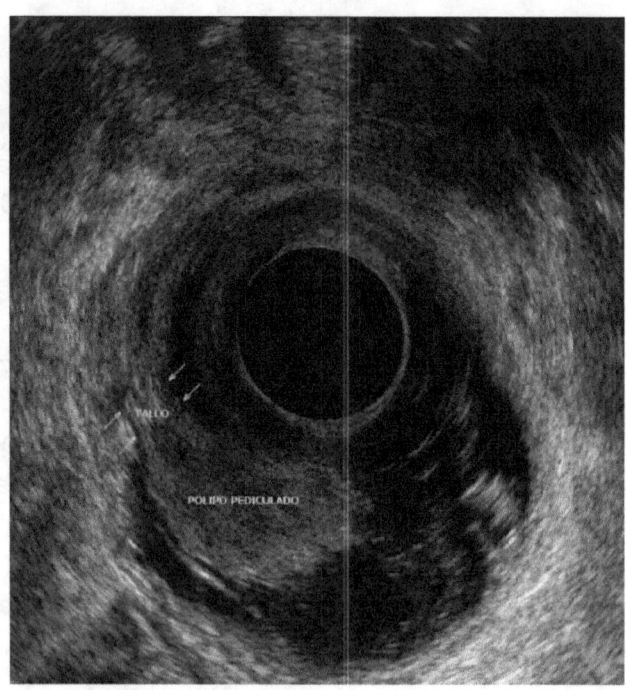

TALLO

POLIPO PEDICULADO

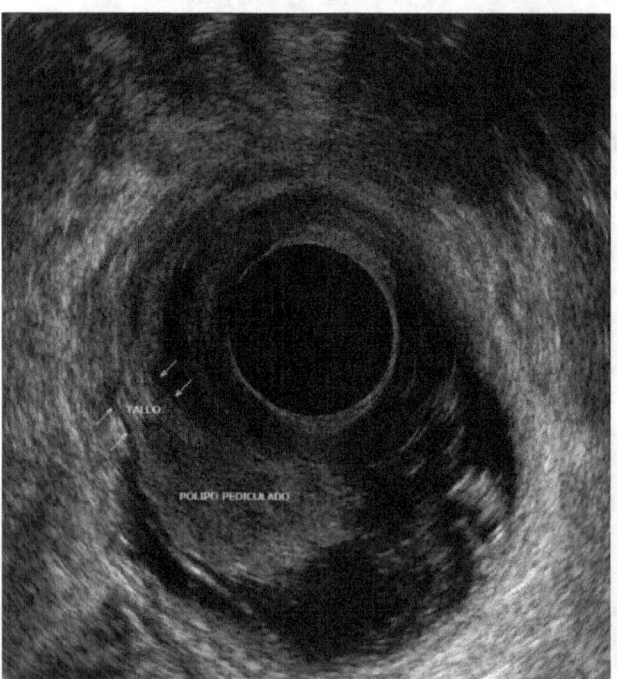

TALLO

POLIPO PEDICULADO

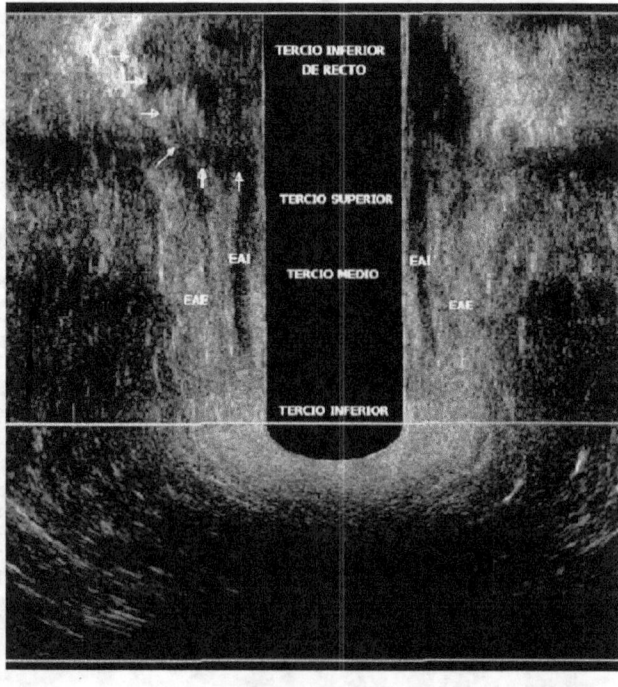

TERCIO INFERIOR
DE RECTO

TERCIO SUPERIOR

EAI   EAI

TERCIO MEDIO

EAE   EAE

TERCIO INFERIOR

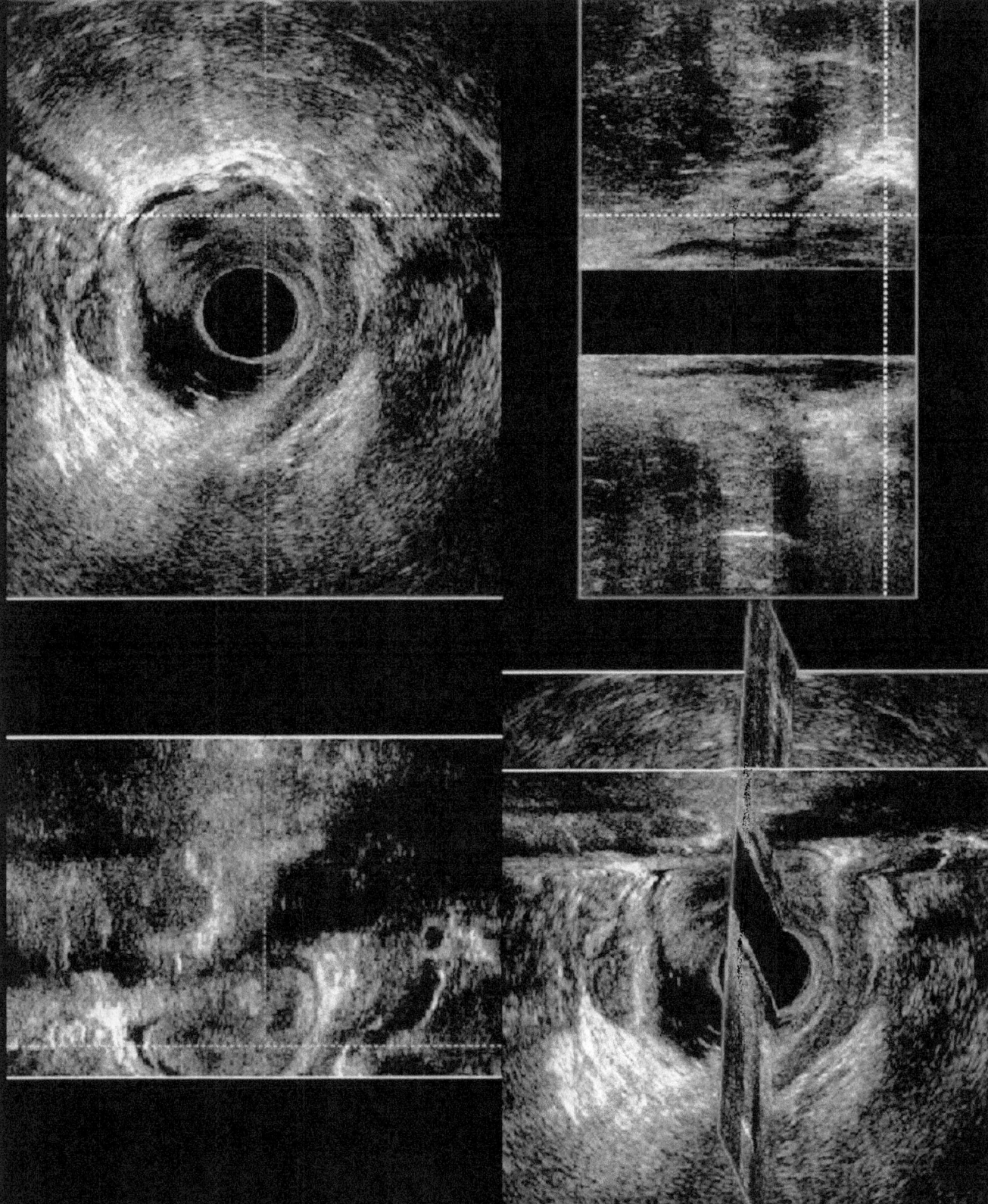

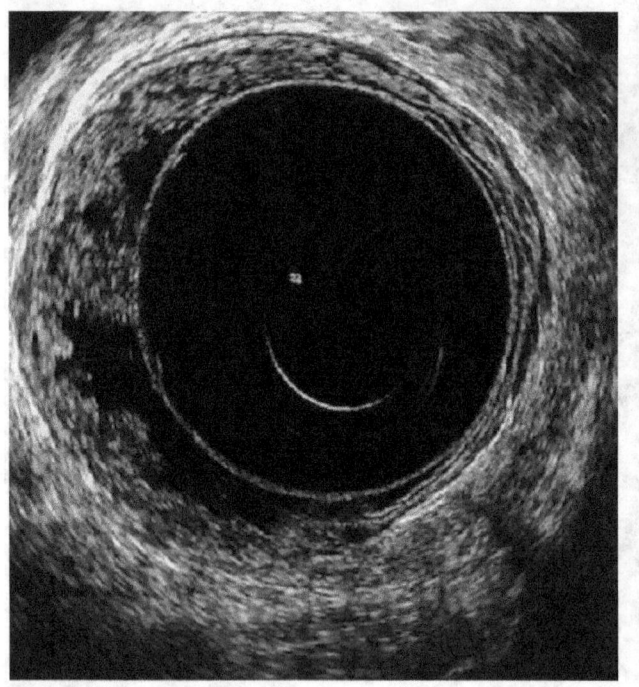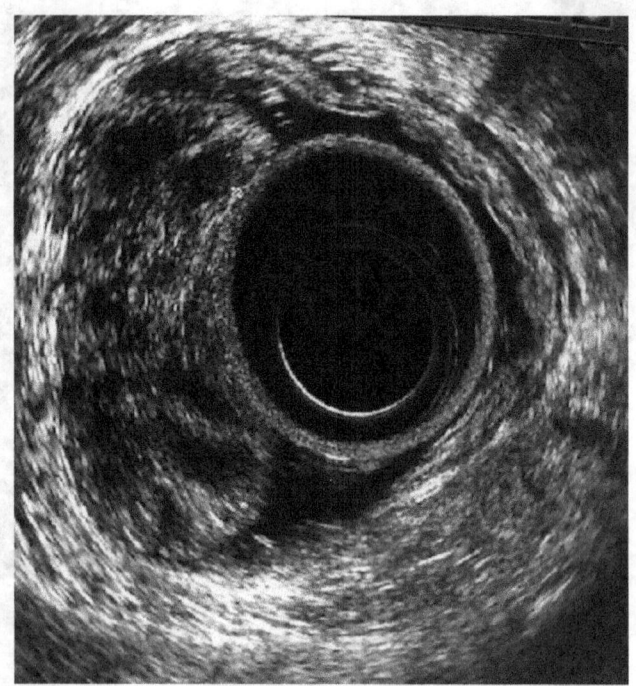
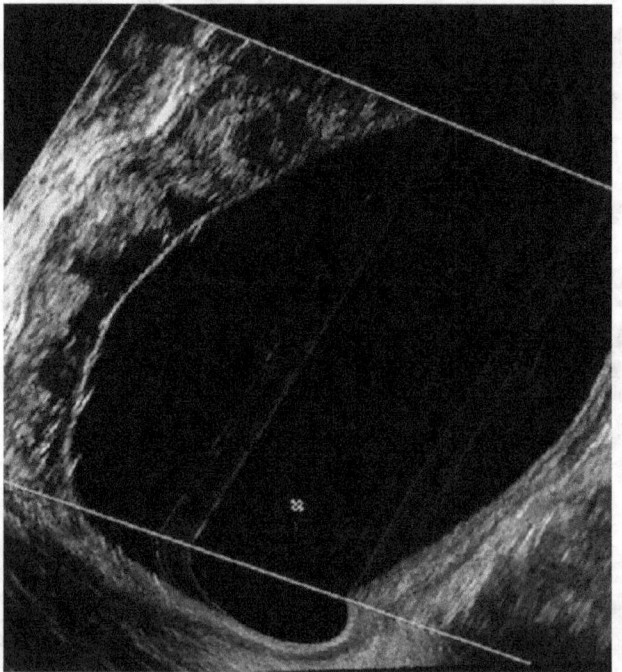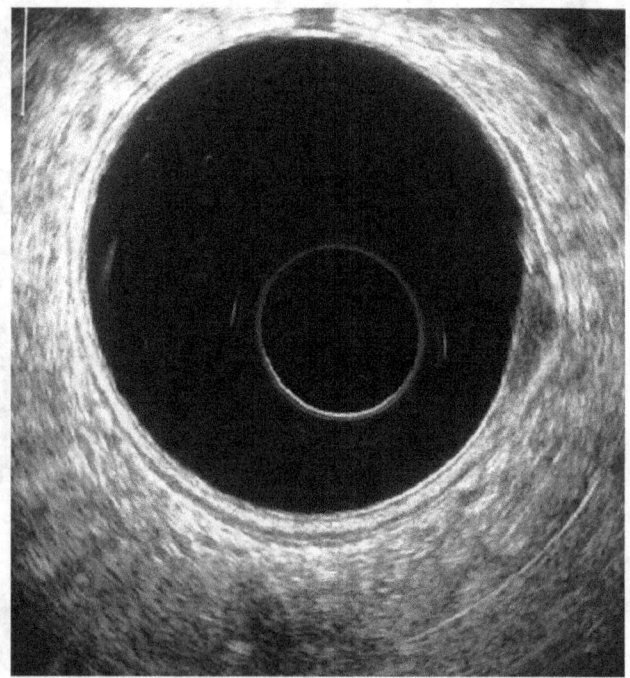

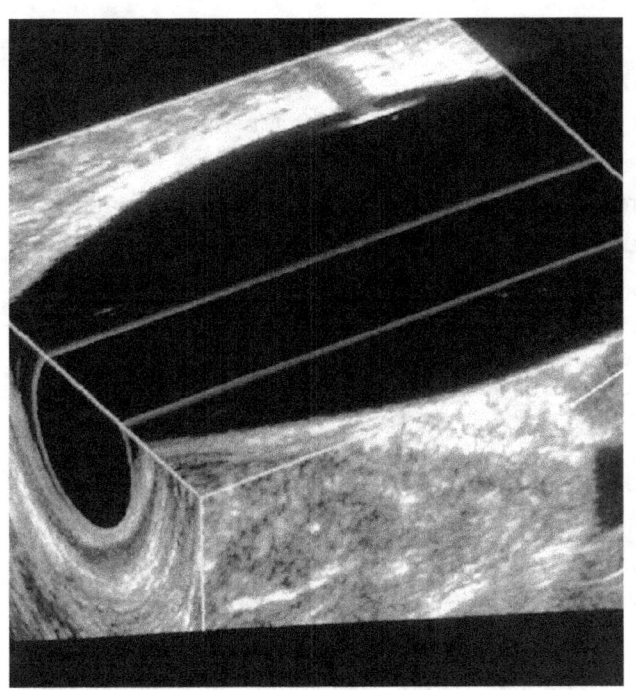
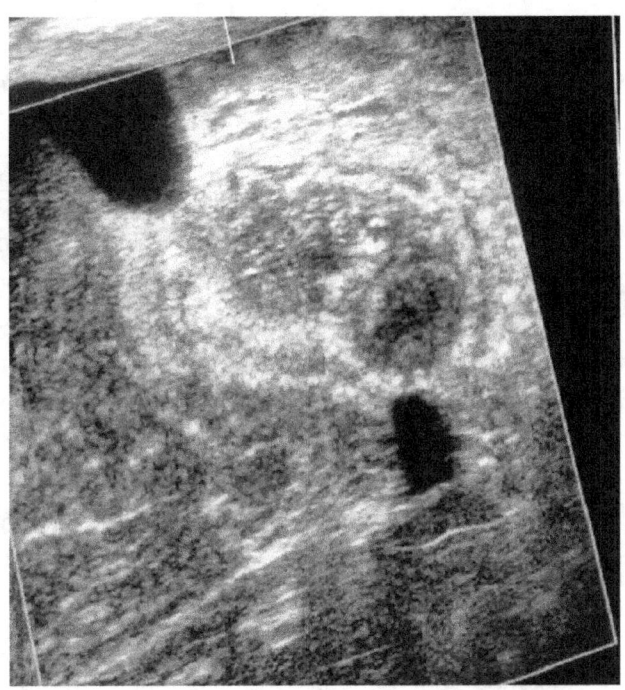
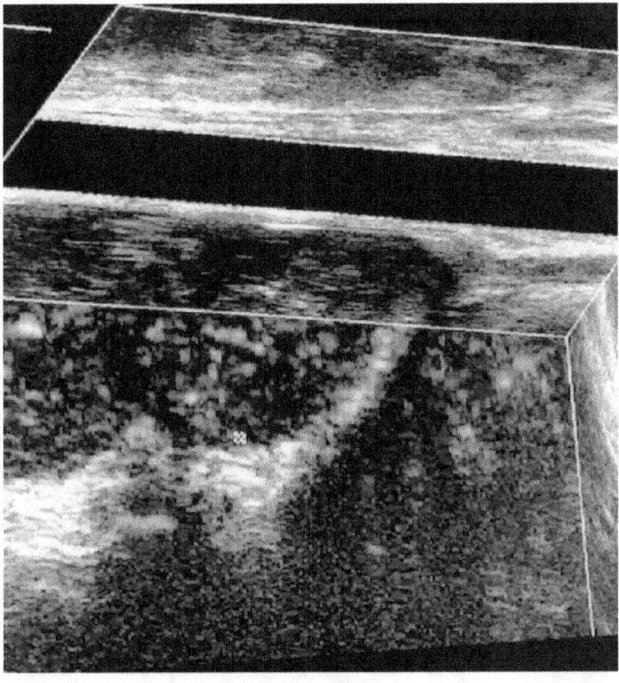
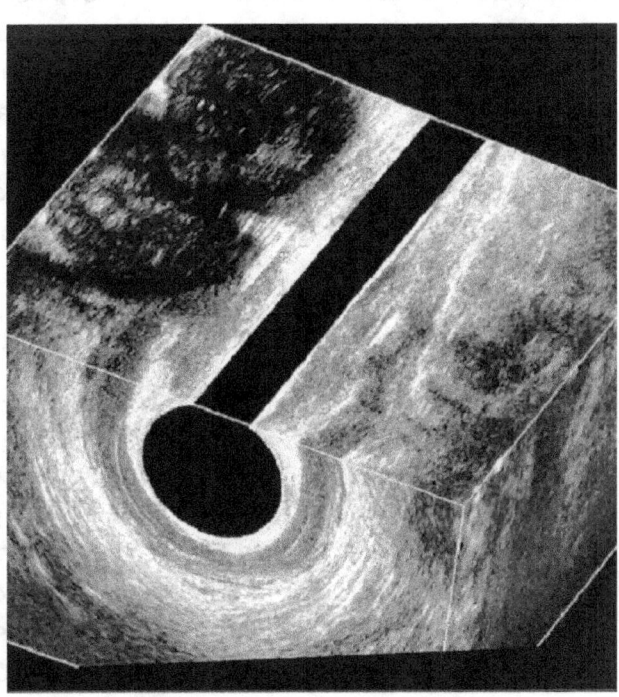

7. ULTRASONIDO ENDOANAL EN CÁNCER DE ANO

Alan Garza, Gerardo Maya, Gabriel Calvillo

El cáncer de ano es una patología infrecuente, representando el 2.5% de los casos de neoplasias del tracto gastrointestinal y el 2-4% de tumores localizados en el colon, recto y ano. El carcinoma epidermoide o de células escamosas (SCCA por sus siglas en ingles), es el tipo histológico más frecuente. Actualmente su incidencia se encuentra en aumento sobre todo en hombres que tienen sexo con hombres, portadores de VIH y VPH (especialmente los serotipos 16, 18, 31, 33, 35). El cáncer de ano se estadifica de acuerdo con la clasificación de TNM.

La rectorragia es el signo más frecuente, además de proctalgia y tenesmo. Sin embargo el 20 a 30% pueden ser asintomáticos, identificando una lesión palpable solo en 25% de los casos. Lo anterior retrasa el tratamiento adecuado de los pacientes, identificando infiltración tumoral del complejo esfintérico en el 75% de los casos al momento del diagnóstico. El diagnóstico del cáncer de ano se lleva a cabo inicialmente con la exploración física y toma de biopsia, enfocando nuestra atención a las poblaciones de riesgo. Una vez confirmado el diagnóstico por patología, se complementa posteriormente la estadificación con una colonoscopía, tomografía de 3 regiones y RMN de pelvis.

El ultrasonido endoanal al igual que en neoplasias de recto, pudiera considerarse como un método para estadiaje alternativo, principalmente en tumores tempranos. Es una de las herramientas diagnósticas para estadificación de las neoplasias en el conducto anal y perianal que nos permite valorar la lesión de acuerdo con su tamaño, infiltración al conducto anal valorando invasión al esfínter anal interno y/o externo, como a estructuras adyacentes al conducto anal, permite también valorar adecuadamente invasión metastásica a ganglios en mesorrecto. También se ha utilizados para reestadificación y valorar respuesta al tratamiento en las semana 16 y 22 posterior al inicio de tratamiento neoadyuvante o descartar recidiva de la enfermedad, ya que el edema post radioterapia puede incrementar el tamaño tumoral de manera inicial.

Dentro de la técnica para realizar el ultrasonido endoanal, se coloca al paciente en posición de proctológica (navaja sevillana) o en decúbito lateral izquierdo y es necesario preparar el transductor para ultrasonido endorectal, ya que se requiere de una mayor definición de la imagen para poder valorar adecuadamente si existe o no metástasis ganglionares en el mesorrecto y las estructuras del conducto anal. Se recomienda utilizar frecuencias en promedio de 7 a 12 Mhz para poder observar claramente una penetración a 5 cm en busqueda de ganglios mesorrectales y una profundidad menor para determinar adecuadamente las 7 interfases del conducto anal, que se mencionarán más adelante, y si presenta disrupción secundario a la infiltración de la neoplasia. Es necesario tomar diferentes cubos 3D con diferentes profundidades y frecuencias para tener un mejor diagnóstico de la lesión.

Dentro de las dificultades técnicas que se llegan a presentar para realizar el estudio y que se deben de tomar en consideración son los siguientes aspectos: gran tamaño de la tumoración, estenosis del conducto anal o dolor.

En la interpretación del ultrasonido para neoplasias del conducto anal, hay autores que sugieren la adecuada visualización de 7 anillos, sin embargo, esto no es siempre posible.

Los tumores de ano generalmente se observan como una zona hipoecogénica rodeada de una zona con ecogenicidad mixta secundaria a edema e inflamación peri tumoral. Tras recibir neoadyuvancia, las imágenes resultan difíciles de interpretar debido al edema y la fibrosis generada, pudiendo ser complicado diferenciar si existe respuesta completa ya que la ecografía posee mayor sensibilidad para detectar masas residuales que para diferenciar fibrosis de tumor. Existen estudios que mencionan al ultrasonido con modalidad Doppler color para identificar aumento en la vascularidad local, en el sitio previo de tumor, dando un valor de recidiva tumoral, al contrario de la fibrosis que no presentaría este patrón.

Para estadificar el cáncer de ano por ultrasonido endoanal se utiliza la clasificación descrita por Goldman y modificada por Tarantino:

usT1: infiltración de la mucosa y submucosa, sin infiltración del esfínter interno

usT2: infiltración del esfínter anal interno, sin infiltrar el esfínter anal externo

usT3: Infiltración del esfínter anal externo

usT4: Afección de un órgano pélvico

N 0: sin presencia de ganglios mesorrectales

N positivo: presencia de ganglios linfáticos sugestivos de METS

LECTURAS RECOMENDADAS

1. Giovannini, M., Bardou, V.J., Barclay, R., Palazzo, L., Roseau, G., Helbert, T., et al. Anal carcinoma: prognostic value of endorectal ultrasound (ERUS). Results of a prospective multicenter study. *Endoscopy* 2001;*33*(03):231-236. DOI: 10.1055/s-2001-12860.

2. Berton, F., Gola, G. and Wilson, S.R. Perspective on the role of transrectal and transvaginal sonography of tumors of the rectum and anal canal. *American Journal of Roentgenology 2008;190*(6): 1495-1504. DOI: 10.2214/AJR.07.3188

3. Christensen, A.F., Nielsen, M.B., Engelholm, S.A., Roed, H., Svendsen, L.B. and Christensen, H. Three-dimensional anal endosonography may improve staging of anal cancer compared with two-dimensional endosonography. *Diseases of the colon & rectum 2004;47*(3):341-345. DOI: 10.1007/s10350-003-0056-z

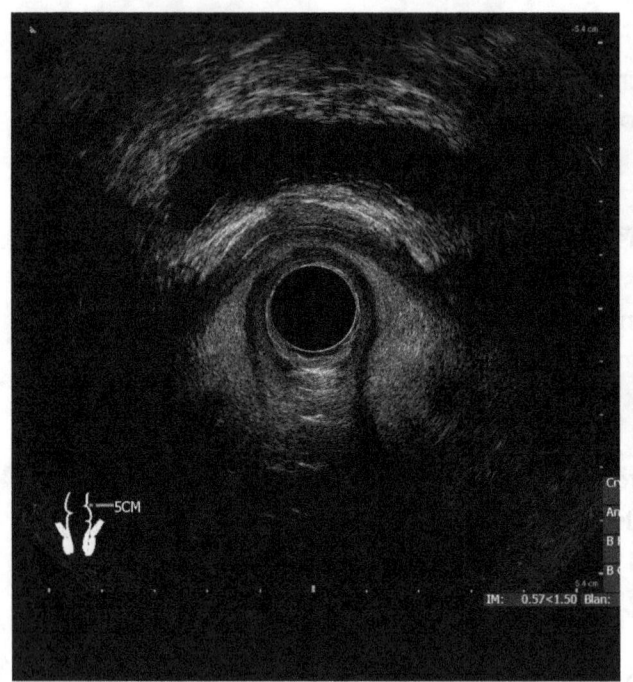
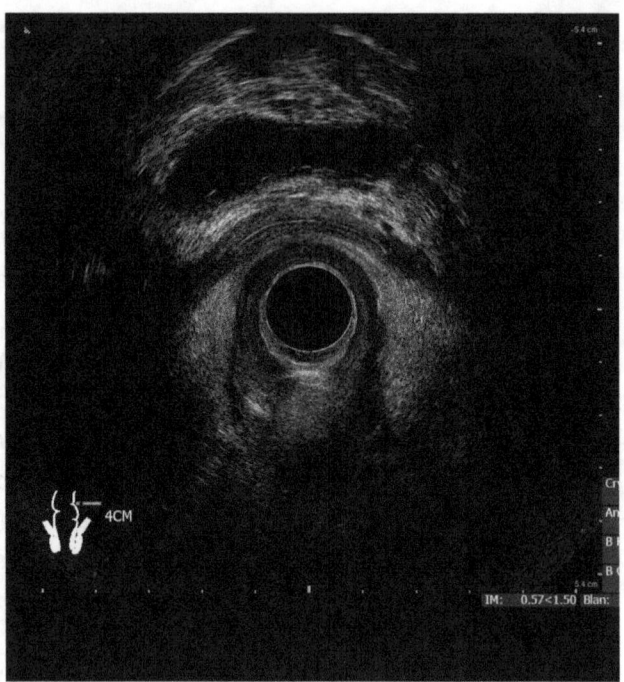
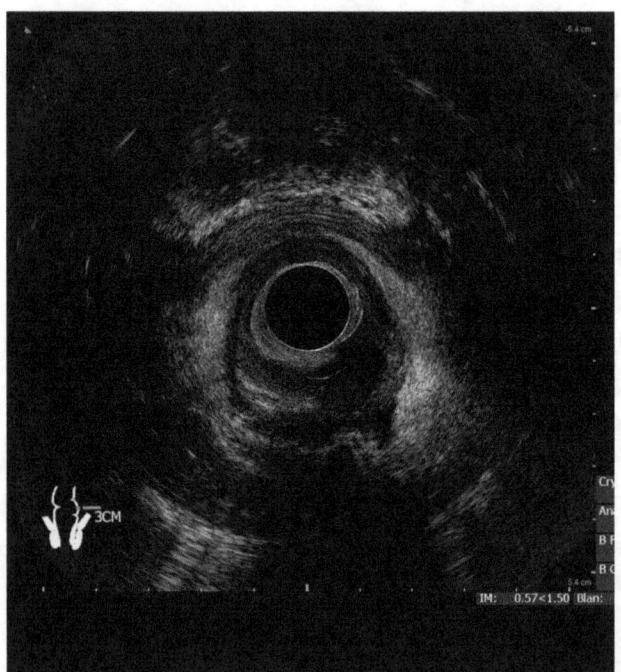
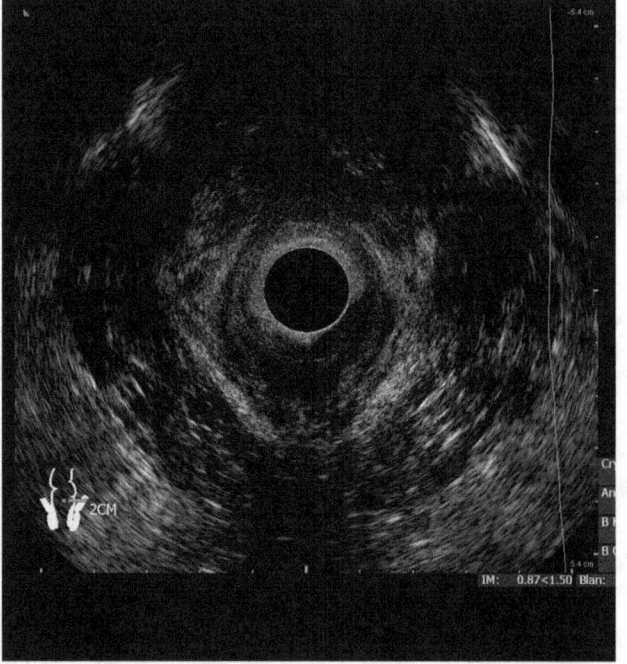

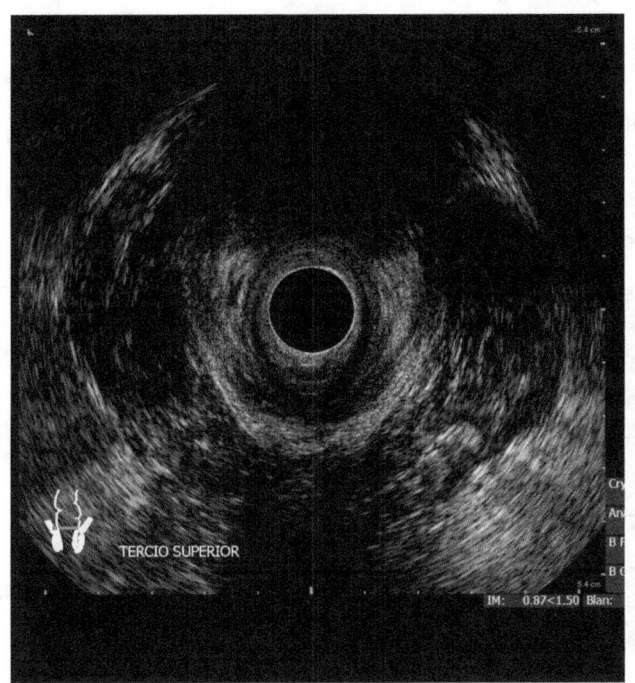

TERCIO SUPERIOR

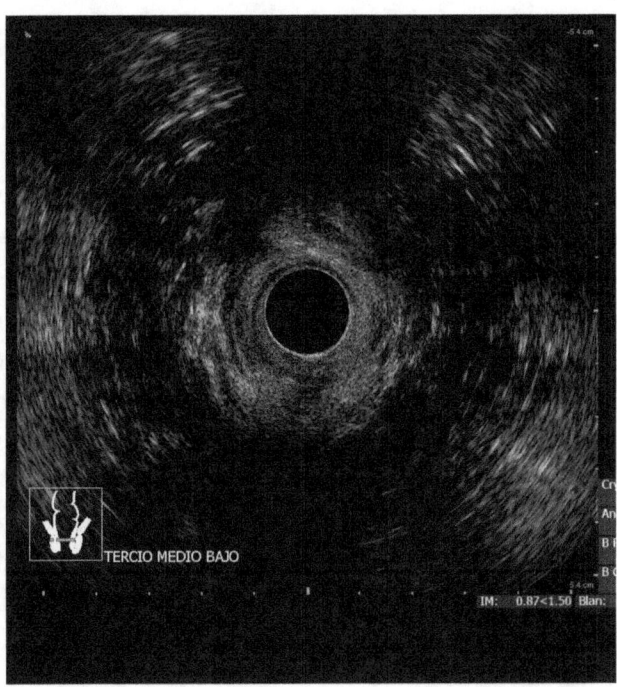

TERCIO MEDIO BAJO

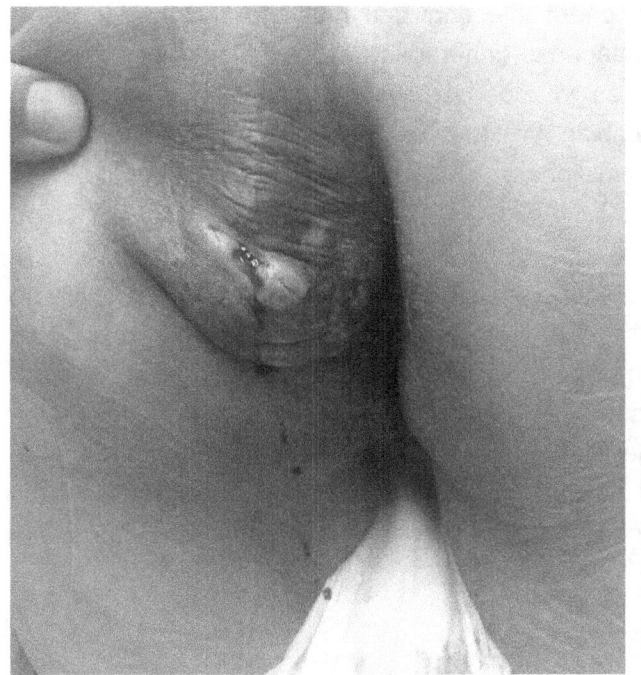

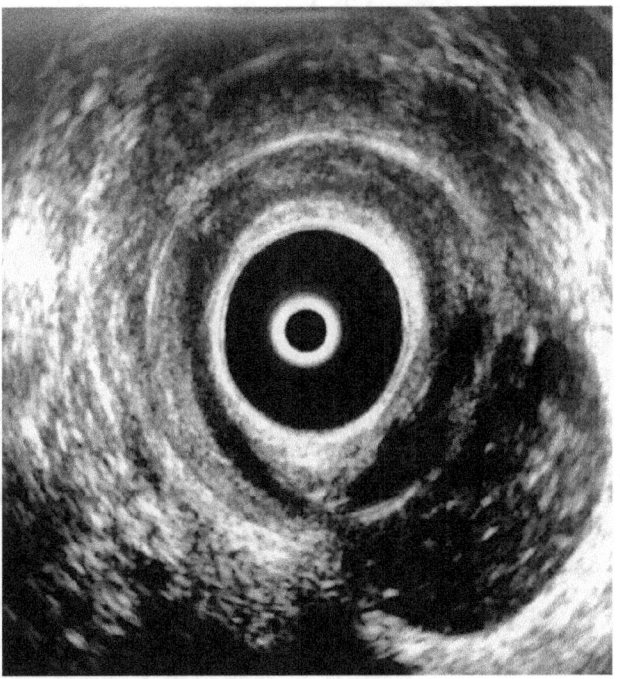

8. ULTRASONIDO ENDOANAL MISCELANEOS

Alan Garza, Juan Carlos Sánchez, Julio Cesar Rosiles

La ultrasonografía rectal en otros tumores rectales.

El recto y conducto anal pueden verse afectados por una amplia variedad de tumores diferentes al adenocarcinoma o carcinoma epidermoide. Dentro de los tumores malignos y benignos poco habituales de esta región se encuentran los lipomas, leiomiomas, endometriomas, hemangiomas, pólipos, GIST, etc, De muchos de ellos no se conoce bien su comportamiento clínico, existiendo variaciones y preferencias en cuanto a las opciones de tratamiento.

La ecografía endoanal, introducido por primera vez a la práctica clínica en el año de 1983, es una técnica aceptada para la estadificación local de enfermedades anorrectales tanto benignas y malignas, y su uso se ha expandido en los últimos 20 años principalmente debido a la aparición de nuevos transductores con tecnología de punta.

Siendo una técnica rápida y mínimamente invasiva la cual puede realizarse en el consultorio sin necesidad de sedación, hace que la ecografía endoanal-endorrectal sea una excelente opción para la estadificación de los tumores tanto superficiales benignos como invasivos, proporcionando una excelente resolución de las múltiples capas de la pared intestinal con una alta sensibilidad en la determinación de la profundidad de invasión. Las imágenes generadas por las lesiones benignas no difieren en su mayoría de las neoplasias malignas ya que se observan también como masas hipoecogénicas, pero en general sus límites cambian ya que son más lisos y bien definidos, características que no comparten con las neoplasias malignas.

Lipoma

Los lipomas del intestino grueso son lesiones raras del tubo digestivo que representan cerca del 5% de todos los tumores del tracto gastrointestinal. Los sitios más comunes de presentación son el colon ascendente, ciego y colon sigmoides, siendo la localización rectal la más rara. Cerca del 90% se originan de la submucosa, mientras que el 10% restante se origina de la subserosa o entre las capas musculares. La mayoría son asintomáticos, aunque si alcanzan un tamaño superior a 2 cm pueden provocar sangrado, obstrucción, invaginación, dolor o incluso prolapso rectal. El ultrasonido endorrectal es una herramienta útil en su diagnóstico, presentándose como lesiones hiperecogénicas homogéneas de bordes regulares.

Leiomioma / Leiomiosarcoma

Los leiomiomas y leiomiosarcomas son tumores de músculo liso que afectan al recto en 7-11% de los casos de afectación intestinal. Se piensa que se originan de la muscular de la mucosa o de la muscular propia, siendo difícil diferenciar entre formas malignas y benignas de la enfermedad. Algunos autores describen características sugestivas de malignidad como el tamaño mayor de 5cm, la presencia de más de 5 mitosis por 10 campos de alto aumento, necrosis celular, alta celularidad y la presencia de atipia. La ecografía endorectal presenta sutiles diferencias entre lesiones benignas y malignas: los leiomiomas por lo general se observan como masas hiperecogénicas homogéneas de bordes bien definidos y regulares, mientras que los leiomiosarcomas se observan de manera hiperecogénica, heterogéneos y de bordes irregulares, y ambos tipos pueden presentar ulceración de la mucosa.

Linfoma

El linfoma rectal es poco frecuente, representando del 4-6% de los linfomas intestinales. Puede ocurrir como una lesión primaria o secundaria a un proceso maligno sistémico incluyendo el tracto gastrointestinal. Dawson y cols. describieron 5 criterios los cuales deben de cumplirse para considerar a un linfoma como primario de recto, los cuales son: 1) ausencia de linfadenopatías superficiales palpables, 2) ausencia de linfadenopatías parahiliares en la radiografía de tórax, 3) ausencia de involucro hepático o esplénico, 4) biometría hemática normal, y 5) que los únicos ganglios linfáticos involucrados son aquellos de drenaje del recto. La edad media de aparición son los 55-60 años y principalmente debutan con síntomas similares al adenocarcinoma de recto, a menos de que se trate de un linfoma secundario en el que el ataque al estado general e involucro multisistémico es evidente.

En cuanto a sus características sonográficas, se observa como una masa hiperecogénica de bordes mal definidos con ecogenicidad heterogénea. La invasión de las capas profundas de la pared intestinal es característico de estas lesiones.

Tumor neuroendocrino / GIST

Representa el tumor mesenquimal más común del tubo digestivo, aunque su incidencia general es baja representando 0.1 a 3% de todas las neoplasias gastrointestinales. El tejido de origen es generalmente la muscular propia de la pared intestinal y su tamaño puede variar considerablemente. Frecuentemente son asintomáticos, sin embargo, pueden debutar con síntomas similares al adenocarcinoma rectal. En el ultrasonido endorrectal, los GIST se observan como masas hipoecogénicas bien definidas con áreas irregulares de necrosis, hemorragia o cambios quísticos, con mucosa intacta.

Hemangiomas

Los hemangiomas rectales son una enfermedad rara con pocos casos reportados en la literatura mundial, que suelen presentarse en edades tempranas (segunda y tercera década de la vida). La unión rectosigmoidea es la localización intestinal más frecuente. La presentación clínica más común es la de rectorragia indolora aguda, crónica o recurrente generalmente autolimitada, aunque en ocasiones puede ser masiva y requerir transfusiones sanguíneas múltiples y poner en riesgo la vida. Otros síntomas pueden suceder, principalmente por invasión y compresión de estructuras adyacentes, como dolor, hematuria, metrorragia, entre otras.

Entre los métodos de imagen utilizados para su diagnóstico, se puede recurrir al ultrasonido endorrectal, el cual siempre se debe de complementar con estudios que delimiten mejor la extensión

(RMN, TAC, Angiografía, Colonoscopía). En la ultrasonografía endorrectal se pueden identificar como lesiones heterogéneas de bordes mal definidos que parecen depender de la submucosa, pudiendo contener imágenes hiperecogénicas en su interior correspondientes a calcificaciones, con flujo aumentado en la modalidad Doppler. Una vez completado el estudio de la extensión de la lesión, la resección es el tratamiento recomendado.

Endometriosis Perineal / Perianal

La endometriosis perineal o perianal es una entidad rara, con etiología aún debatible, siendo la teoría de implantación autóloga durante un parto vaginal con episiotomía la más aceptada, sin embargo, se han reportado casos de endometriosis perineal en pacientes sin antecedentes de partos o episiotomías. El diagnóstico preoperatorio puede resultar un verdadero reto, por lo que una adecuada anamnesis correlacionada con los síntomas en el ciclo menstrual complementando con métodos de imagen, serán la clave. El ultrasonido endoanal y perineal se han convertido en una herramienta útil en el diagnóstico de estas lesiones, pudiendo caracterizar sus límites e identificar el involucro del complejo esfintérico, característica de vital importancia para el adecuado abordaje quirúrgico.

Las características ultrasonográficas más representativas de los endometriomas son sus bordes regulares con hiperecogenicidad y patrón tanto homogéneo como heterogéneo. Teniendo en cuenta que la mejor forma de evitar recidivas es la resección completa de la lesión, el ultrasonido preoperatorio es imperativo.

El diagnóstico histológico definitivo usualmente requiere dos de las siguientes tres características: 1) estroma, 2) glándulas, y/o 3) pigmento de hemosiderina.

Fístulas Rectovaginales.

Una fístula rectovaginal o anovaginal (RV) es una comunicación anómala entre la vagina y el recto o el ano, siendo la causa más frecuente las lesiones obstétricas, seguidas de fístulas por Enfermedad de Crohn, neoplasias, enfermedades infecciosas y trauma tanto quirúrgico como no quirúrgico. Debido a la localización de las fístulas y a la compleja y peculiar anatomía local, las fístulas RV afectan de manera considerable la calidad de vida de quienes la padecen.

El diagnóstico clínico generalmente no es difícil, alcanzándose con la anamnesis y la exploración física, sin embargo, para las fístulas RV complejas, es decir, aquellas con abscesos o trayectos secundarios asociados, el diagnóstico debe de apoyarse con estudios de imagen. El ultrasonido 2D y 3D pueden definir con precisión la localización de los orificios fistulosos en recto y vagina pudiendo valorar la presencia de abscesos o trayectos secundarios, además de permitir conocer su relación con el complejo esfintérico. La toma de imágenes puede hacerse tanto endoanal como transvaginal complementando y enriqueciendo los hallazgos. Al igual que en las fístulas anales, se recomienda la introducción de método de contraste (H_2O_2) intraanal en el sitio de induración buscando las imágenes características de los trayectos fistulosos.

Biofeedback anorrectal con ultrasonido.

Para pacientes con diagnóstico de disinergia defecatoria de cualquier tipo, el tratamiento con biofeedback se puede realizar tanto por ultrasonido endoanal (USEA) como transperineal (USTP), con los mismos resultados que utilizar un electrodo endoanal (en nuestro Hospital utilizamos el equipo Myotrac Infiniti al igual que los métodos ultrasonográficos antes mencionados). En cuanto al USEA, se considera una contracción adecuada observando el adelgazamiento o desaparición del esfínter anal interno en el tercio medio del conducto anal. Hablando del USTP, se medirá el diámetro anteroposterior desde el músculo puborrectal hasta la sínfisis del pubis observando su apertura y cierre conforme a las maniobras de pujo y contracción, respectivamente. Consideramos que de no contar con el equipo necesario para realizar la terapia de biofeedback, el USTP es una opción viable y accesible por su costo y por ser bien tolerada por los pacientes al no ser invasivo. Al contrario del USEA, el cual es invasivo y más costoso, además de que los pacientes presentan mayor dificultad para realizar las maniobras con este método.

Lecturas sugeridas

1. Berton, F., Gola, G. and Wilson, S.R. Perspective on the role of transrectal and transvaginal sonography of tumors of the rectum and anal canal. *American Journal of Roentgenology 2008;190*(6): 1495-1504. DOI: 10.2214/AJR.07.3188.

2. Brand, M.I. and Saclarides, T.J. Lymphoma, Neuroendocrine, and Soft Tissue Tumors of the Rectum. *Clinics in Colon and Rectal Surgery* 2002;*15*(01):.071-080. DOI: 10.1055/s-2002-23570

3. Hsieh, J.S., Huang, C.J., Wang, J.Y. and Huang, T.J. Benefits of endorectal ultrasound for management of smooth-muscle tumor of the rectum. *Diseases of the colon & rectum 1999;42*(8): 1085-1088. DOI: 10.1007/BF02236709

4. Chakrabarti A, Goenka MK. Submucosal Lipoma of the Rectum Presenting with Rectal Prolapse and Appearing as an Adenomatous Polyp on Confocal Laser Endomicroscopy: a Case Report and Review of Literature. Gastroenterol Hepatol Open Access 2016;5(1):00126. DOI: 10.15406/ghoa. 2016.05.00126

5. Hervías, D., Turrión, J.P., Herrera, M., León, J.N., Villarroya, R.P., Manceñido, et al. Diffuse cavernous hemangioma of the rectum: an atypical cause of rectal bleeding. *Revista Española de Enfermedades Digestivas 2004;96:*346-352.

6. Toyonaga, T., Matsushima, M., Tanaka, Y., Nozawa, M., Sogawa, N., Kanyama, H. et al. Endoanal ultrasonography in the diagnosis and operative management of perianal endometriosis: report of two cases. *Techniques in coloproctology* 2006;*10*(4):357-360.. DOI 10.1007/ s10151-006-0309-7

7. Yin, H.Q., Wang, C., Peng, X., Xu, F., Ren, Y.J., Chao, Y.Q., et al. Clinical value of endoluminal ultrasonography in the diagnosis of rectovaginal fistula. *BMC medical imaging 2016;16*(1):. 29. DOI 10.1186/s12880-016-0131-2

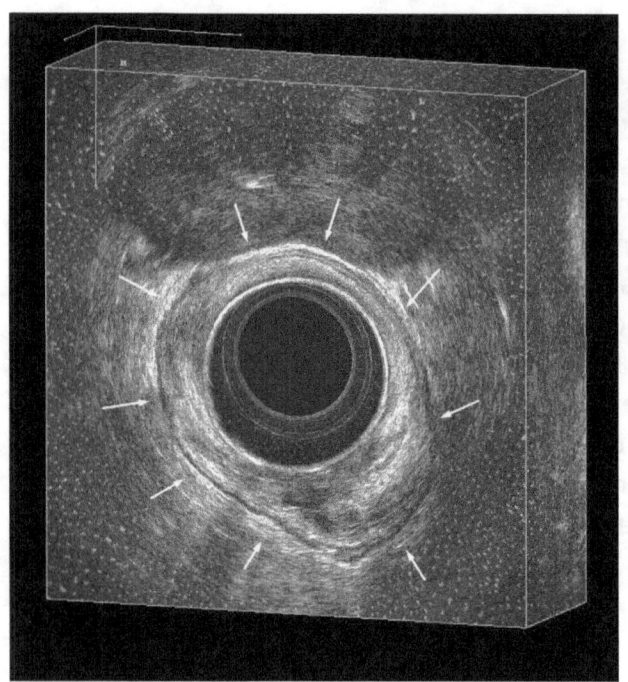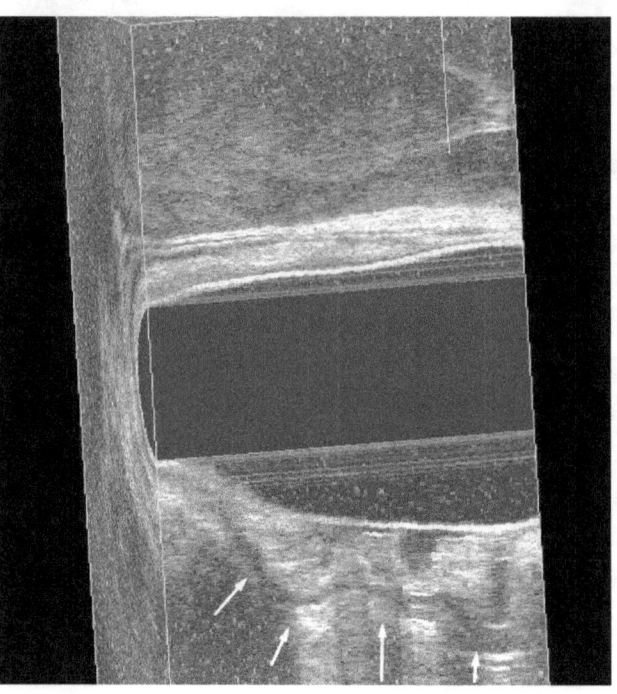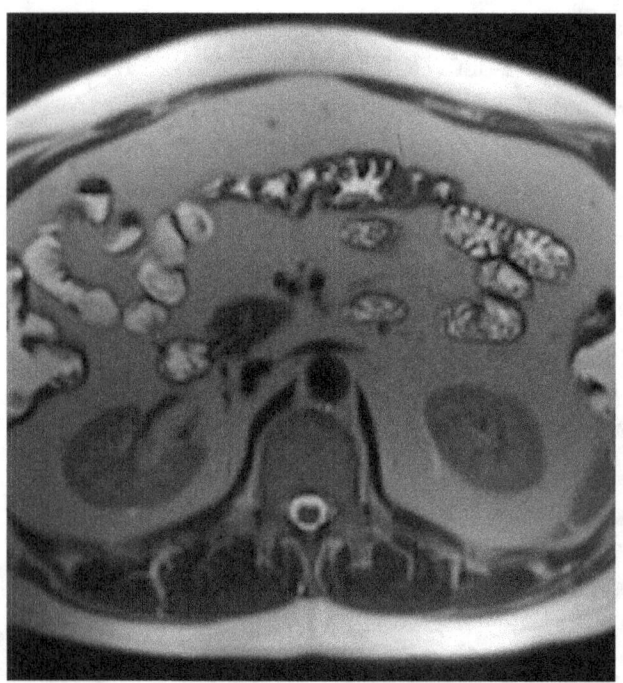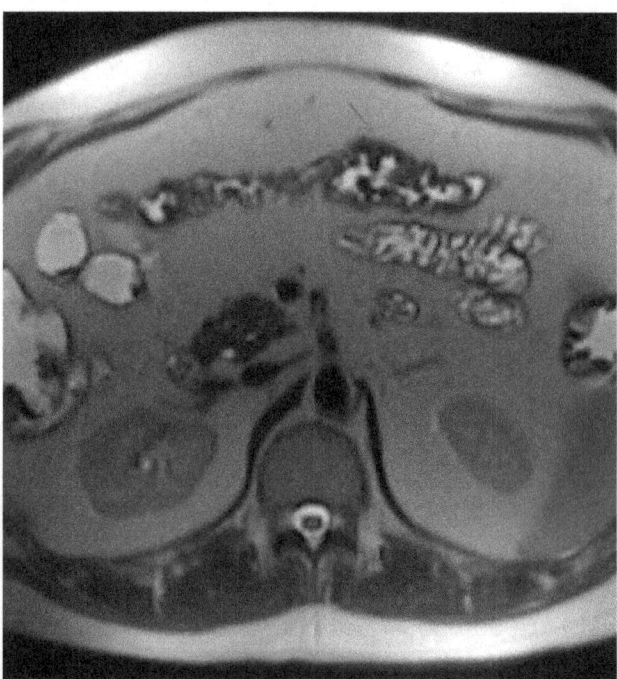

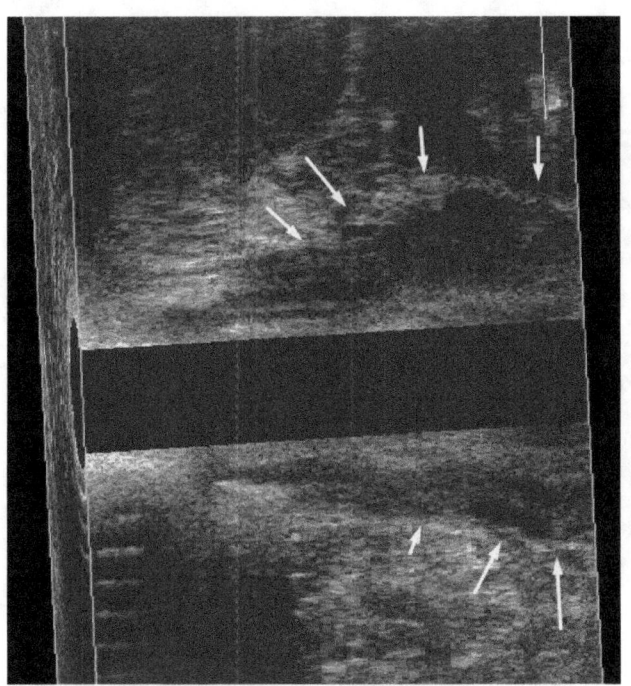

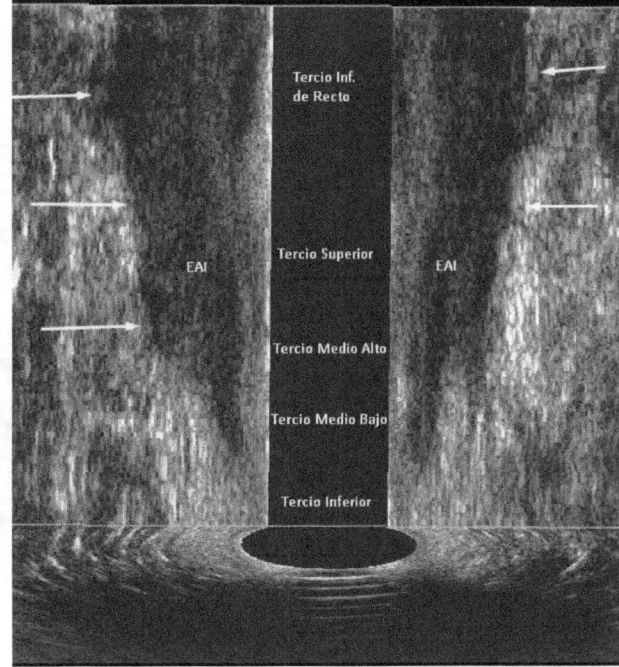

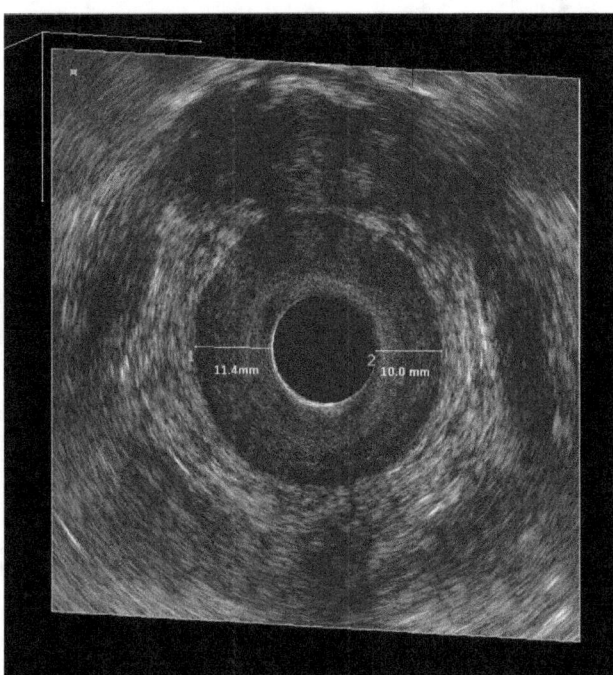

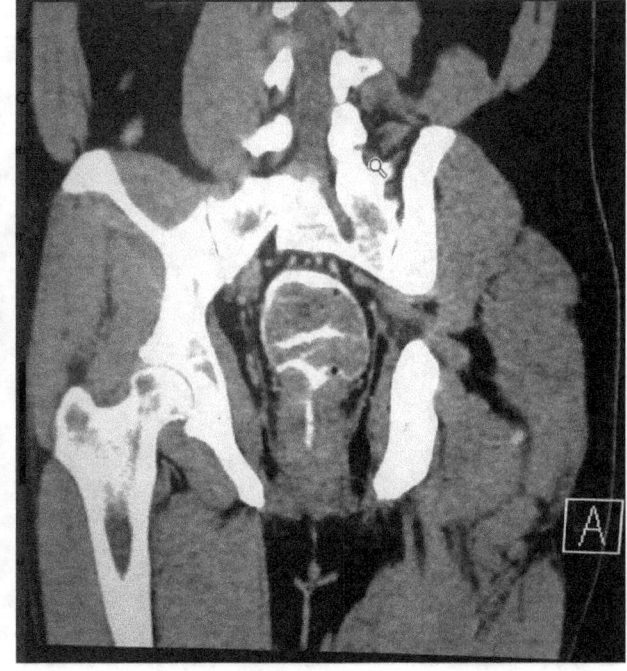

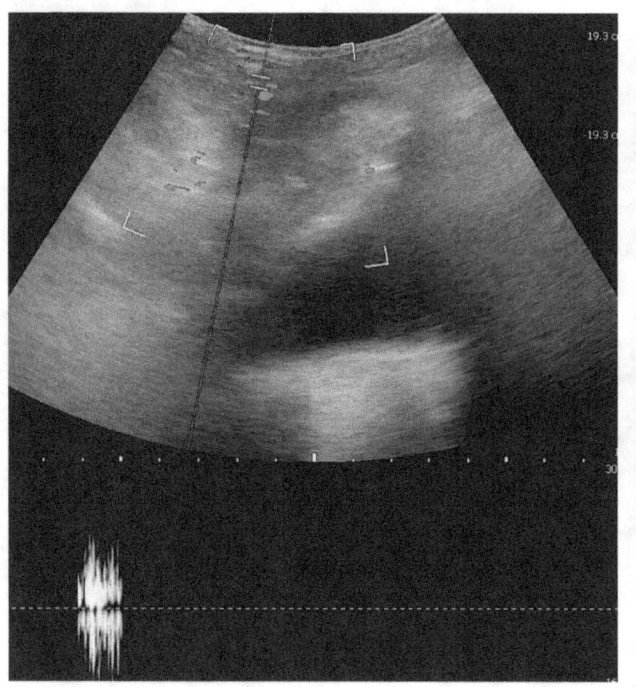
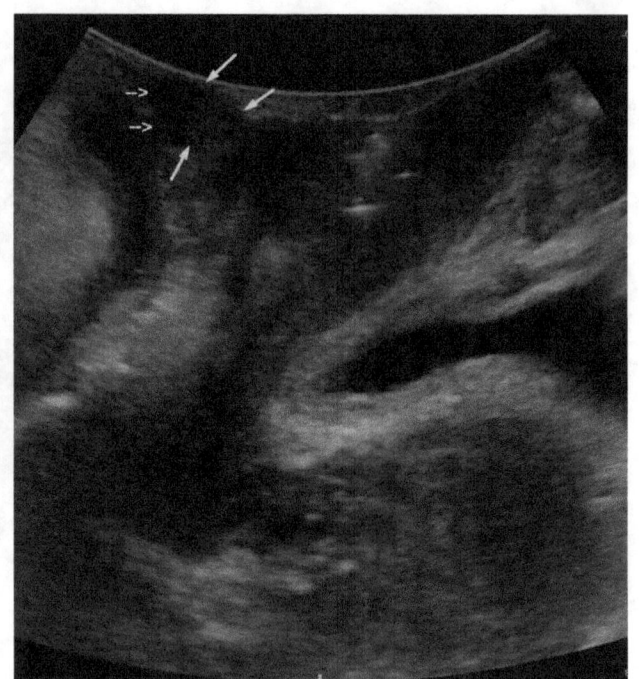
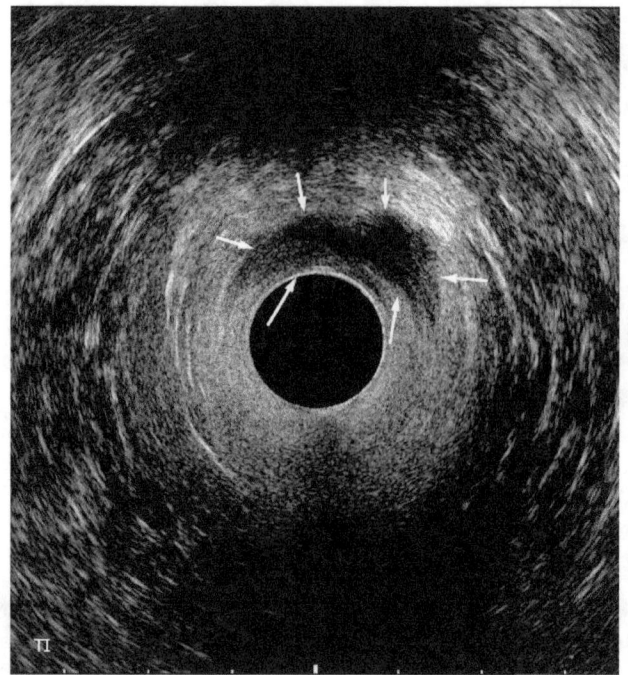
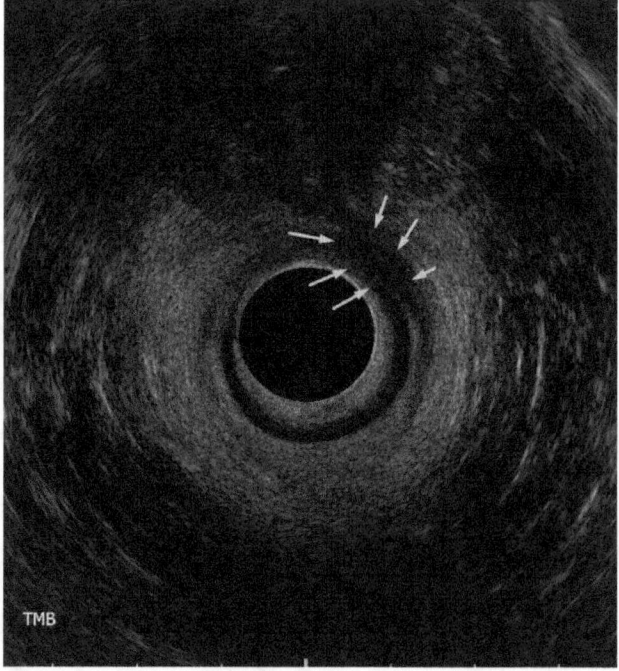

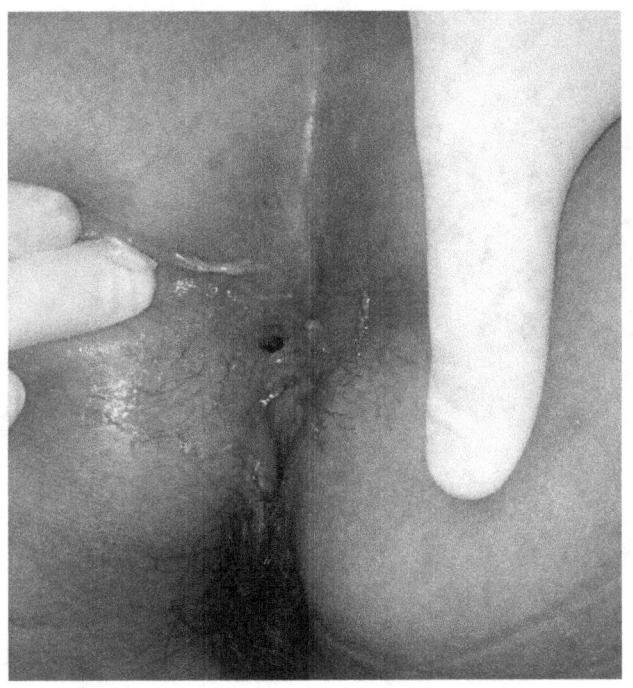

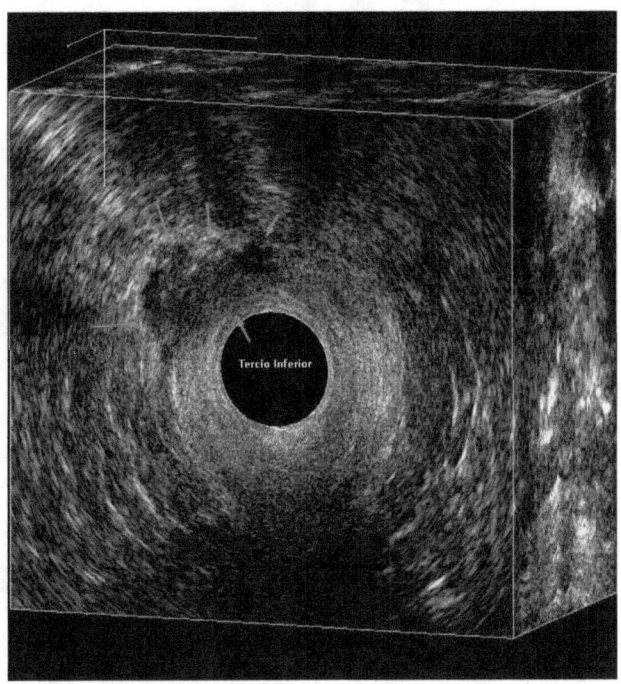

Tercio Inferior

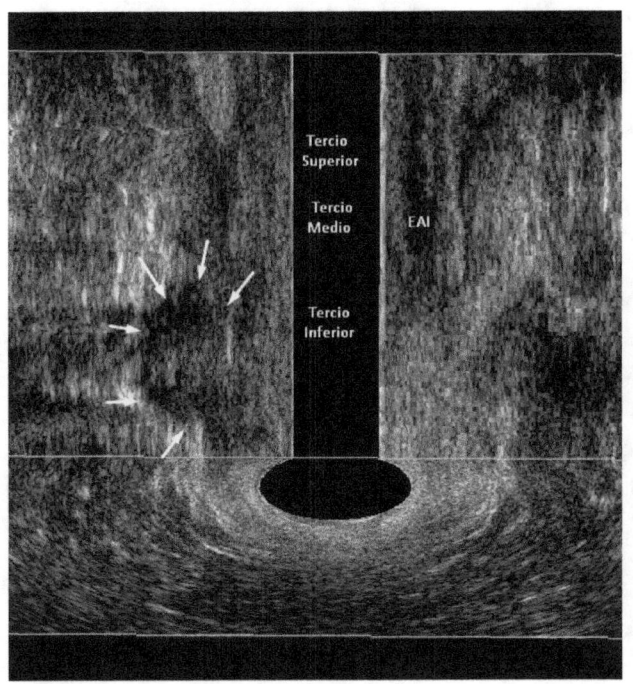

Tercio
Superior

Tercio
Medio

EAI

Tercio
Inferior

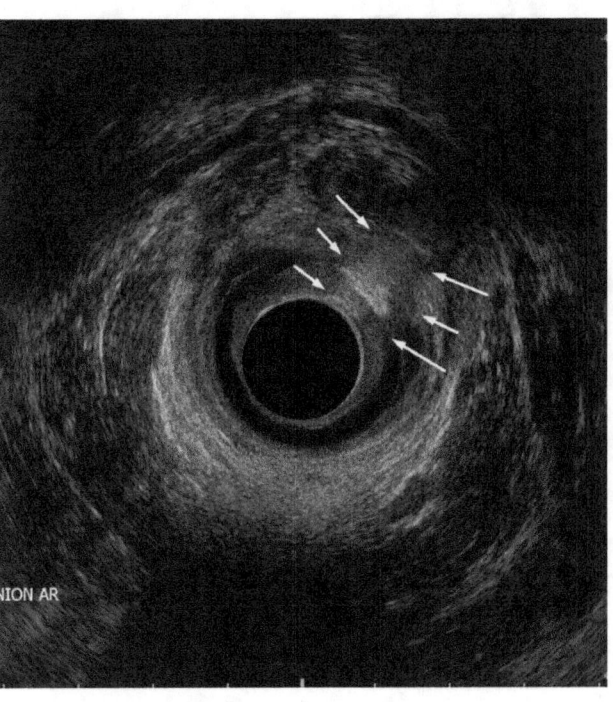

NION AR

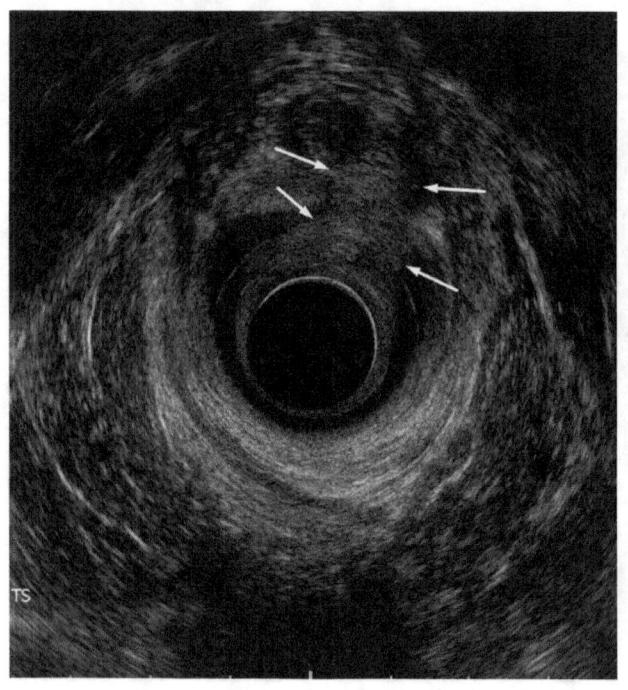

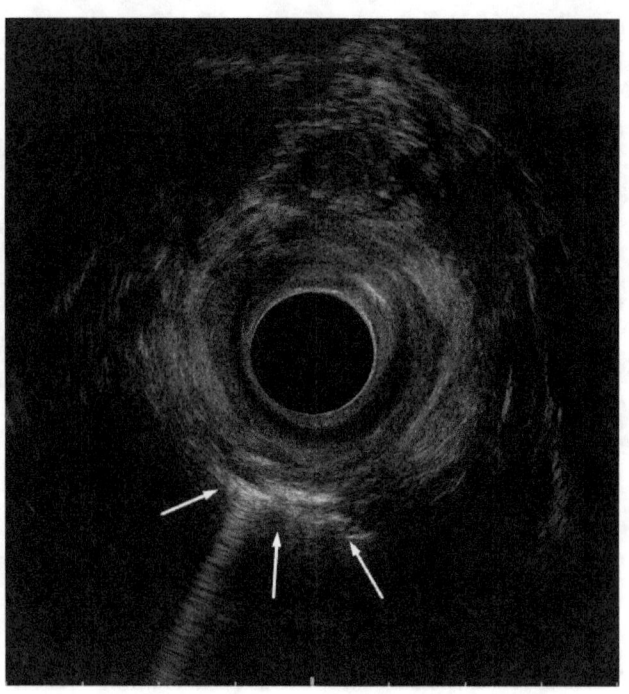

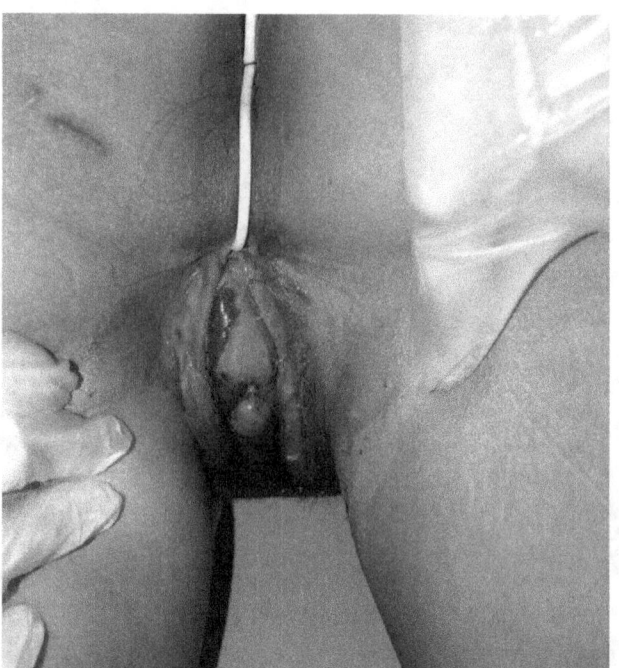

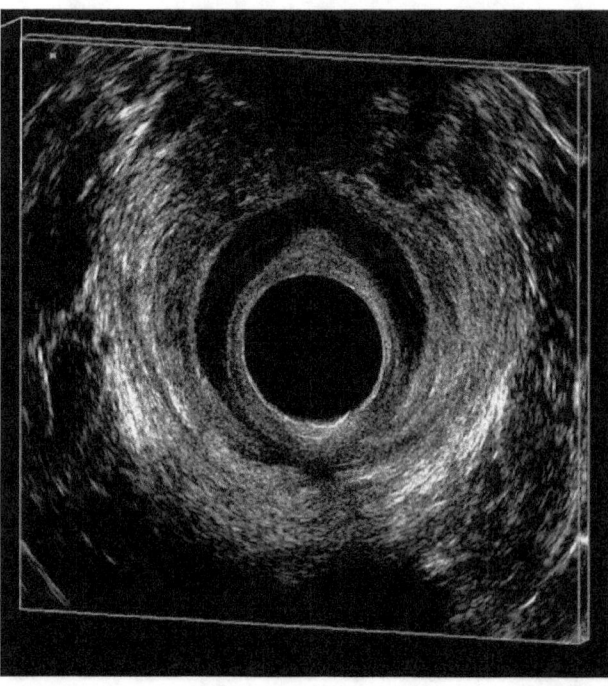

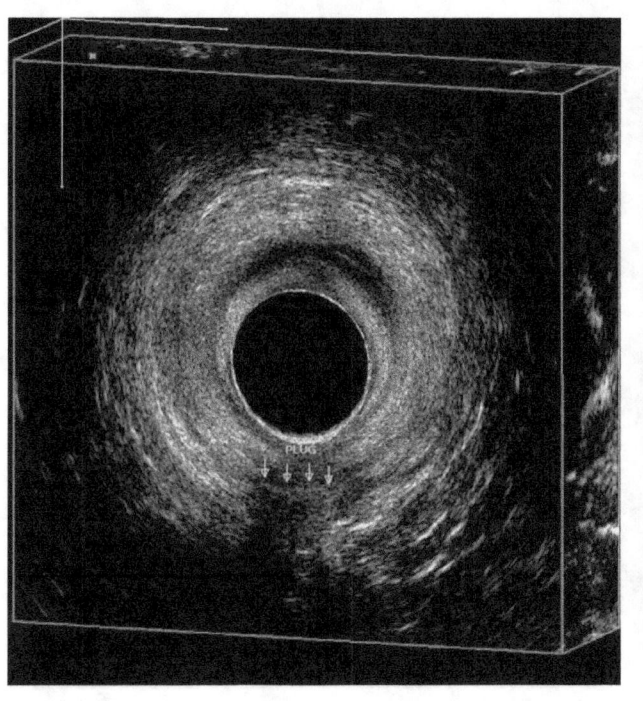
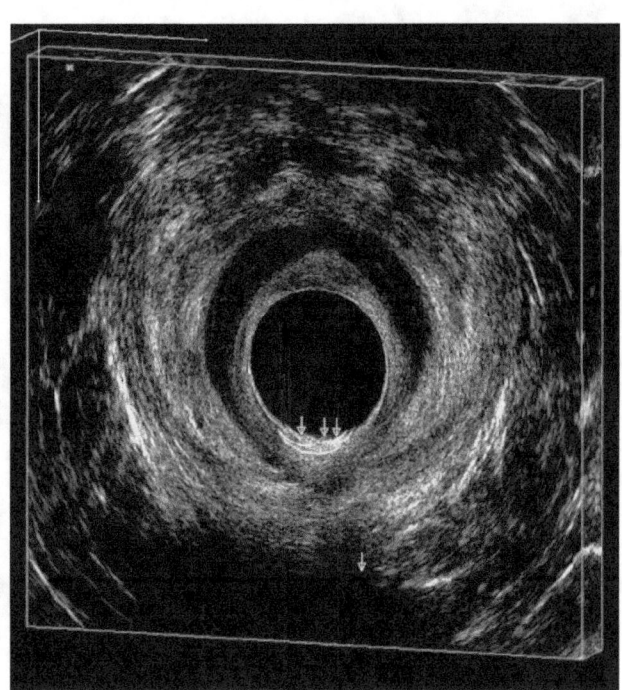
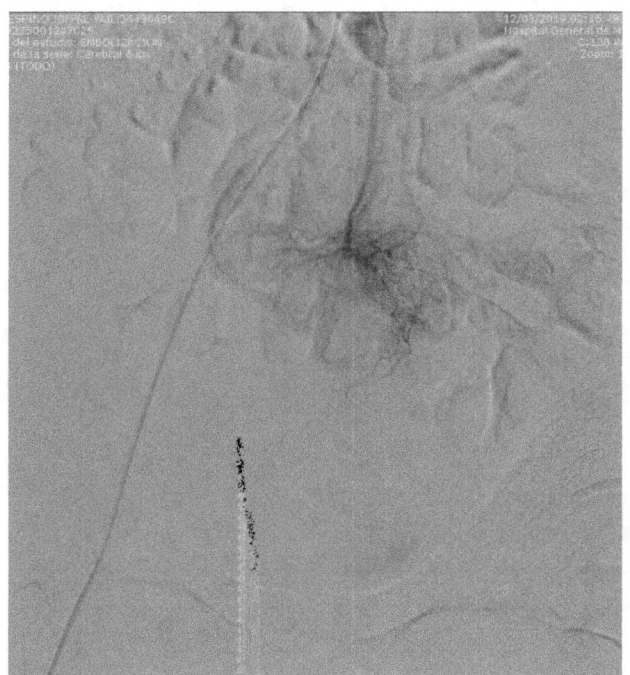
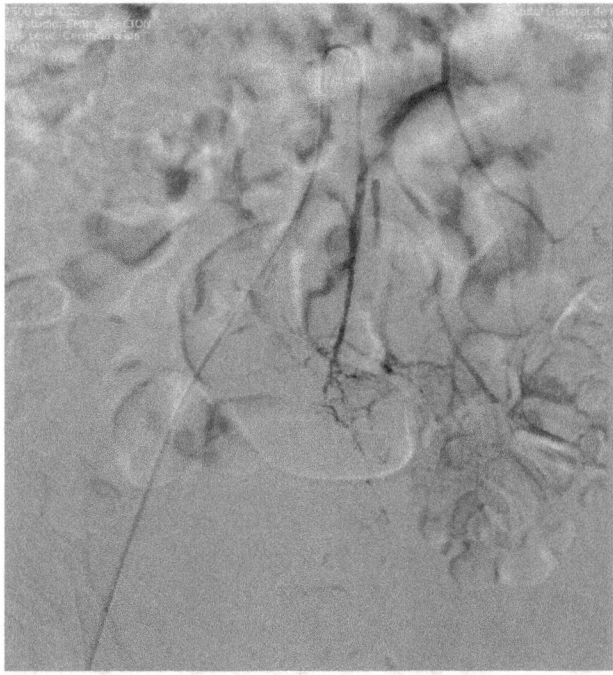

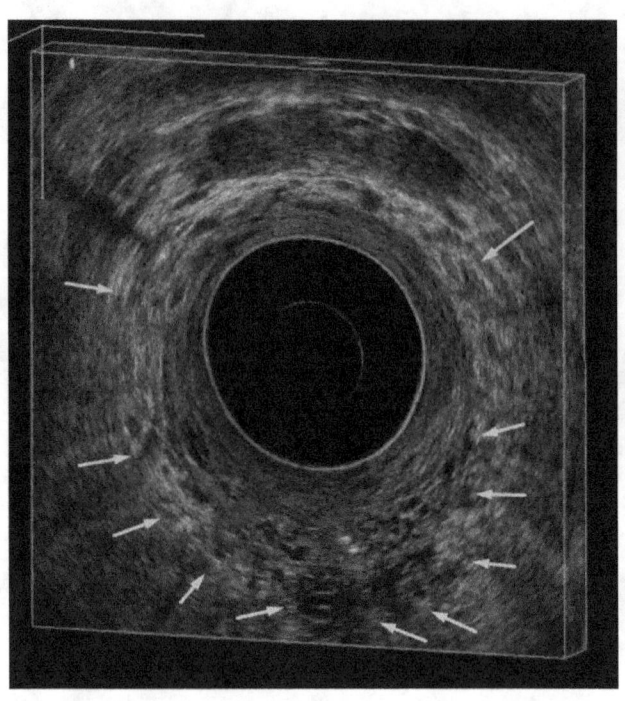

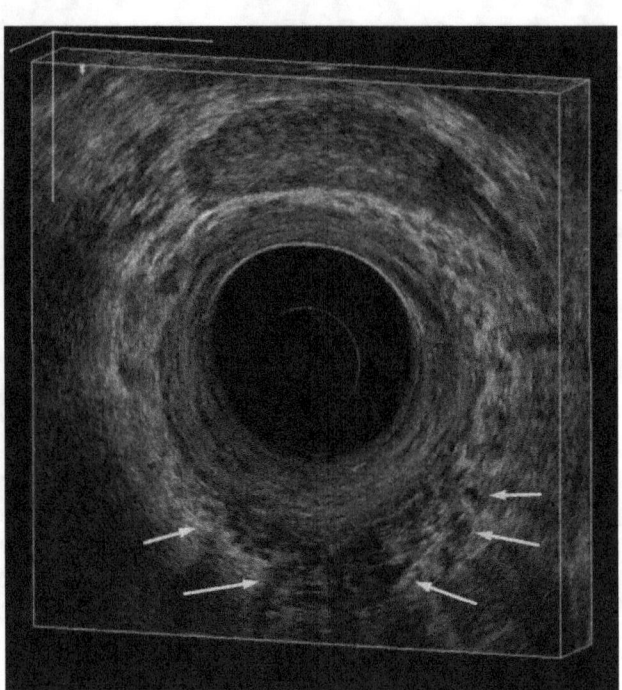

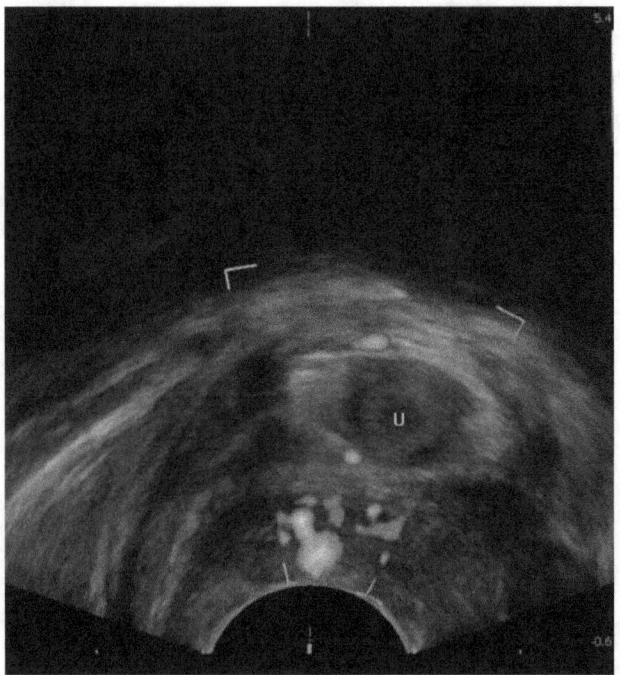

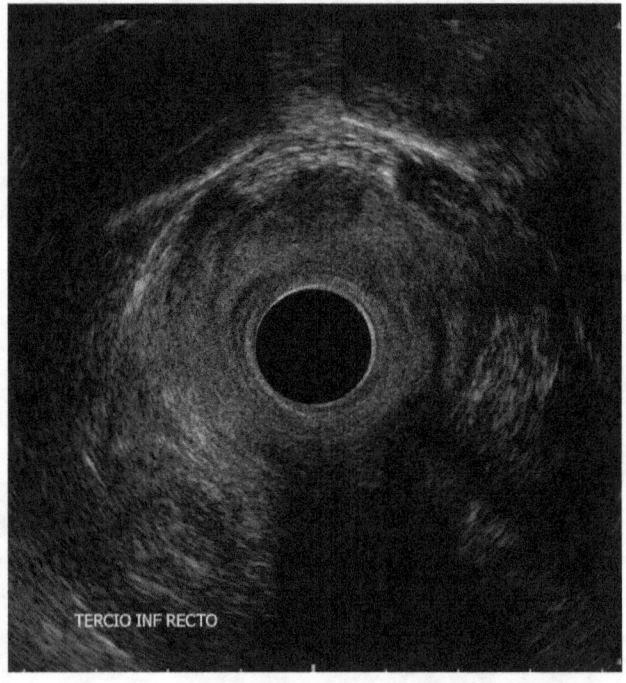

TERCIO INF RECTO

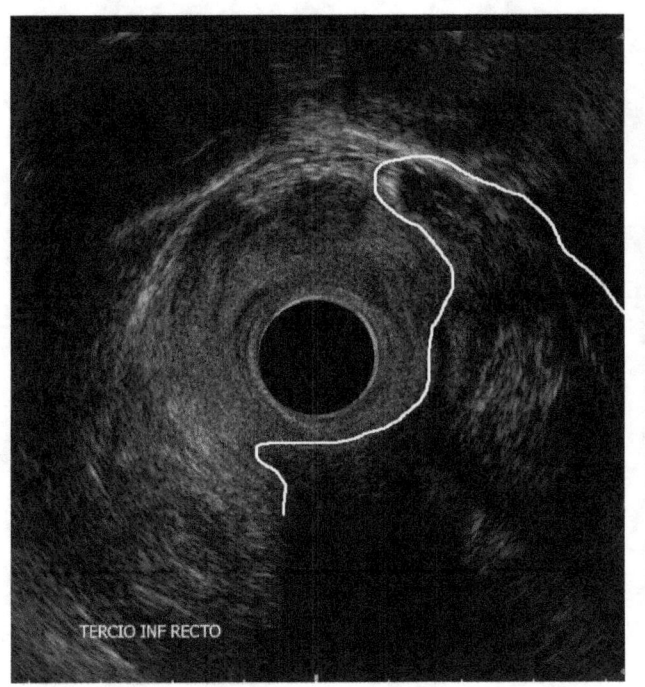

TERCIO INF RECTO

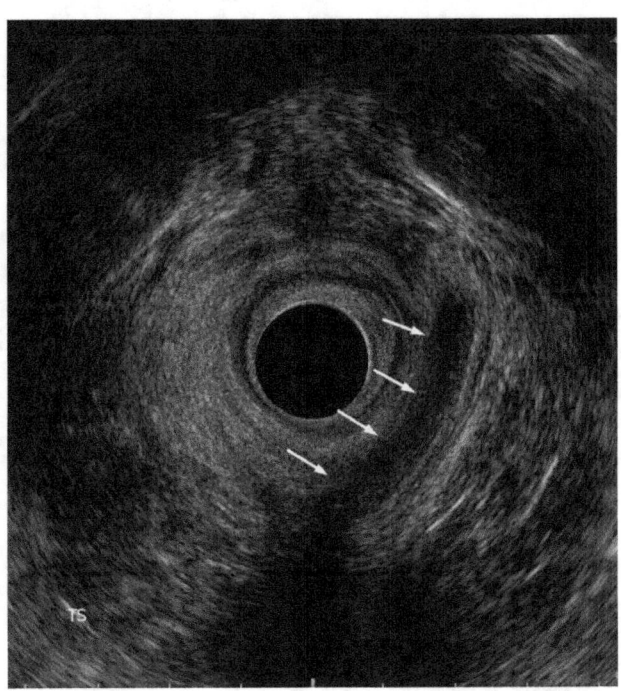

TS

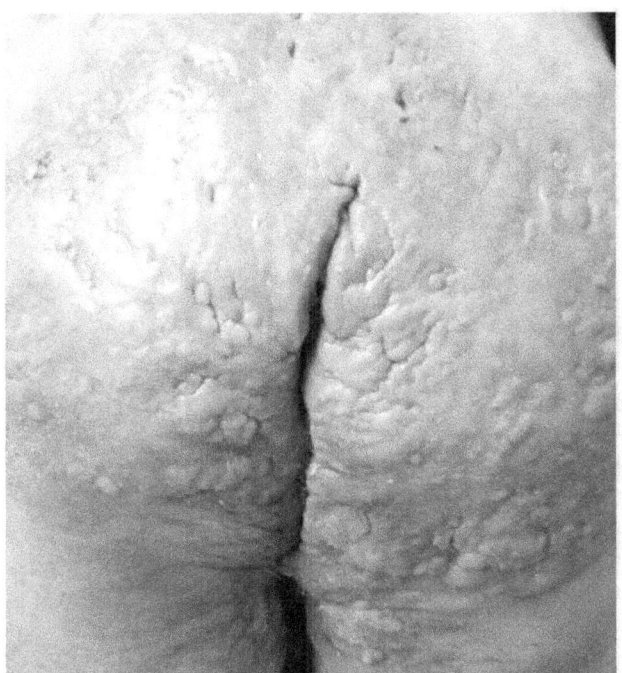

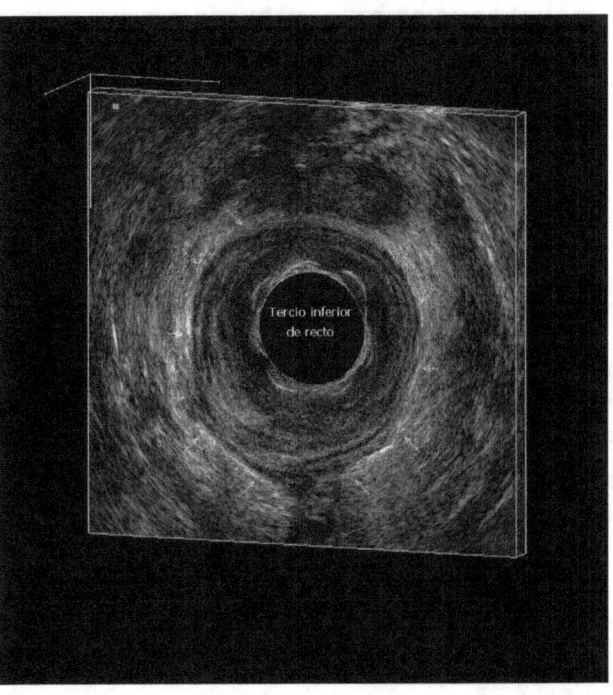

Tercio inferior
de recto

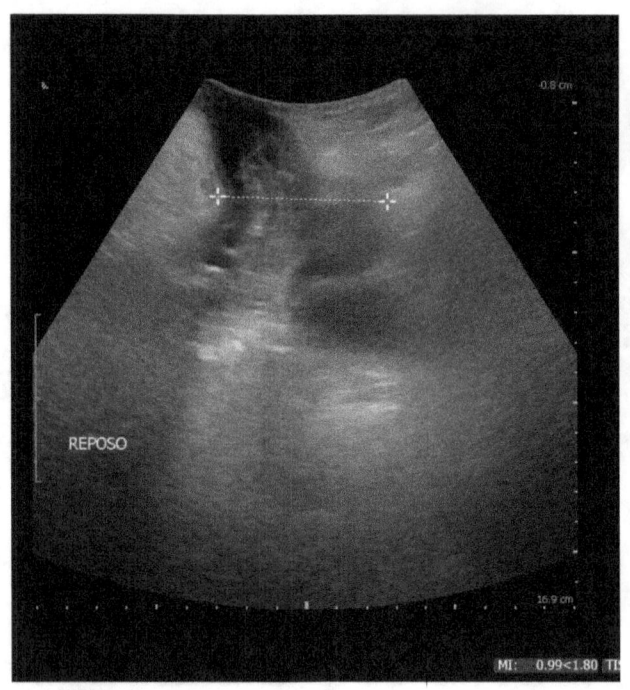
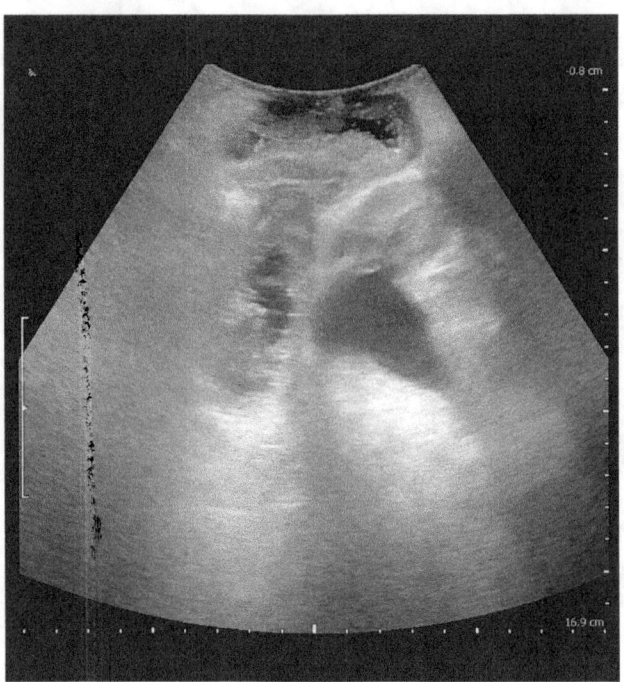
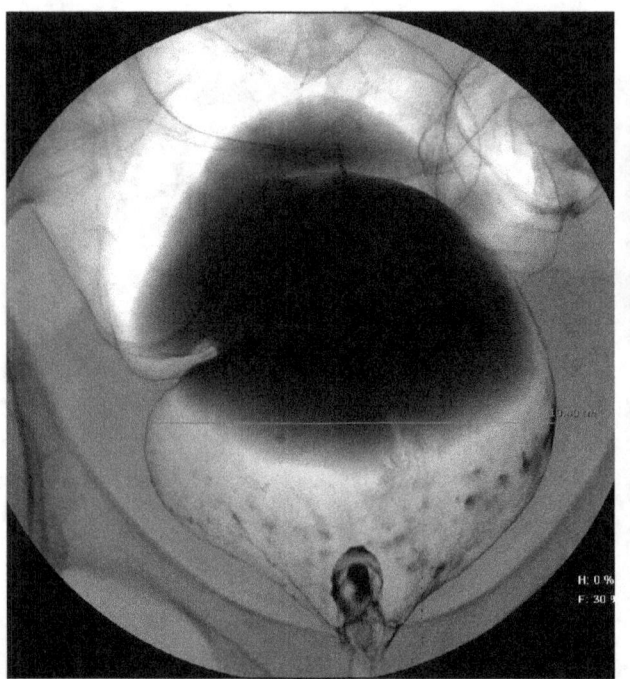
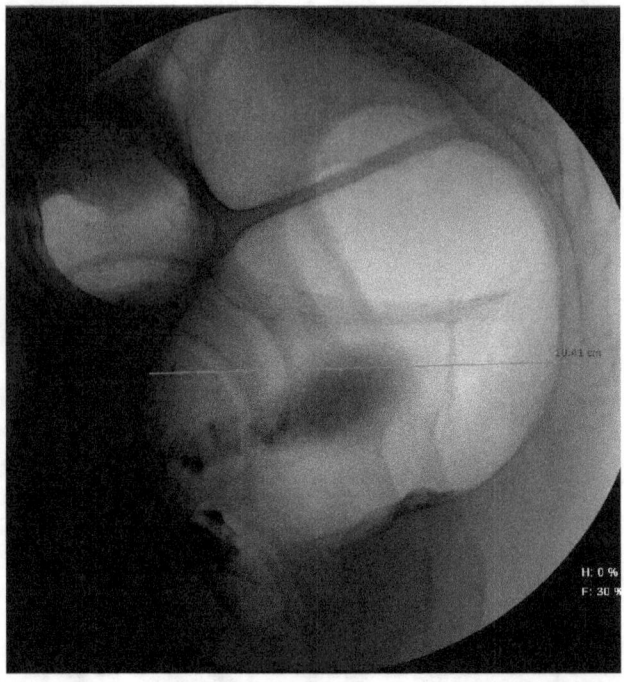

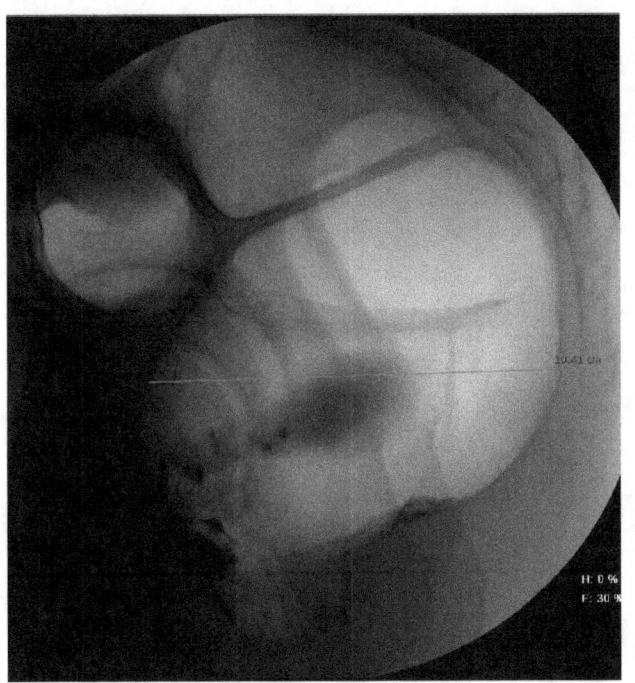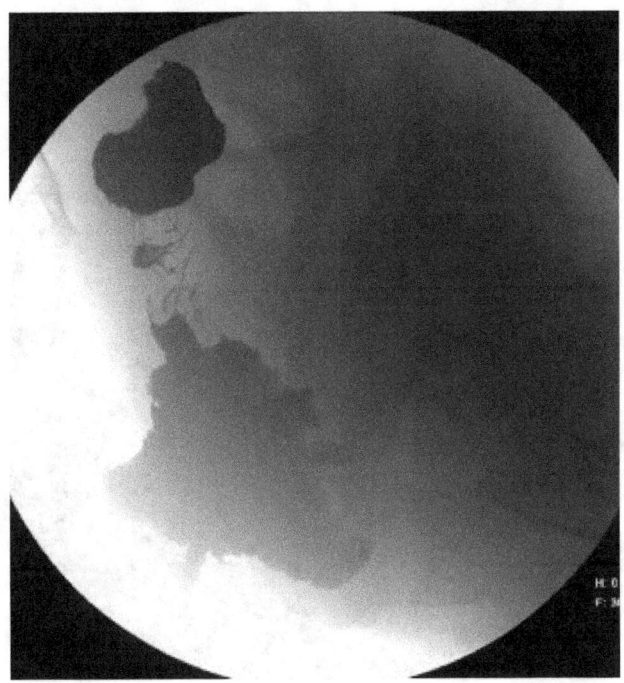

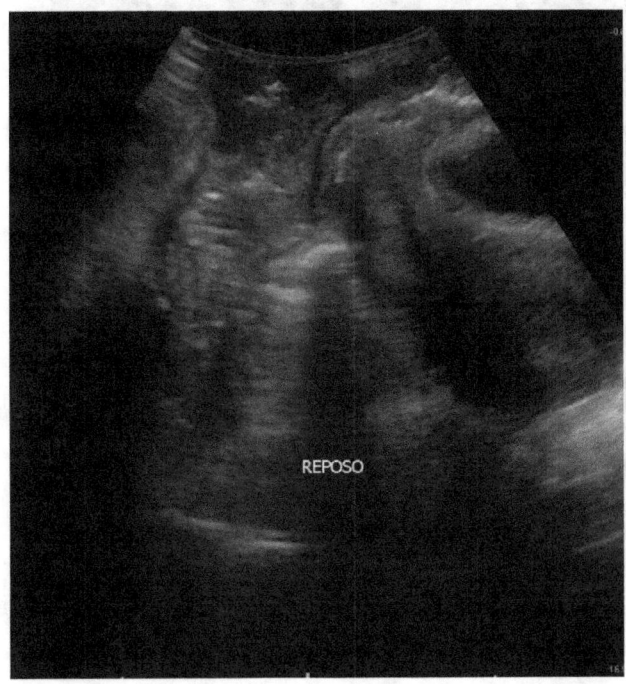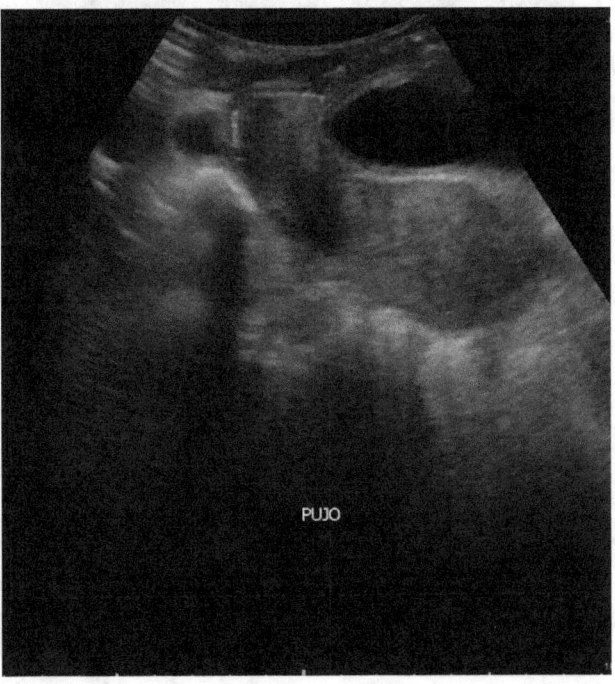

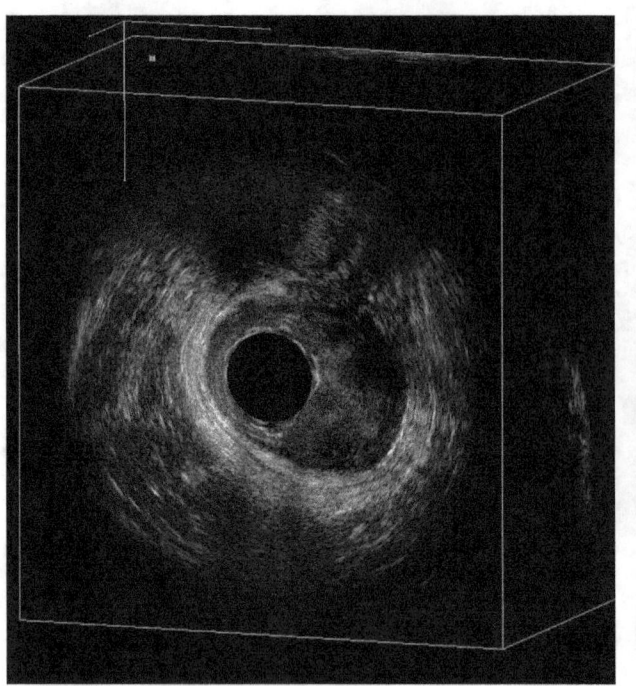
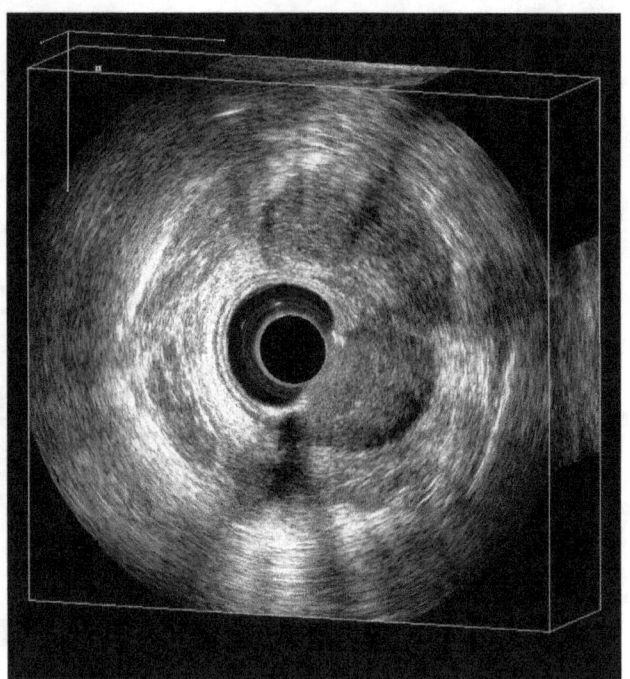
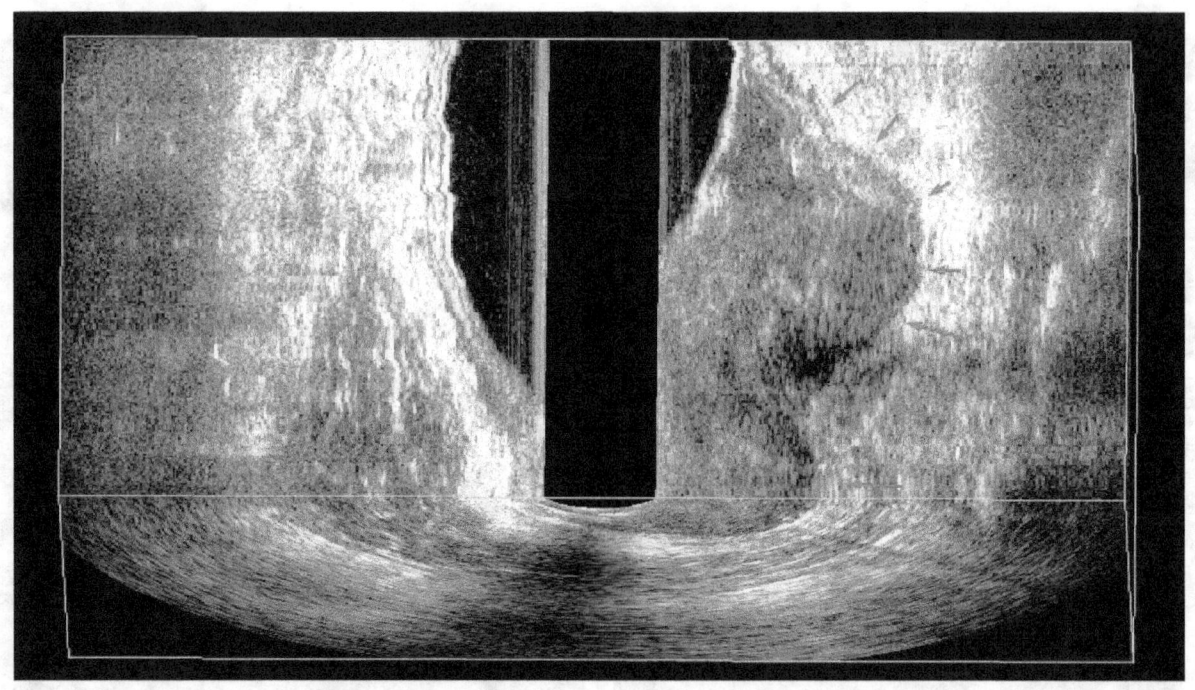

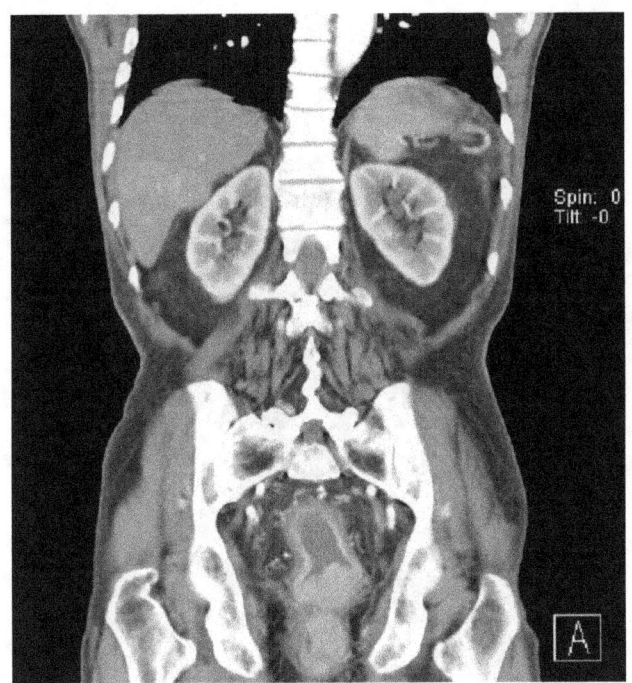
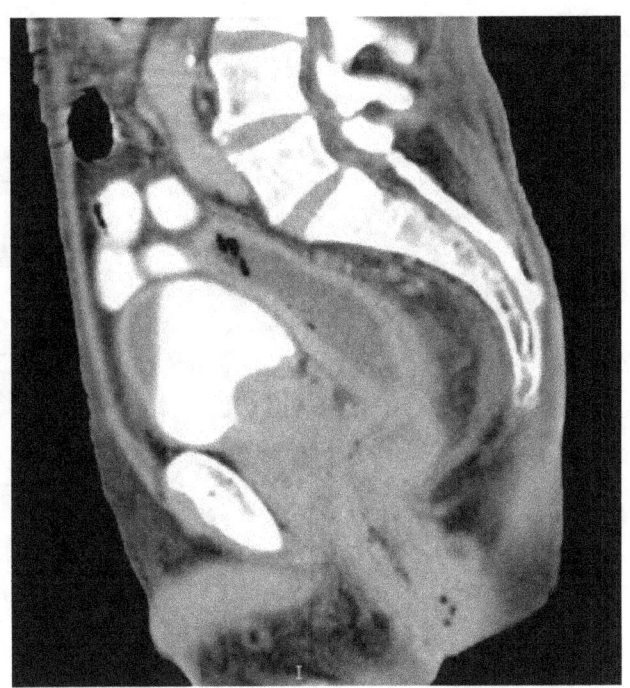
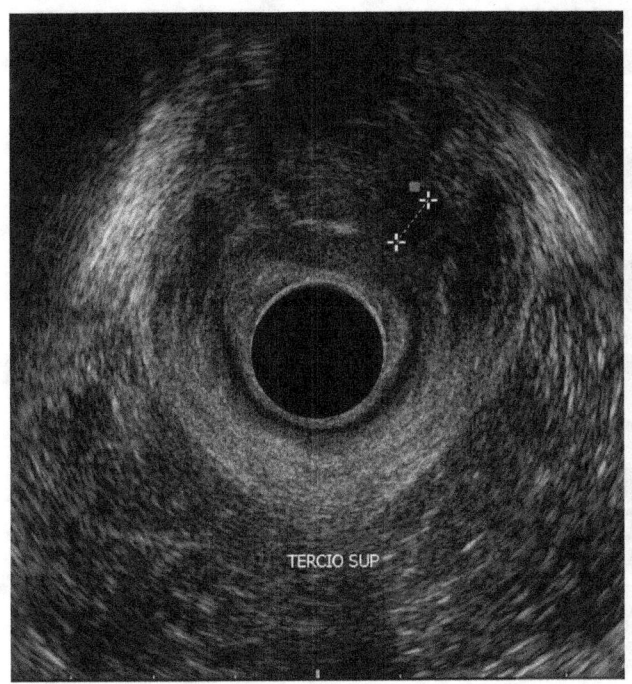
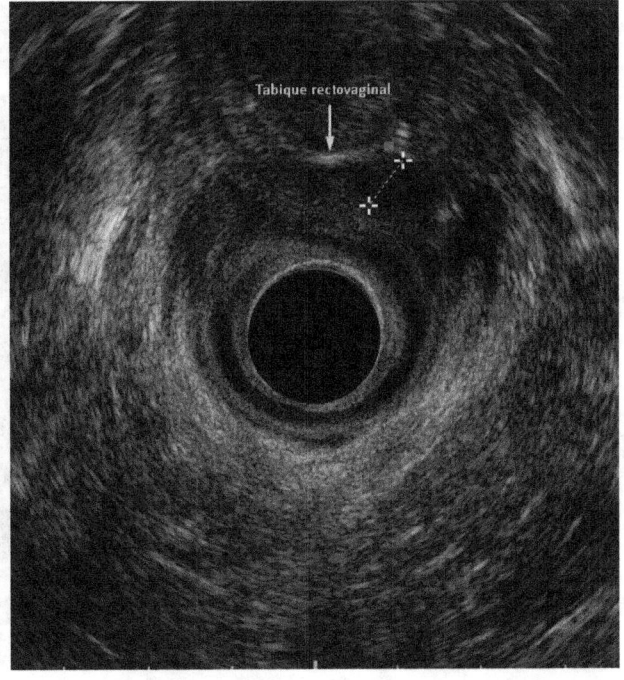

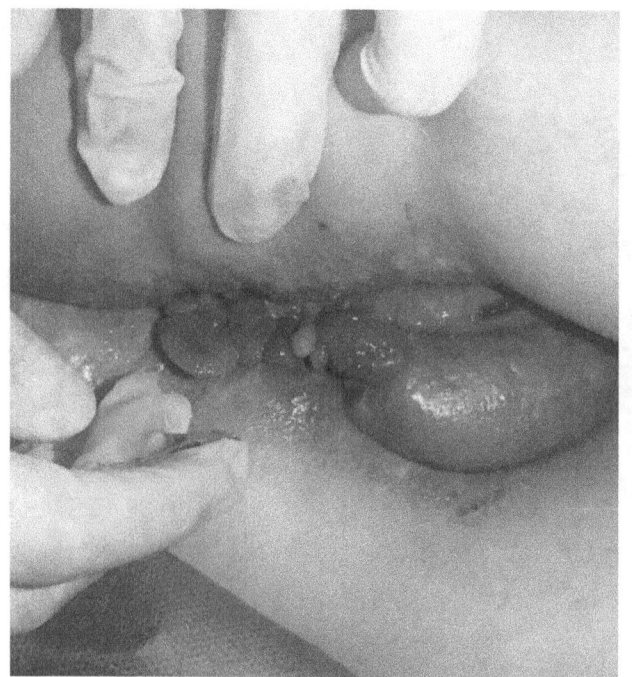

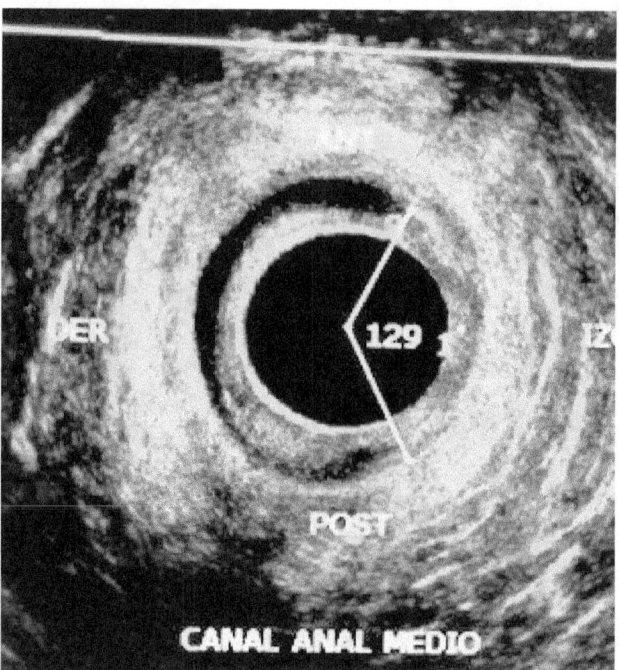

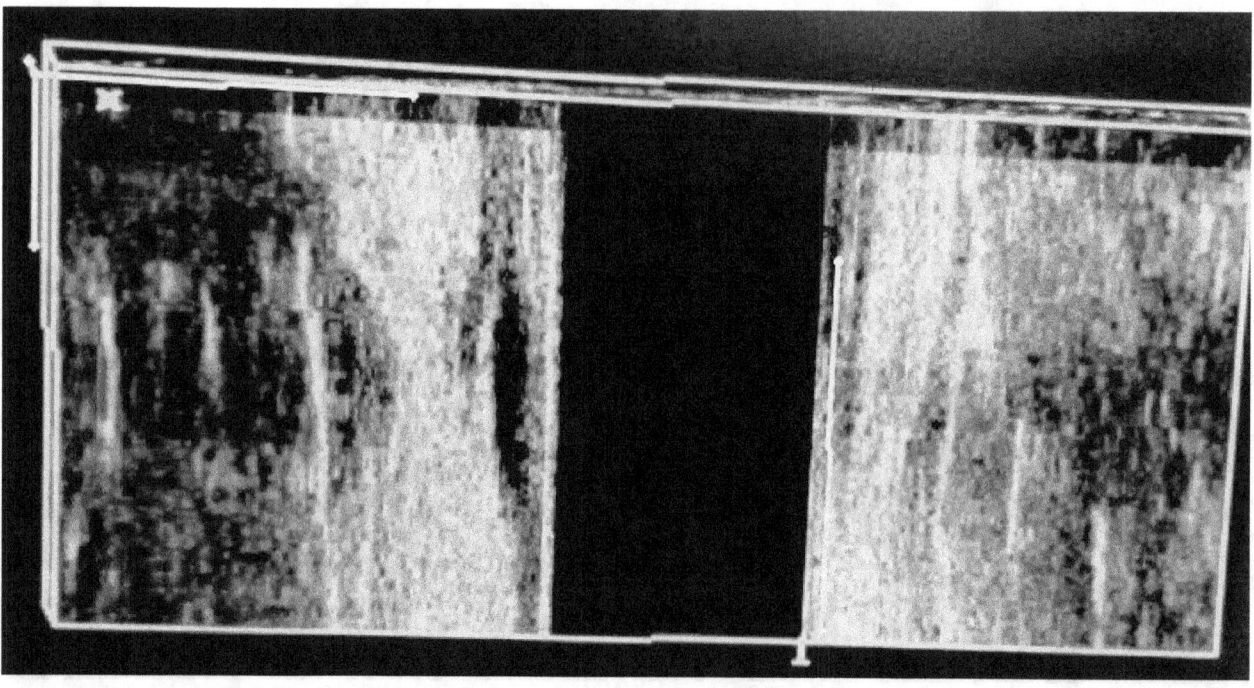

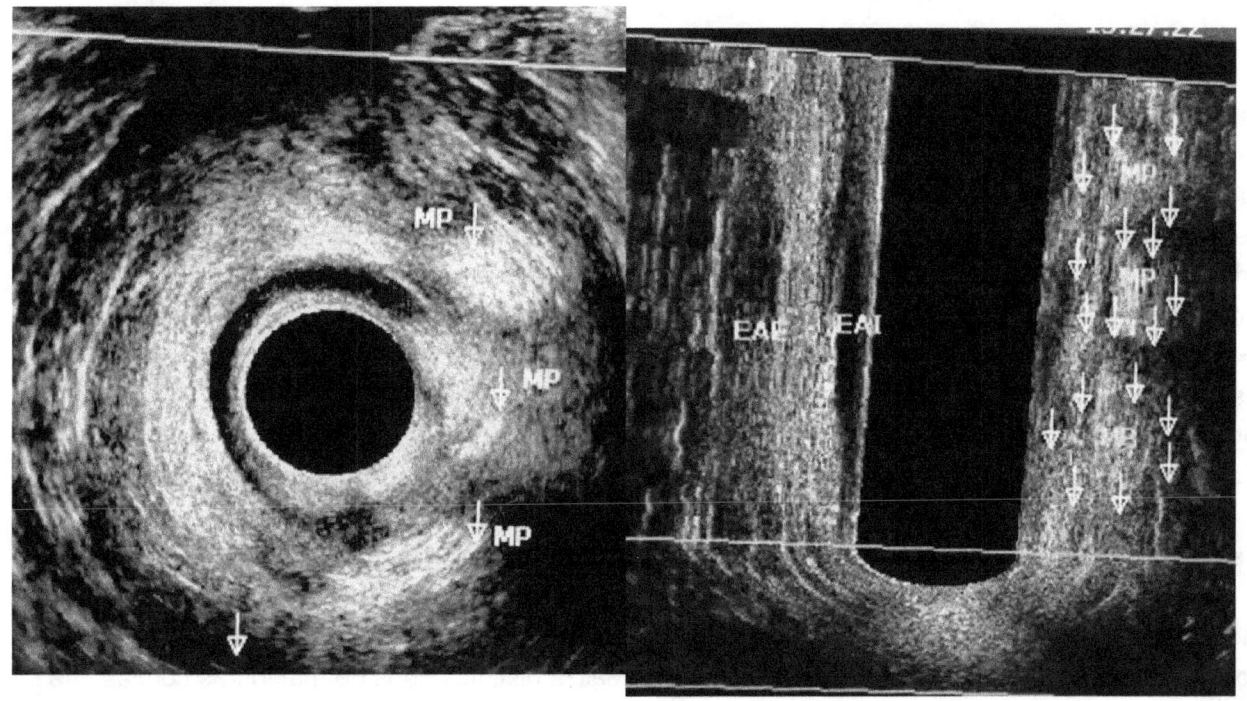

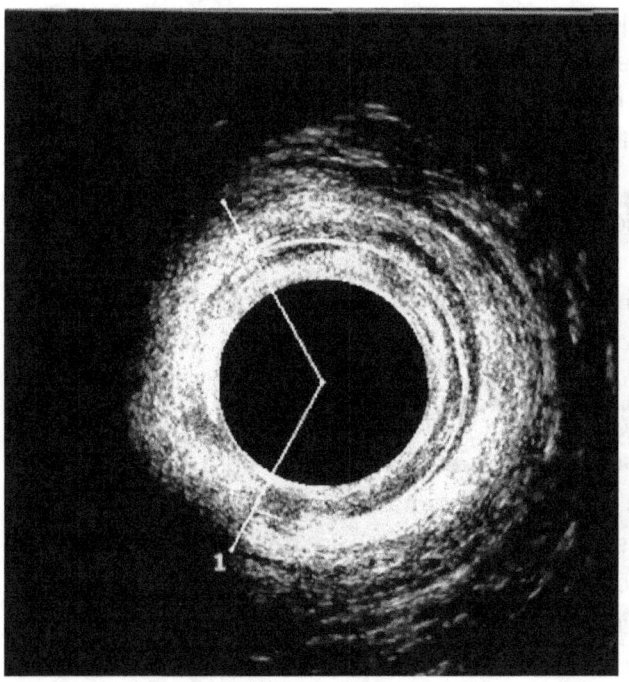

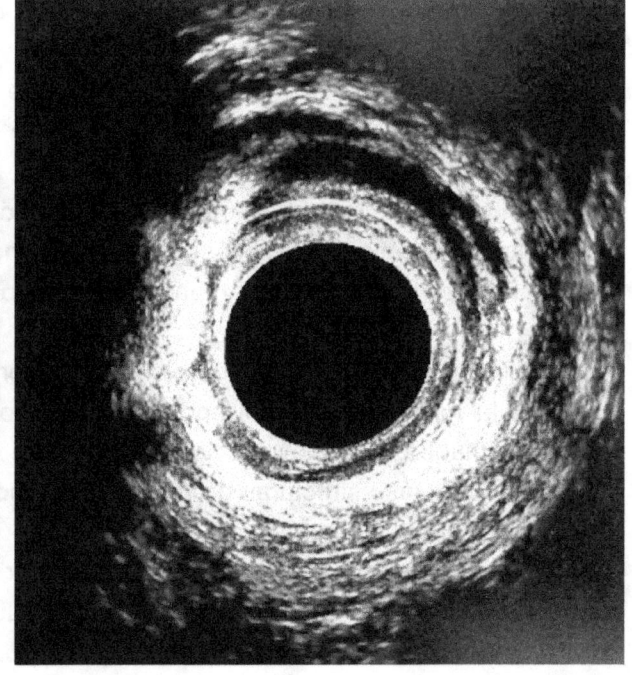

9. ULTRASONIDO TRANSPERINEAL: CONCEPTOS BÁSICOS

Jonatan Olvera, Gerardo Maya

El piso pélvico está constituido por fascias, músculos y ligamentos; los cuales en conjunto forman una estructura dinámica que permite los mecanismos de continencia y vaciamiento tanto rectal como urinario. (Figura 1) Los estudios de imagen del piso pélvico pueden ser de mucha utilidad cuando la sintomatología referida por las pacientes no tiene una clara correlación con los hallazgos a la exploración física. Existen diversos tipos de estudios como son los defecogramas (figura 2), cistouretrografía retrógrada y resonancia magnética dinámica (RMD) de pelvis (figura 3), siendo esta última el estándar de oro en muchas enfermedades del piso pélvico. La RMD con la desventaja de su alto costo y la necesidad de un radiólogo experto, lo cual en nuestro medio infrecuente.

Desde hace aproximadamente 25 años se incursionó en la utilización del ultrasonido transperineal para la valoración de los trastornos del piso pélvico, ya que nos permite valorar en tiempo real los movimientos de órganos pélvicos y músculos (uretra, vejiga, útero, recto, musculo puborrectal). El componente dinámico se valora cuando el paciente realiza distintos tipos de maniobras con las que se pueden simular los diversos escenarios clínicos que ayuden a realizar un diagnóstico más certero. Se puede realizar en modalidad 2D o 3D/4D.

Se utiliza un transductor convexo con un rango de frecuencia de 4 a 10 Mhz (figura 4), con una amplitud 75 a 85 grados que nos permitirá observar adecuadamente los tres compartimentos y estructuras base para las mediciones. Se puede realizar con la paciente en decúbito lateral y de preferencia en posición de litotomía. Se tomarán imágenes y videos en diferentes maniobras en 2 fases:

Fase 1. Maniobra de reposo, maniobra de contracción máxima y maniobra de pujo o esfuerzo máximo sin gel ultrasonográfico; no colocar gel en el recto ni en la vagina. (figura 5 a 7)

Fase 2. Realizamos las mismas maniobras pero con gel en el recto y/o vaginal. (figura 8 y 9)

Previo a iniciar es importante colocar el transductor en una adecuada posición, de manera longitudinal a nivel de la vulva o periné. Moviendo el transductor de anterior a posterior y vicevers nos ayudaran a centrar la imagen. Los movimientos laterales del transductor serán de utilidad para poder delimitar adecuadamente las estructuras de referencia como son el músculo puborrectal y la sínfisis del pubis. El transductor tiene una muesca de en uno de sus lado, la cual es la referencia para nuestra orientación, ésta siempre debe ir en la parte superior (hacia el pubis) cuando el transductor se coloca de manera longitudinal a la vulva, cuando el transductor se coloca de manera transversa al plano de la vulva, la muesca se orientará hacia el lado derecho.

Otro punto a tener en cuenta es la orientación de la pantalla la cual se determinará a de acuerdo al estándar internacional, sin embargo, en ocasiones los equipos no permiten modificar la imagen a la configuración internacional. En nuestra unidad se tiene la siguiente configuración: músculo puborrectal parte superior izquierda de la pantalla, y la sínfisis del pubis en la parte superior derecha de la pantalla. (figura 10)

Una vez que tenemos la configuración de nuestro equipo lista, las estructuras que serán evaluadas son: uretra (longitud y angulación), vejiga, recto y ángulo anorrectal. Se pueden valorar materiales protésicos como son cintas medio uretrales para incontinencia urinaria o mallas vaginales para prolapso las cuales ya se encuentran proscritas actualmente por la FDA.

Existe una variante de ultrasonido que ha ido tomando auge en los últimos años, la modalidad 3D/4D; con la que se logran imágenes más nítidas y de mejor calidad, aunado a que gracias a la manera en la que se procesan las imágenes, es posible hacer reconstrucciones y cortes tomográficos conocidos como TUI (Tomographic Ultrasound Image).

Las indicaciones para practicar un ultrasonido transperineal son:
Incontinencia urinaria
Prolapso de órganos pélvicos
Incontinencia fecal
  (para descartar incontinencia por rebosamiento)
Estreñimiento
Dolor pélvico crónico
Dispareunia
Seguimiento posquirúrgico en
  cirugías de piso pélvico
Seguimiento en pacientes portadoras de
cintas medio uretrales y mallas vaginales
Tumores perianales.
Abscesos del piso pélvico.

Lecturas sugeridas.

1. Dietz, H.P. Ultrasound imaging of the pelvic floor. Part II: three-dimensional or volume imaging. Ultrasound in Obstetrics and Gynecology: The Official Journal of the International Society of Ultrasound in Obstetrics and Gynecology 2004;23(6):615-625. DOI: 10.1002/uog.1072.
2. Santoro, G.A., Wieczorek, A.P., Dietz, H.P., Mellgren, A., Sultan, A.H., Shobeiri, S.A., et al. State of the art: an integrated approach to pelvic floor ultrasonography. Ultrasound in obstetrics & gynecology 2001;37(4):381-396. DOI: 10.1002/uog.8816.
3. Beer-Gabel, M., Teshler, M., Barzilai, N., Lurie, Y., Malnick, S., Bass, D. et al. Dynamic transperineal ultrasound in the diagnosis of pelvic floor disorders. Diseases of the colon & rectum 2002;45(2):. 239-248. DOI: 10.1007/s10350-004-6155-7.
4. Dietz, H.P. Pelvic floor ultrasound: a review. Clinical obstetrics and gynecology 2017;60(1):58-81. DOI:10.1097/GRF.0000000000000264.

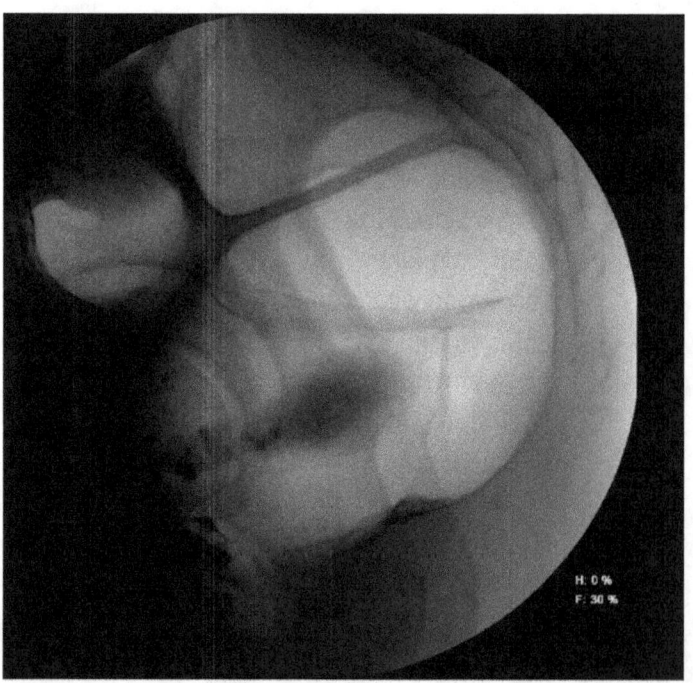

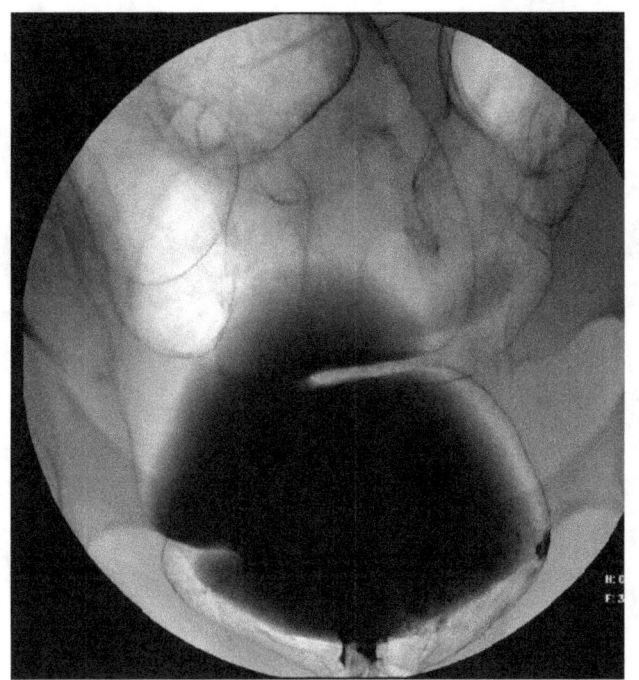
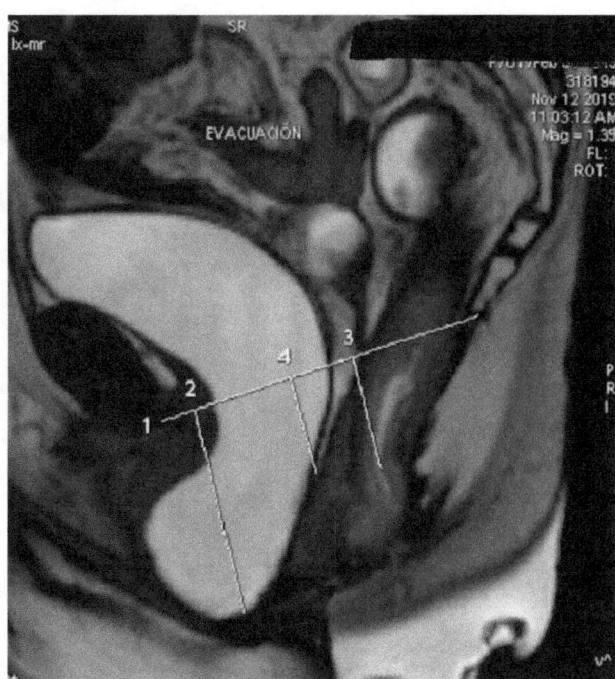
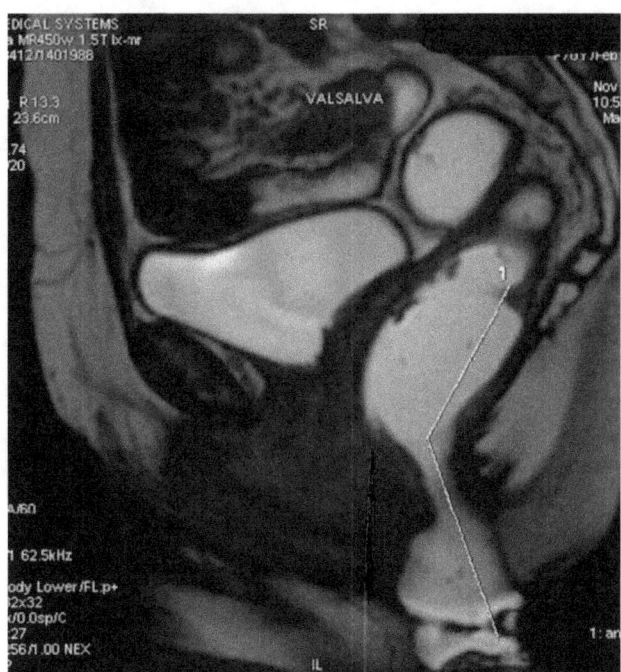
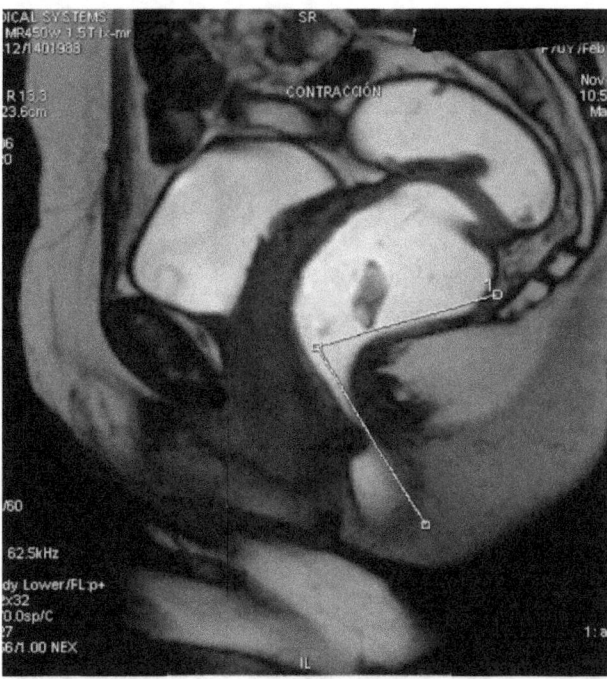

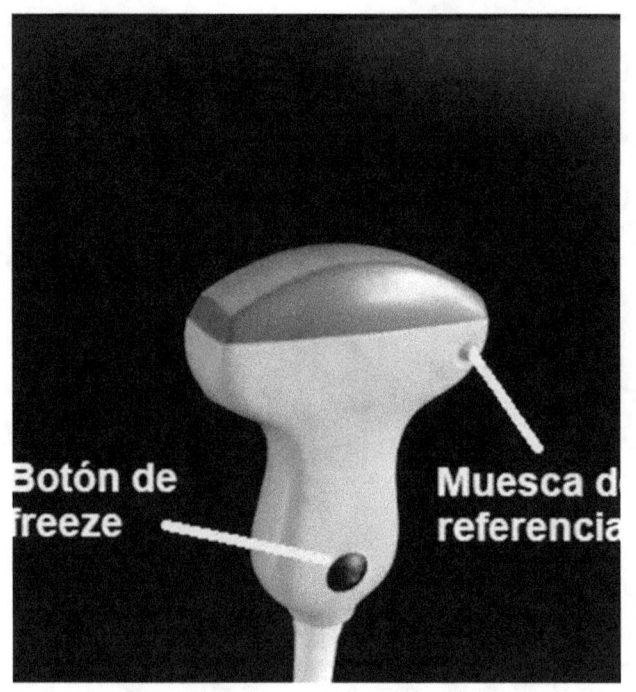

Botón de
freeze

Muesca d
referencia

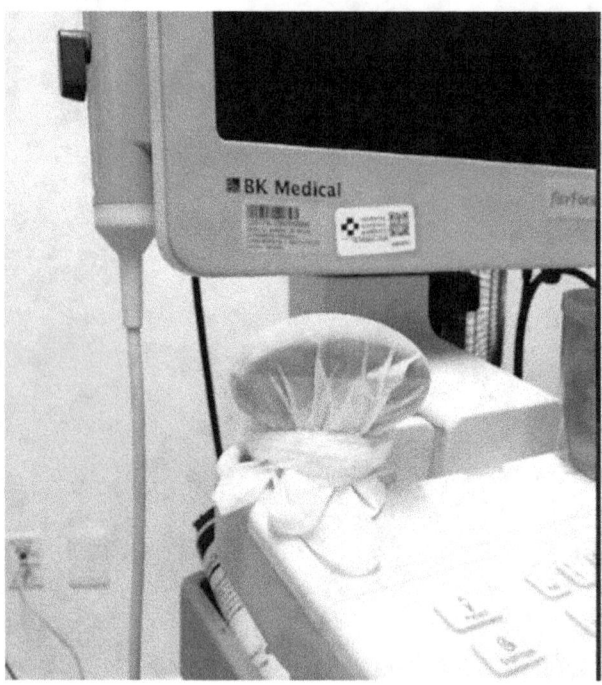

BK Medical

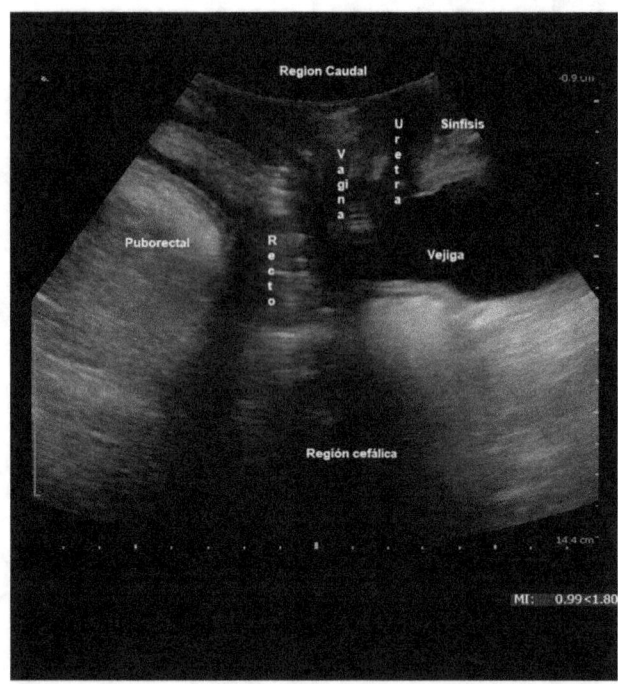

Region Caudal

-0.9 cm

U
r
e
t
r
a

Sínfisis

V
a
g
i
n
a

Puborectal

R
e
c
t
o

Vejiga

Región cefálica

14.4 cm

MI: 0.99<1.80

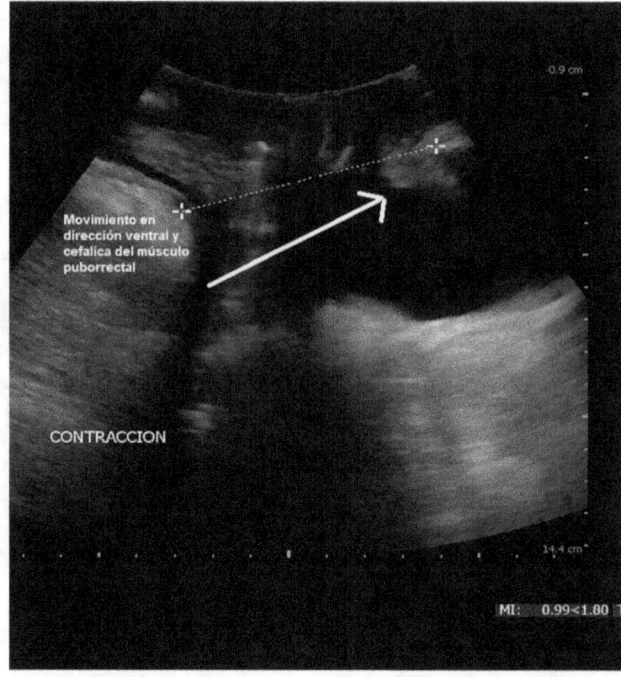

-0.9 cm

Movimiento en
dirección ventral y
cefalica del músculo
puborréctal

CONTRACCION

14.4 cm

MI: 0.99<1.00

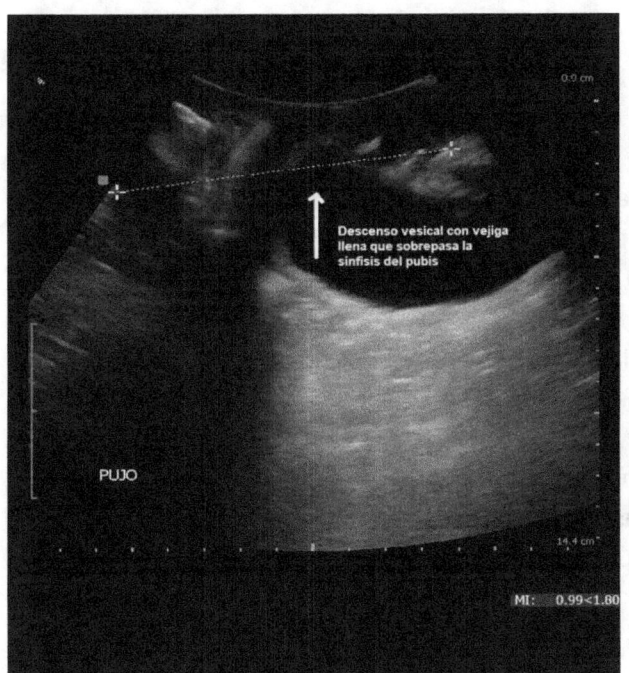

Descenso vesical con vejiga llena que sobrepasa la sinfisis del pubis

PUJO

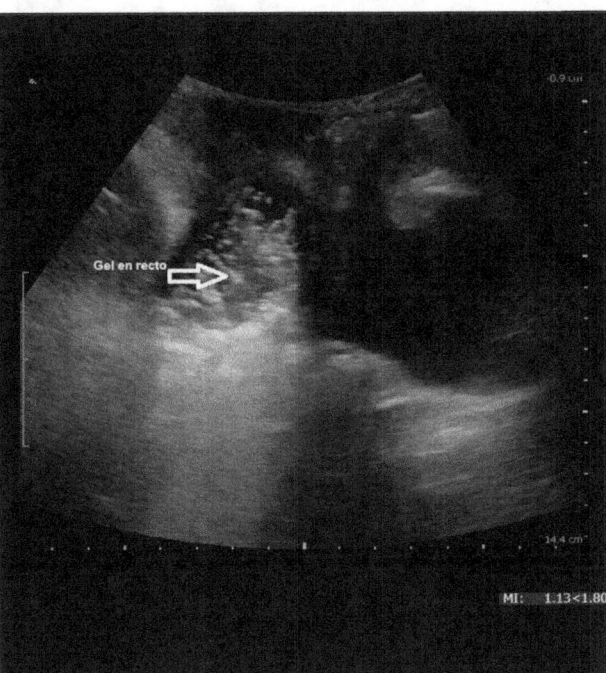

Gel en recto

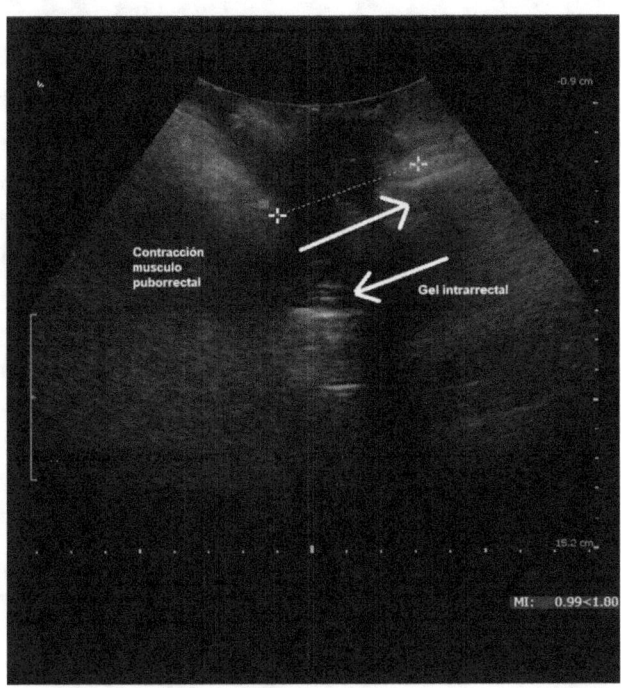

Contracción musculo puborrectal

Gel intrarrectal

10. ULTRASONIDO TRANSPERINEAL: PADECIMIENTOS DEL PISO PÉLVICO

Jonatan Olvera, Gerardo Maya, Alan Garza

Las estructuras pélvicas que se evalúan en el ultrasonido transperineal (USTP) son: uretra, vejiga, útero, vagina, recto, conducto anal y músculos del piso pélvico. Todas estas estructuras, en conjunto, tienen funciones de continencia y vaciado tanto rectal como vesical. Cuando alguna de estas estructuras se encuentra afectada comienzan las disfunciones del piso pélvico, como pueden ser incontinencia urinaria y fecal, trastornos de vaciamiento rectal y vesical, dolor pélvico crónico, alteraciones en las relaciones sexuales y prolapso de órganos pélvicos.

Generalmente estos trastornos son en mujeres con edad entre los 40 a 65 años. Debido a que este grupo de población va en aumento el número de casos también y si bien son patologías las cuales no ponen en riesgo la vida de las pacientes si tienen un impacto muy grande en la calidad de vida y en algunos casos llegan a ser incapacitantes.

Cada vez tiene una mayor importancia realizar un adecuado diagnóstico para poder ofrecer un adecuado tratamiento. Los trastornos del piso pélvico son multicompartamentales y es de suma importancia el uso de complementos auxiliares de diagnóstico (defecografía, defecoresonancia, manometría, etc). Además el manejo de estos padecimientos es multidisciplinario: urólogos, coloproctólogos, uroginecólogos, fisioterapeutas.

El piso pélvico se divide para su estudio mediante USTP en compartimentos: 1) Compartimento anterior, vamos a encontrar vejiga y uretra, 2) compartimiento medio o apical donde se encuentra el útero y 3) compartimiento posterior donde se encuentra el recto, el ano y musculo puborrectal. (Figura 1)

En la evaluación del compartimento anterior vamos a evaluar la uretra, poniendo especial interés en: longitud uretral en reposo, contracción y pujo, movilidad uretral en reposo y pujo. (figura 2) De la vejiga vamos a evaluar su capacidad, así como su efectividad de vaciamiento. Se realizará la medición seriada de las paredes vesicales para observar las condiciones del músculo detrusor; de manera general una longitud mayor a 5 mm se puede inferir con datos de hiperactividad del músculo detrusor. (Figura 3).

Se evalúa también el grado de prolapso vesical, el cual comúnmente recibe el nombre de cistocele y se clasifica en 3 grados. Para su valoración se traza una línea de referencia la cual va de la sínfisis del pubis hacia el músculo puborrectal. El cistocele grado I es cuando la pared de la vejiga se encuentra de 0 a 10 mm por arriba de la línea de referencia, cistocele grado II cuando la pared vesical se encuentra por arriba de la línea de referencia de 10 a 20 mm, y cistocele grado III cuando la pared vesical se encuentra por arriba de la línea de referencia mayor o igual a 20 mm. (Figura 4)

Dentro de los trastornos que podemos diagnosticar del compartimento medio, vamos a encontrar un prolapso uterino o prolapso de cúpula vaginal (en ausencia de útero), sin embargo, este diagnóstico técnicamente no es sencillo por ultrasonido transperineal.

Del compartimento posterior se puede realizar los diagnósticos de rectocele, intususcepción rectal (prolapso interno), enterocele, movimiento inadecuado del musculo puborrectal y sospecha disinergia defecatoria.

El rectocele por ultrasonido transperineal se va a observar como un abultamiento de la pared rectal anterior sobre la pared posterior de la vagina. Se clasifica en: 1) Grado I cuando la pared rectal anterior protruye hacia la vagina entre 10 y 20 mm, 2) Grado II: cuando la pared rectal posterior protruye entre 20 y 40 mm y 3) Grado III cuando la pared rectal anterior protruye hacia la vagina más allá de 40 mm. La medición se realiza durante el pujo o Valsalva. (Figura 5)

El enterocele se observará como el prolapso de la porción apical o posterior de la vagina donde se encuentran asas de intestino delgado. Se clasifica en: 1) grado I, la parte más distal del enterocele desciende dentro 1/3 superior de la vagina, 2) grado II cuando la parte más distal del enterocele desciende dentro de 1/3 medio de vagina y 3) grado III, se observa la parte más distal del enterocele desciende dentro de 1/3 inferior de vagina. (Figura 6)

La disinergia defecatoria, durante el ultrasonido transperineal, se observa como una inadecuada coordinación entre el músculo puborrectal y el movimiento de los órganos pélvicos al esperar un aumento de la presión intraabdominal, y con esto lograr una adecuada evacuación del contenido rectal. El ángulo anorrectal en reposo y durante la maniobra defecatoria se evalúan mediante esta técnica. (Figura 7)

Cuando realizamos el ultrasonido transperineal con tecnología TUI (Tomographic Ultrasound Image) es posible realizar reconstrucciones y múltiples cortes de la anatomía del complejo del esfínter anal, permitiendo diagnosticar lesiones del mismo. (Figura 8)

El ultrasonido transperineal es útil en pacientes las cuales fueron sometidas a colocación de materiales protésicos como son cintas medio uretrales y mallas vaginales y tiene una mayor importancia cuando posterior a este tipo de cirugía, la paciente presenta síntomas como trastornos de vaciamiento, dolor pélvico, o secreción vaginal que previamente no se presentaban. (Figura 9).

El ultrasonido transperineal no solamente es útil para diagnosticar sino también es un excelente auxiliar en pacientes los cuales serán sometidos a rehabilitación del piso pélvico con técnica de retroalimentación biológica (biofeedback). Tiene la ventaja de no ocupar la introducción de transductores intracavitarios. Las imágenes visuales en tiempo real permiten dar este tipo de terapia para rehabilitar, observando la paciente durante los ejercicios necesarios la contracción del musculo puborrectal y con esto puede intentar la relajación del mismo mientras se simula la maniobra defecatoria. (Figura 10)

Lecturas recomendadas

1. Velluci, F., Regini, C., Barbanti, C. y Luisi, S. Pelvic floor evaluation with transperineal ultrasound: a new approach. Minerva Ginecol 2018;70(1):58-68. DOI: 10.23736/s0026-4784.17.04121-1.

2. Van Gruting, I., Stankiewics, A., Kluivers, K., De Bin, R., Blake, H., Sultan, A., et al. Accuracy of Four Imaging Techniques for Diagnosis of Posterior Pelvic Floor Disorders. Obstetrics and Gynecology 2017;130(5): 1017-1024.DOI: 10.1097/AOG.0000000000002245.

3. Hainsworth, A., Solanki, D., Hamad, A., Morris, S., Schizas, A. y Williams, A. Integrated total pelvic floor ultrasound in pelvic floor defecatory dysfunction. Colorectal diseases 2017;19(1):O54-O65. DOI: 10.1111/codi.13568.

4. Bordeianou, L.G., Carmichael, J.C., Paquette, I.M., Wexner, S., Hull, T.L., Bernstein, et al. Consensus statement of definitions for anorectal physiology testing and pelvic floor terminology (revised). Diseases of the Colon & Rectum 2018;61(4): 421-427. DOI: 10.1097/DCR.0000000000001070.

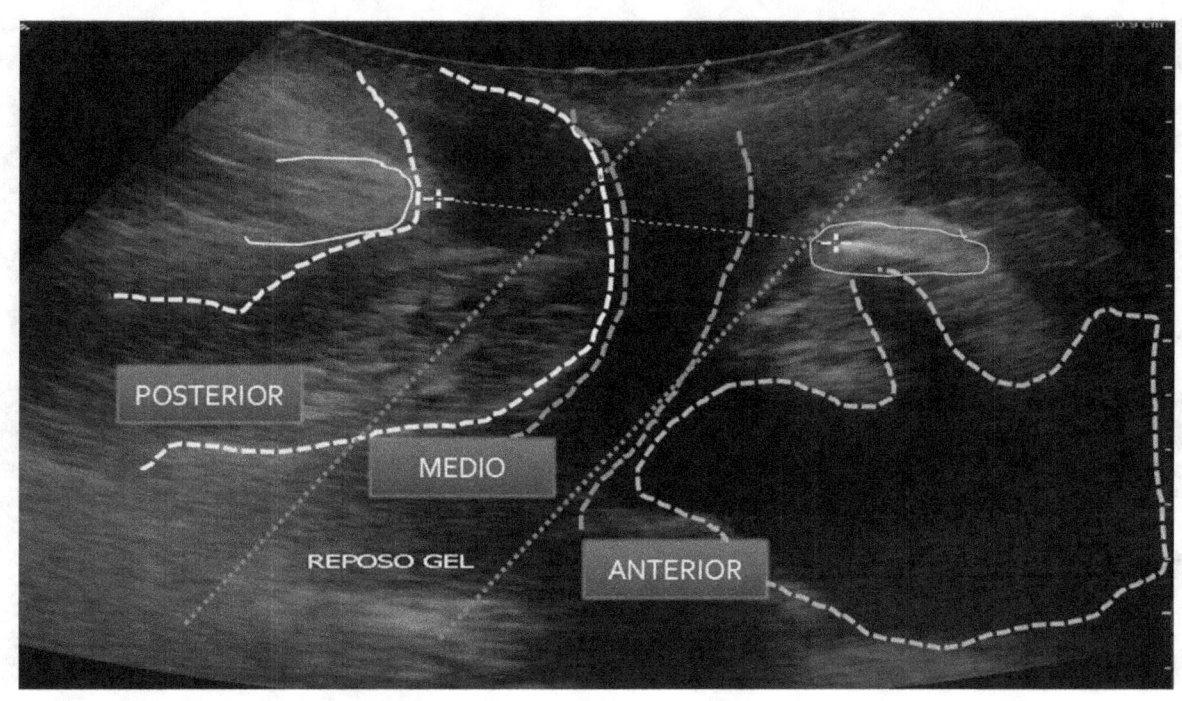

POSTERIOR

MEDIO

REPOSO GEL

ANTERIOR

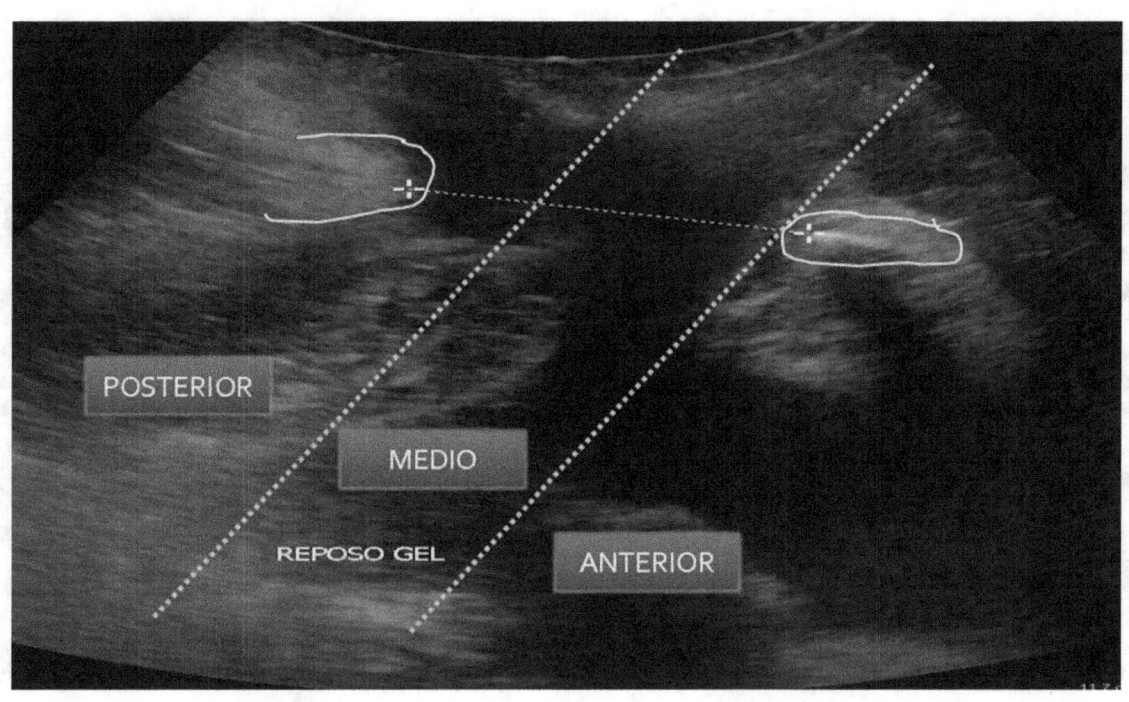

POSTERIOR

MEDIO

REPOSO GEL

ANTERIOR

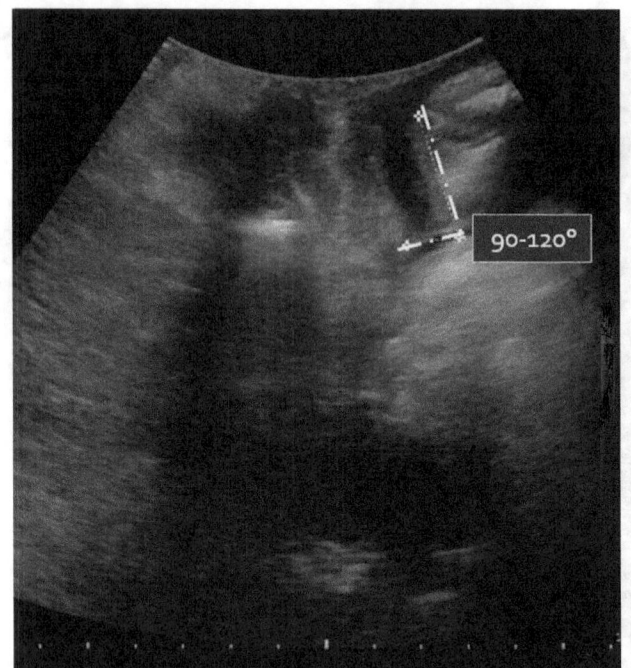

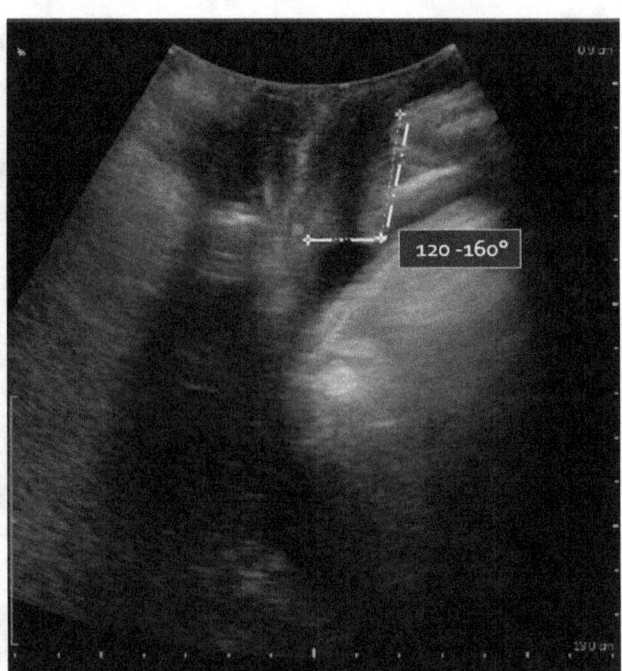

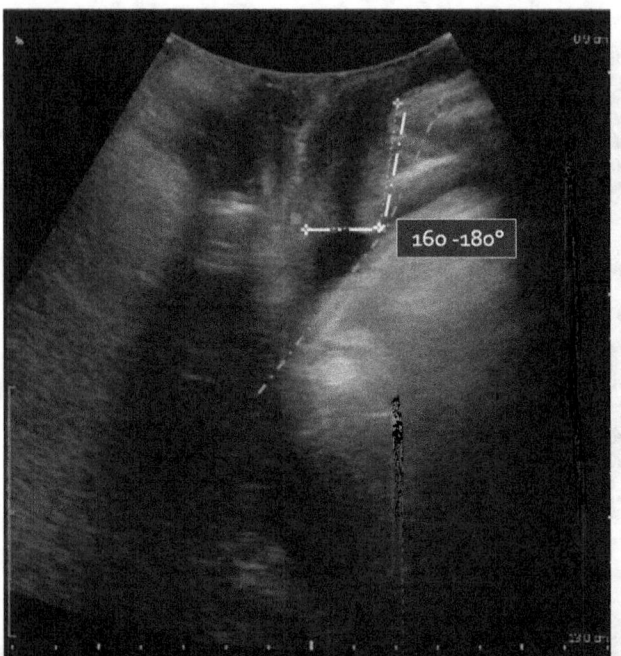

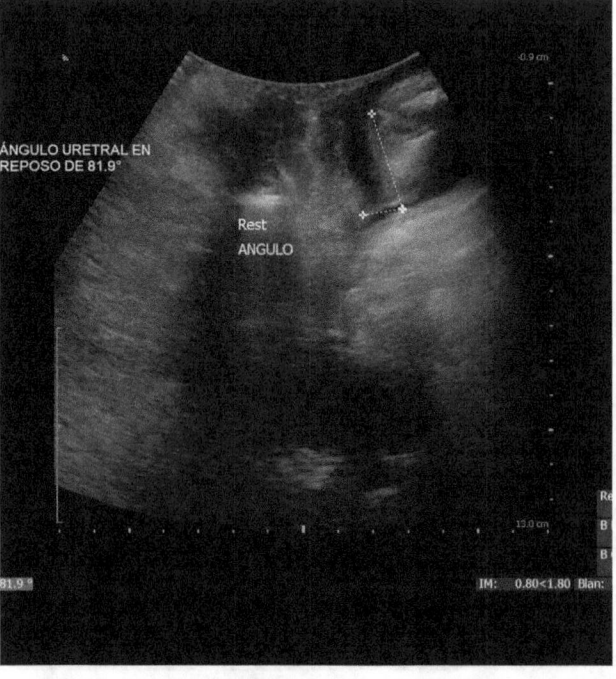

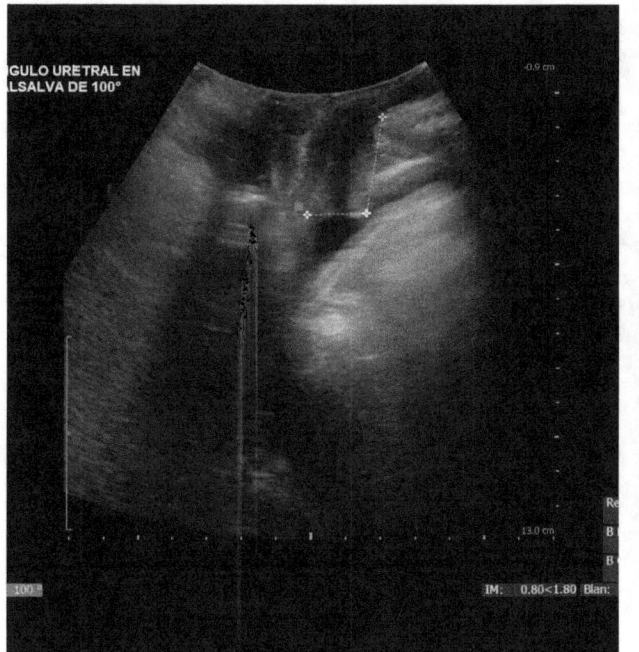

ÁNGULO URETRAL EN
VALSALVA DE 100°

100°   IM: 0.80<1.80 Blan:

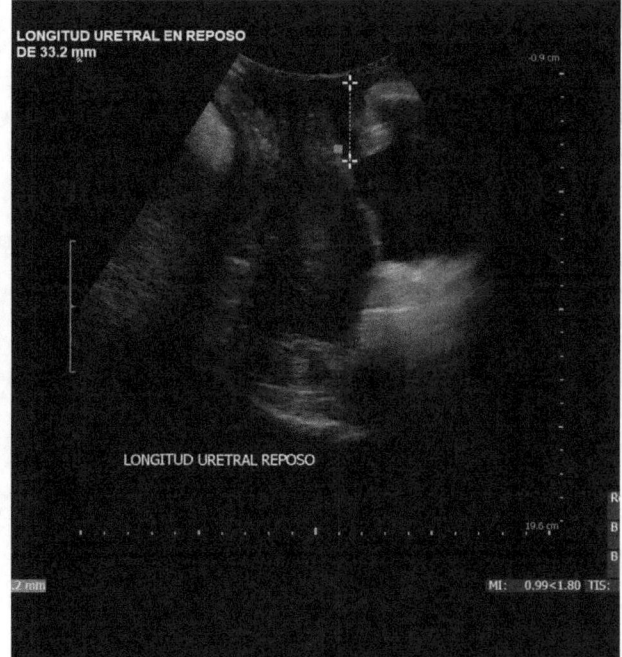

LONGITUD URETRAL EN REPOSO
DE 33.2 mm

LONGITUD URETRAL REPOSO

2 mm   MI: 0.99<1.80 TIS:

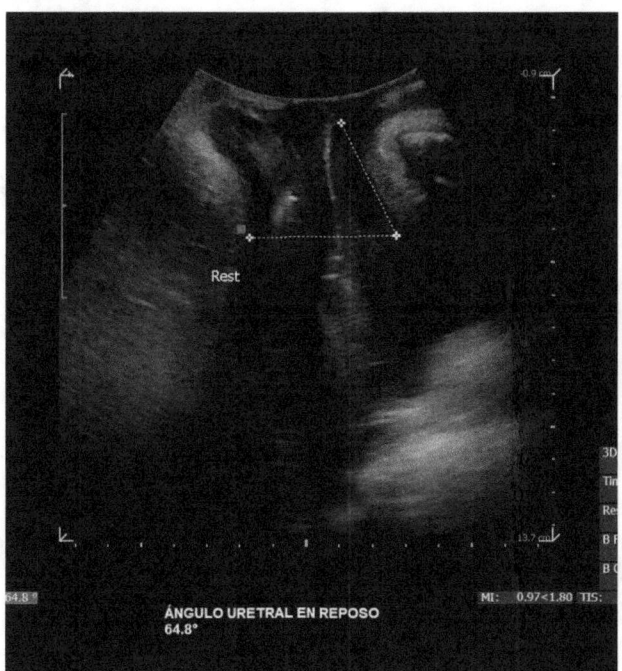

Rest

64.8 °   MI: 0.97<1.80 TIS:

ÁNGULO URETRAL EN REPOSO
64.8°

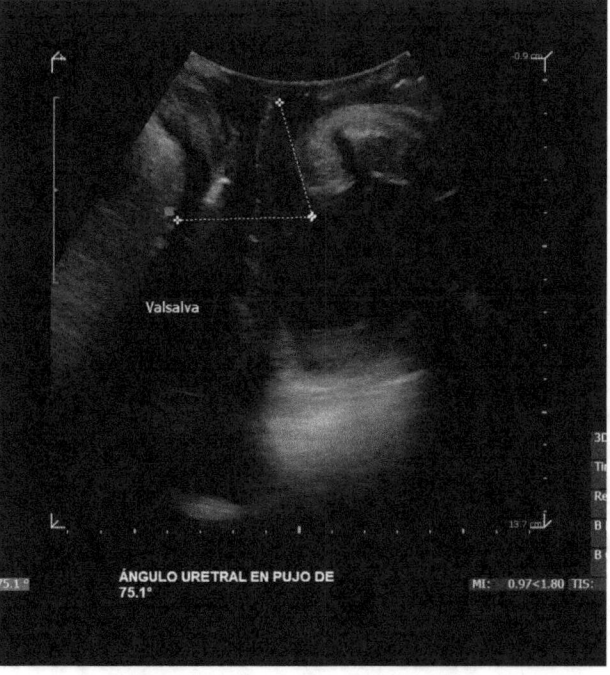

Valsalva

75.1 °   MI: 0.97<1.80 TIS:

ÁNGULO URETRAL EN PUJO DE
75.1°

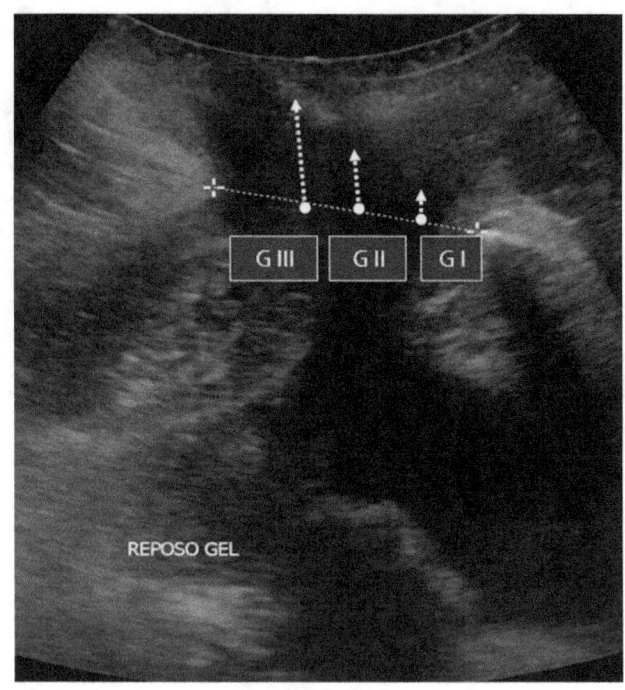

REPOSO GEL

G III   G II   G I

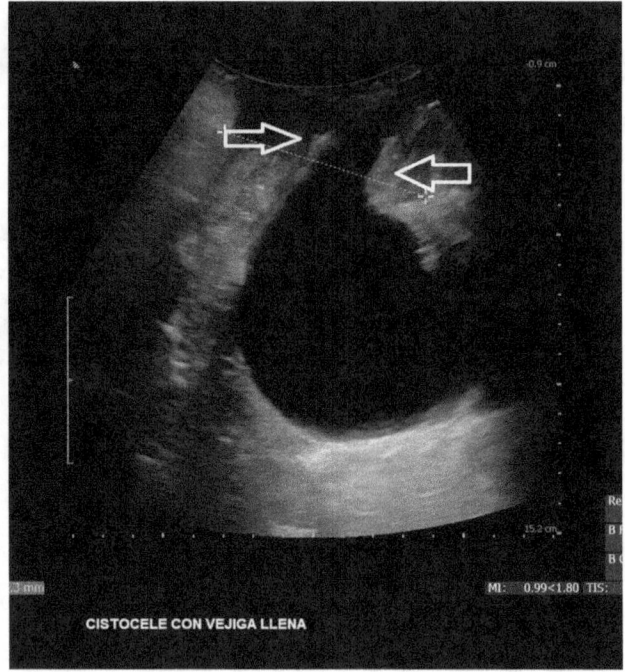

CISTOCELE CON VEJIGA LLENA

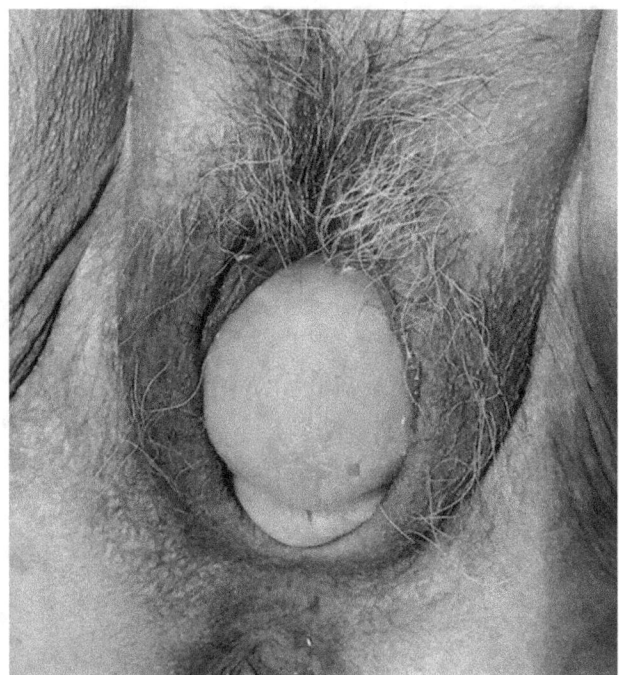

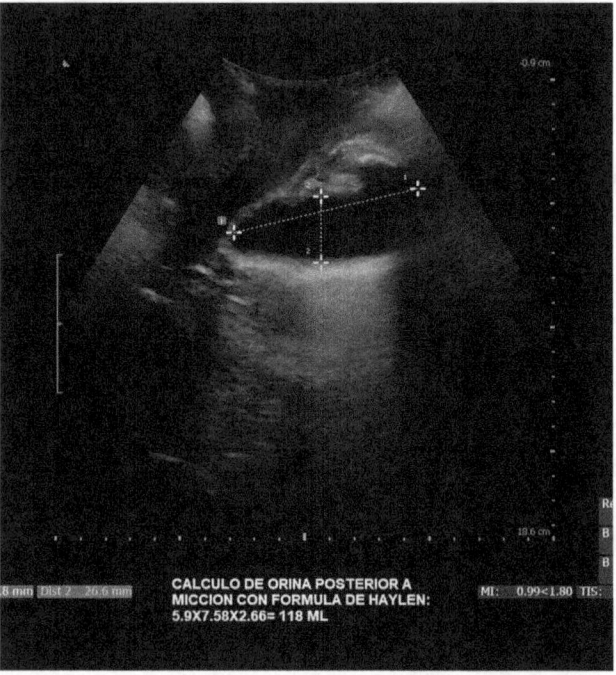

CALCULO DE ORINA POSTERIOR A
MICCION CON FORMULA DE HAYLEN:
5.9X7.58X2.66= 118 ML

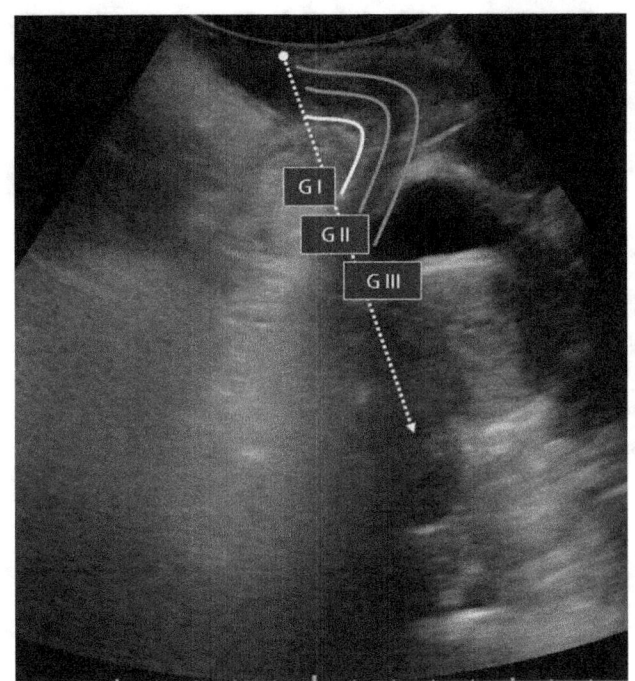
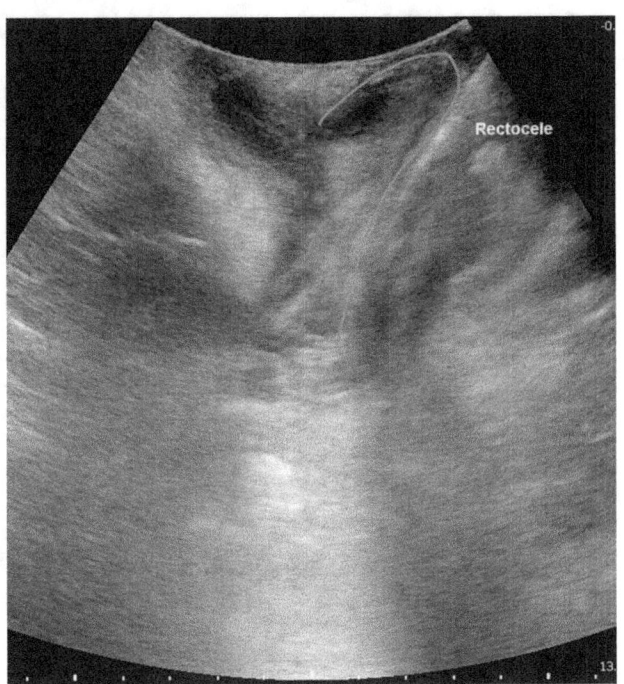
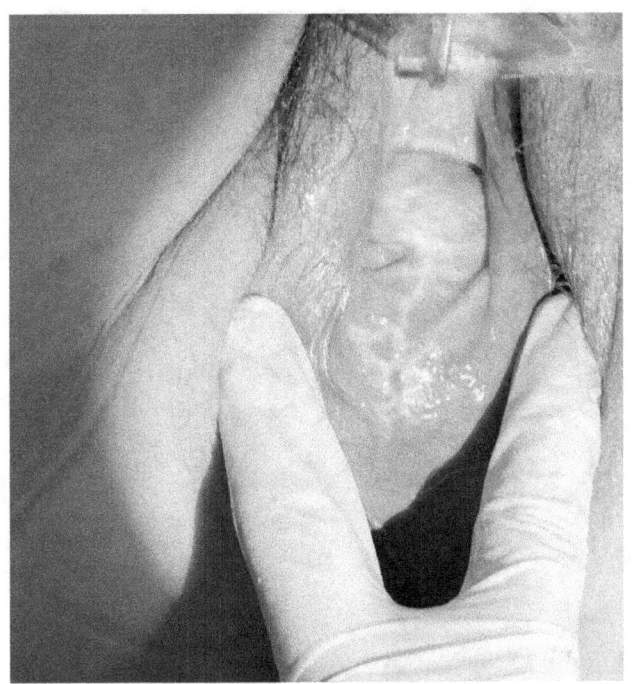
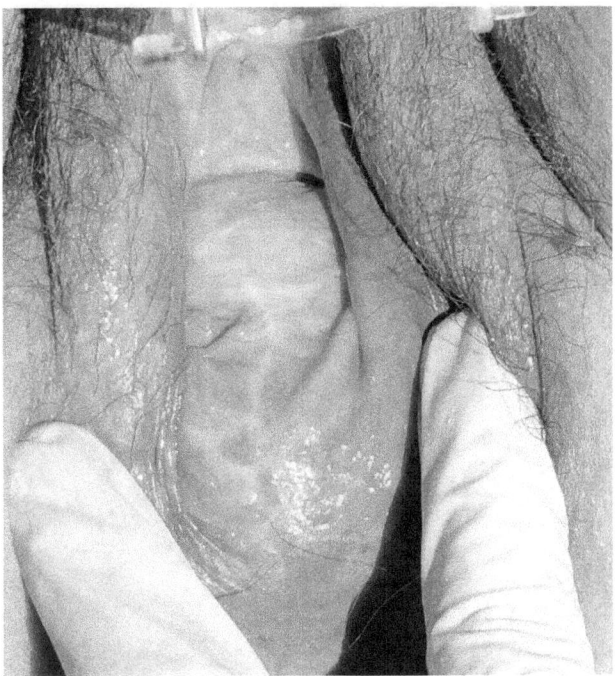

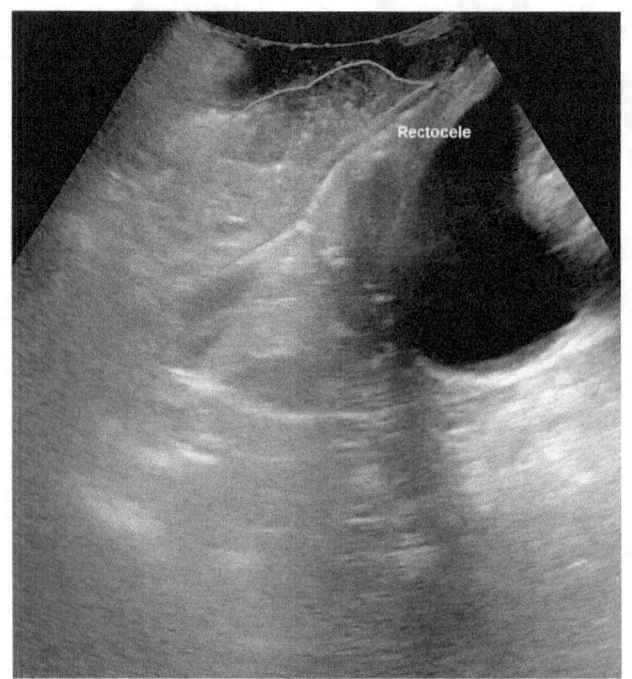

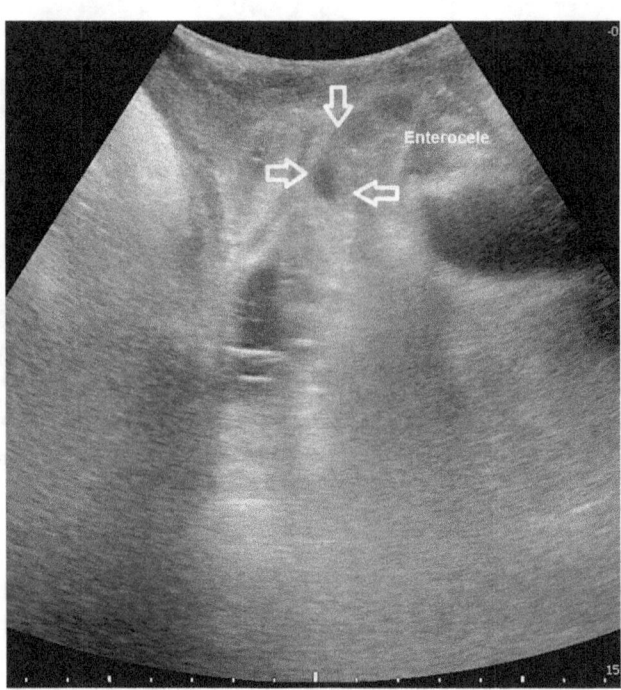

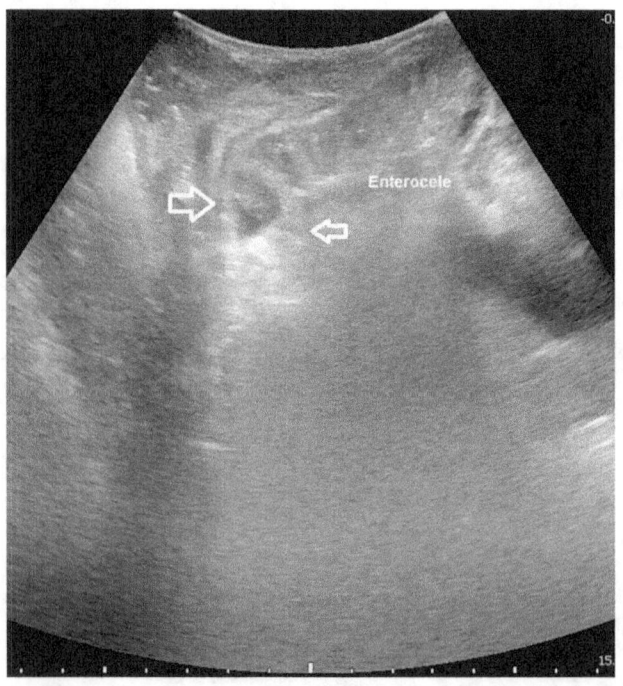

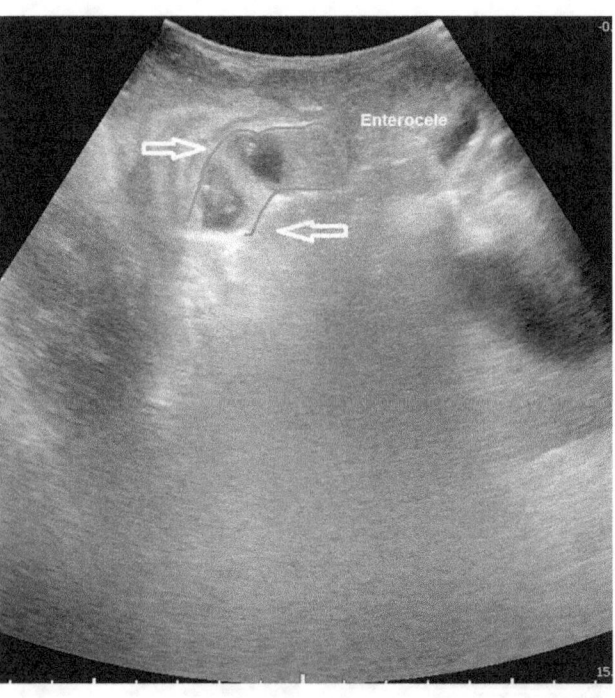

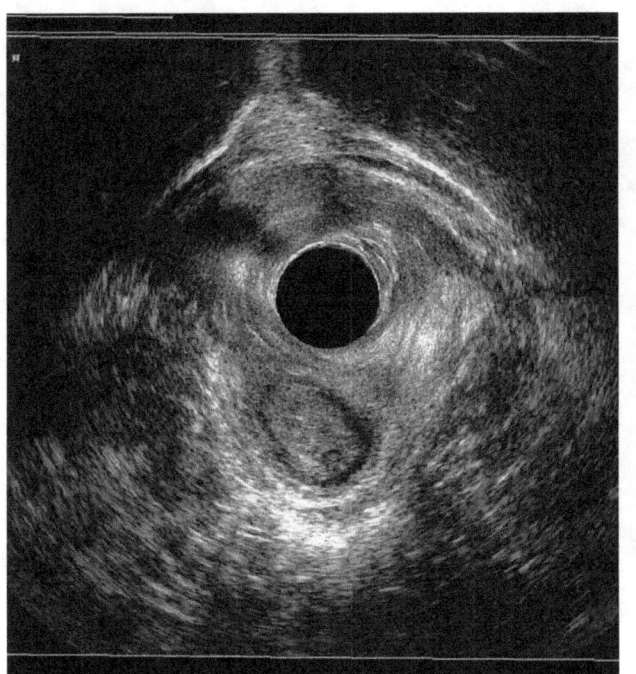
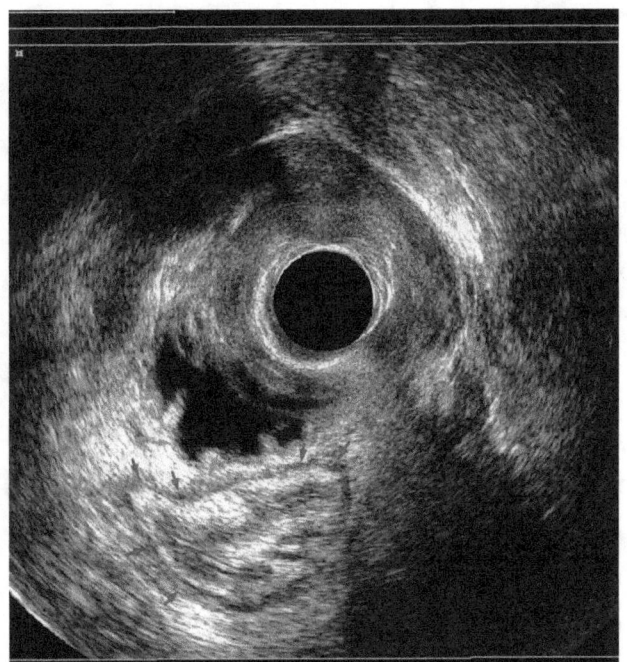
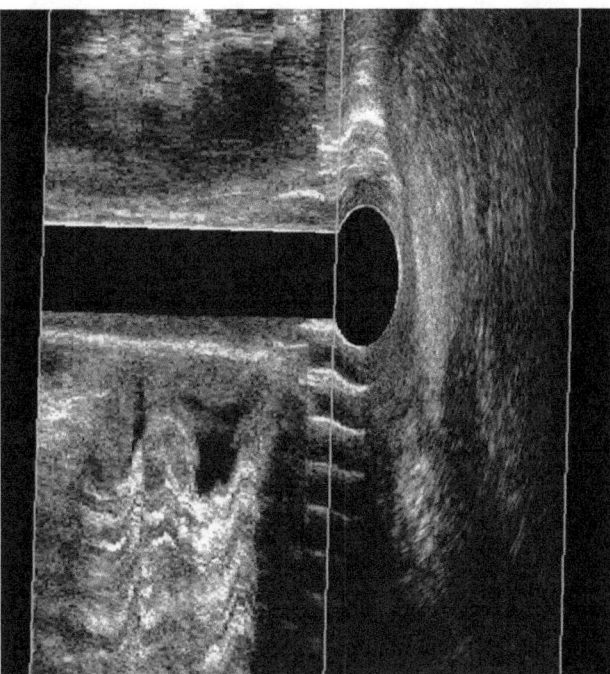
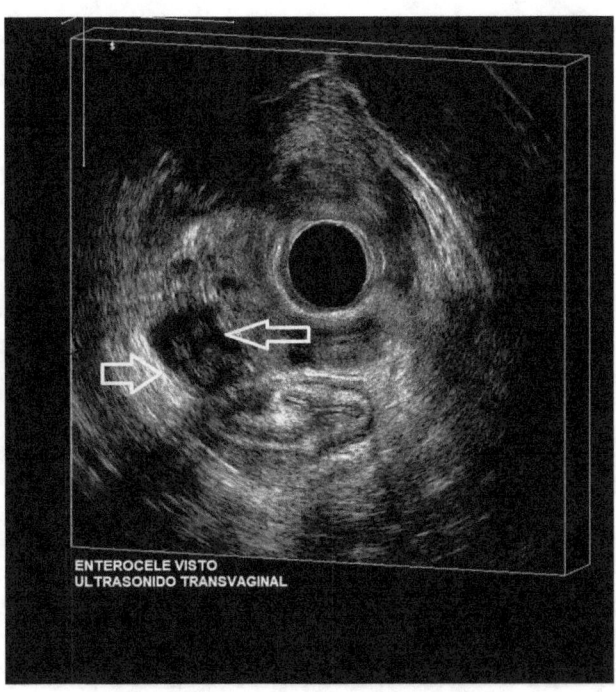

ENTEROCELE VISTO
ULTRASONIDO TRANSVAGINAL

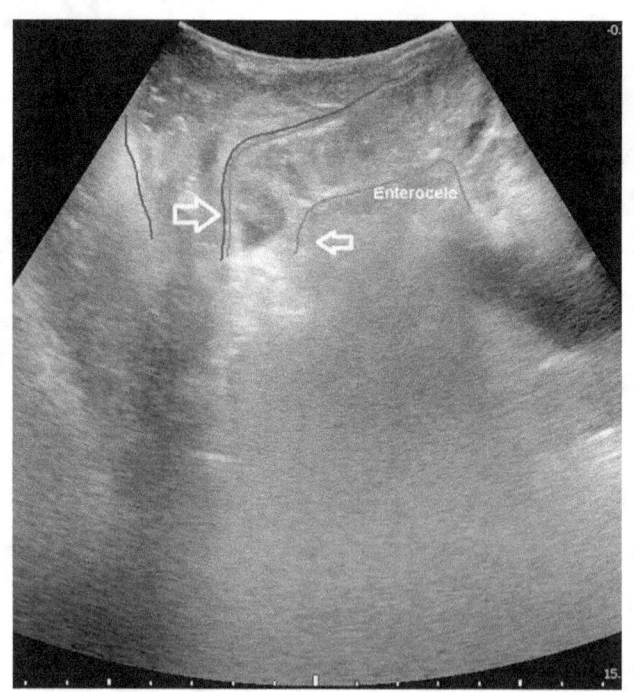

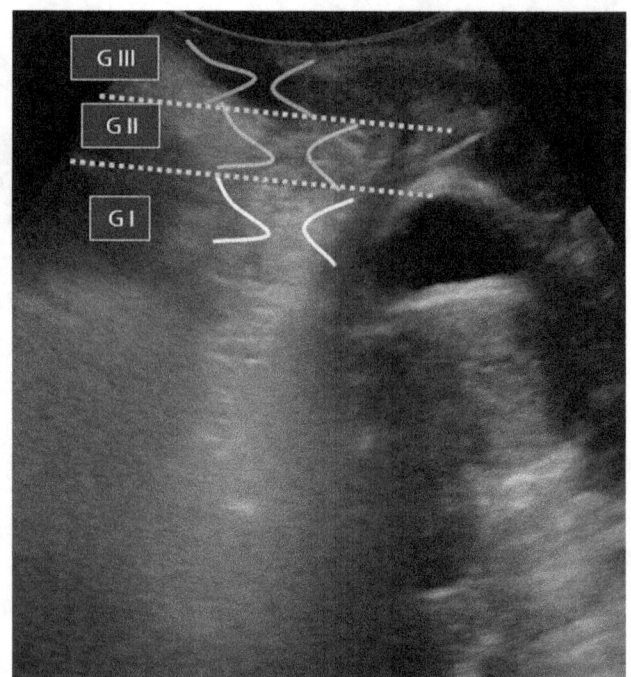

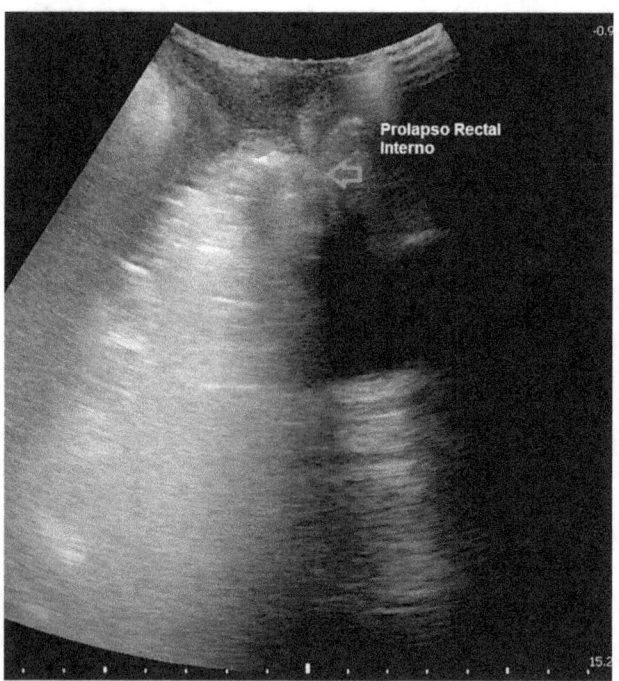

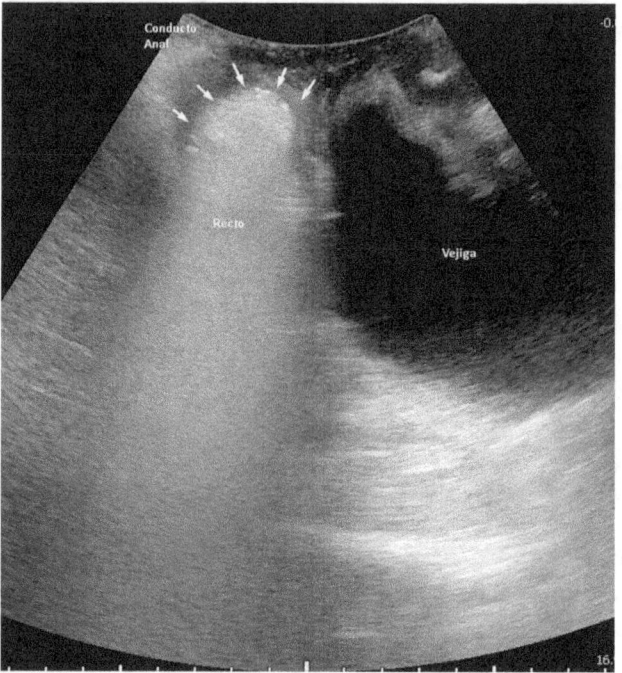

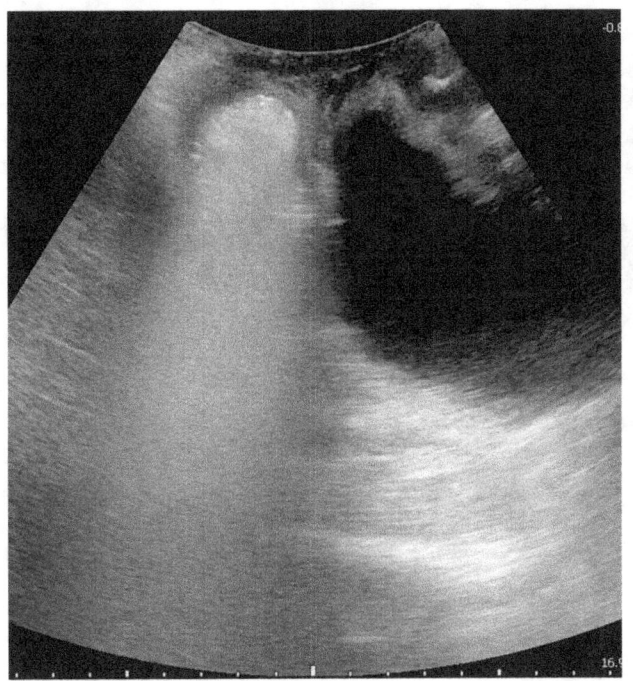
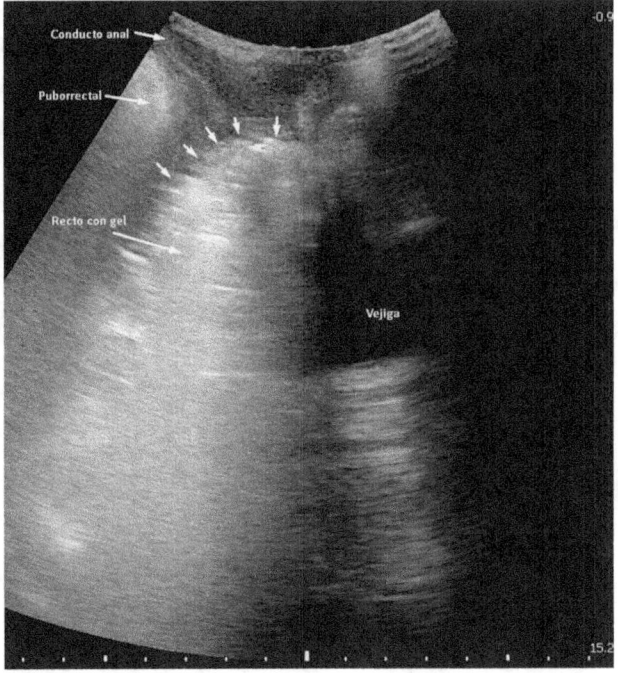

Conducto anal

Puborrectal

Recto con gel

Vejiga

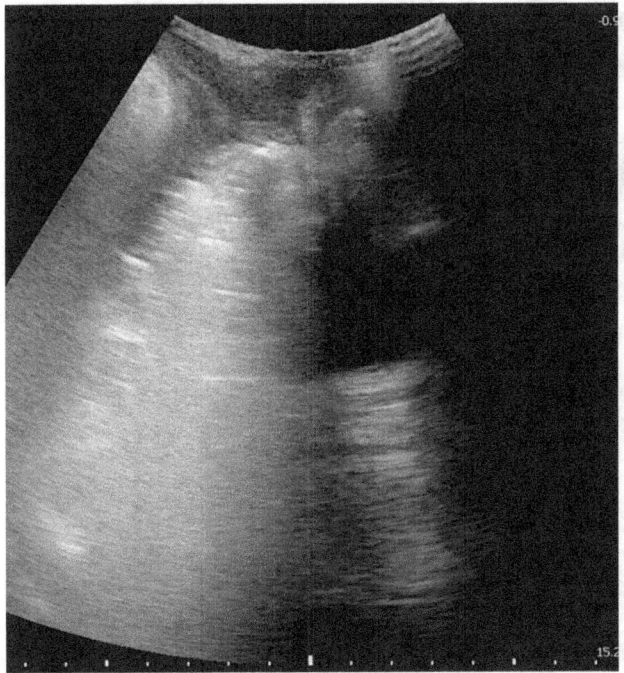
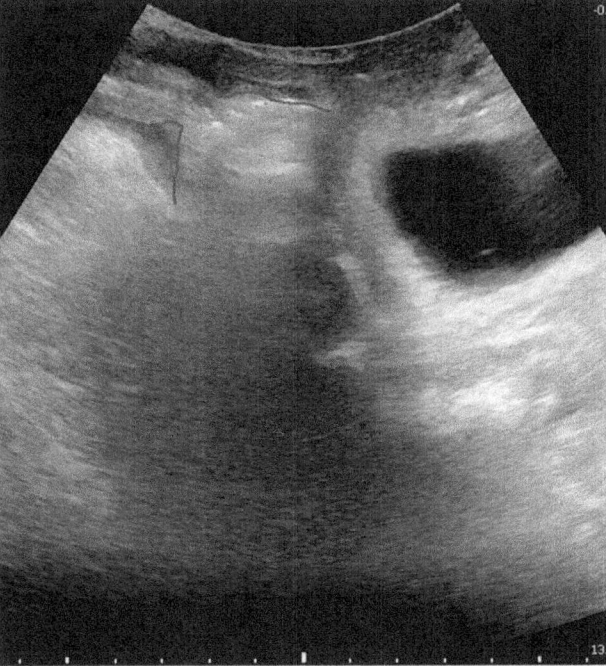

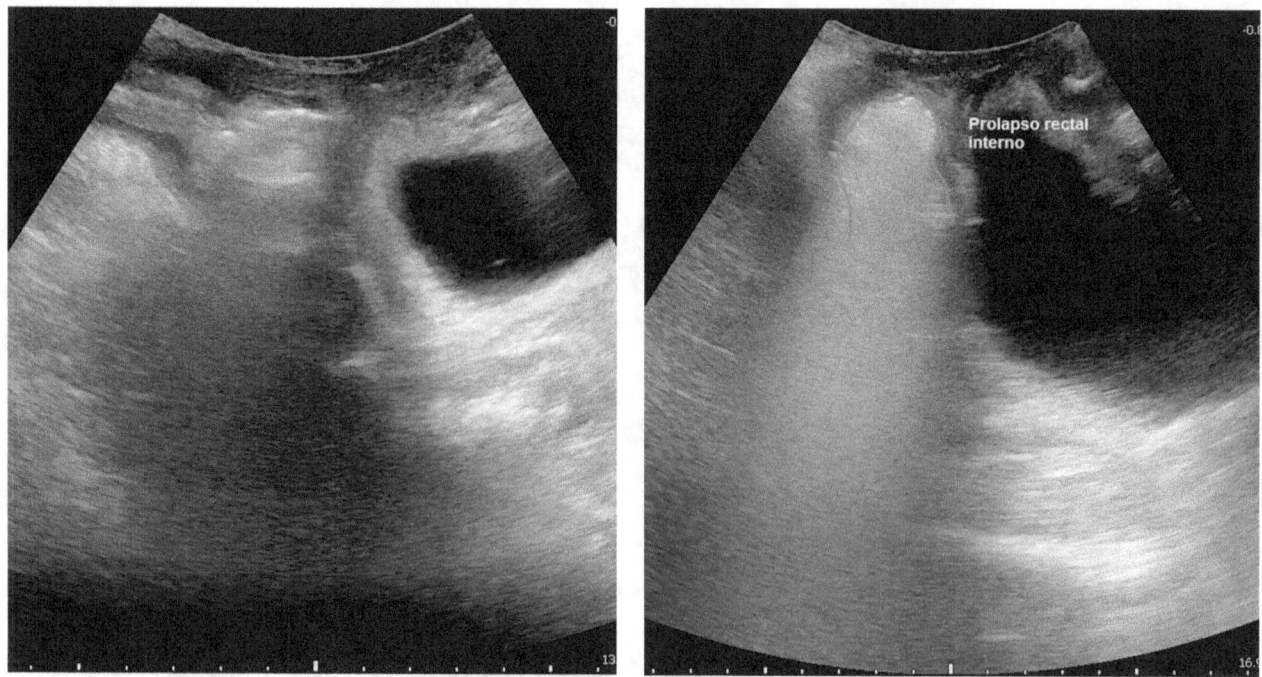

Prolapso rectal interno

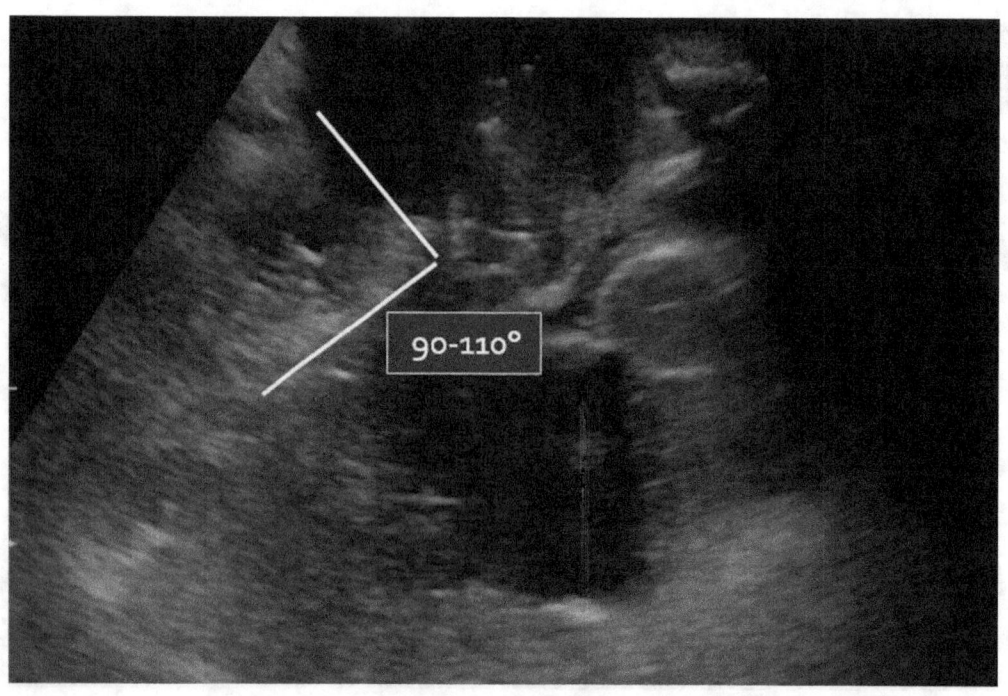

90-110°

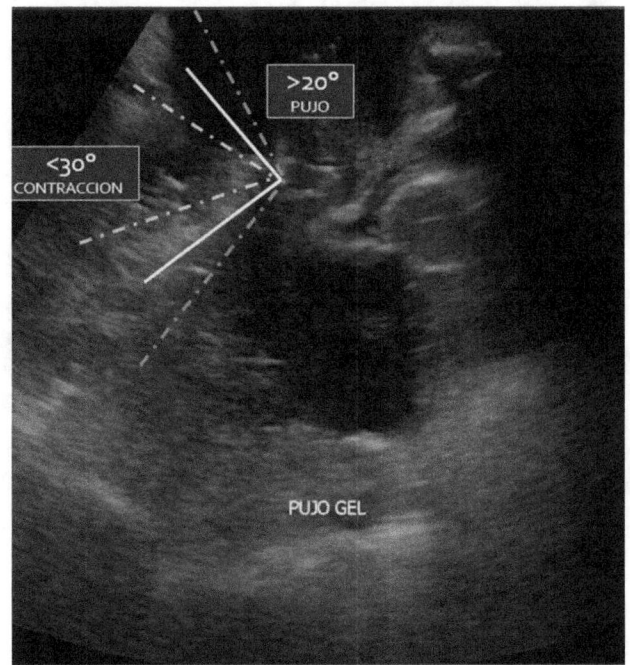

>20°
PUJO

<30°
CONTRACCION

PUJO GEL

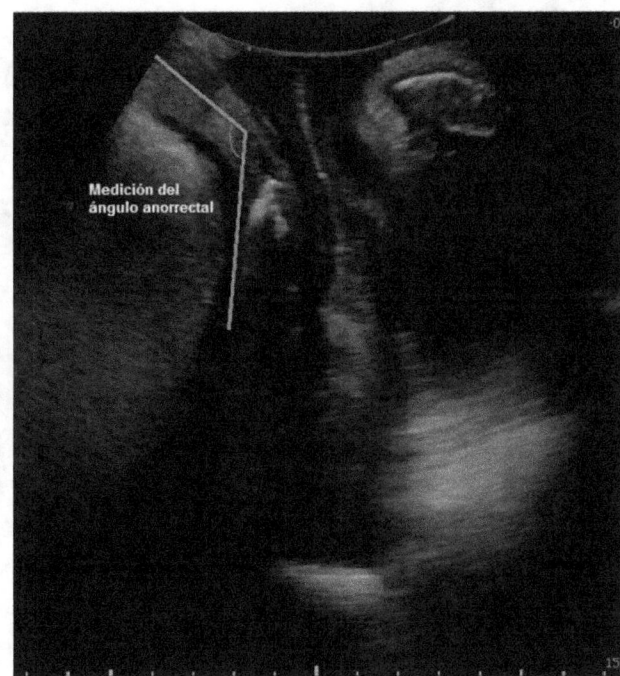

Medición del
ángulo anorrectal

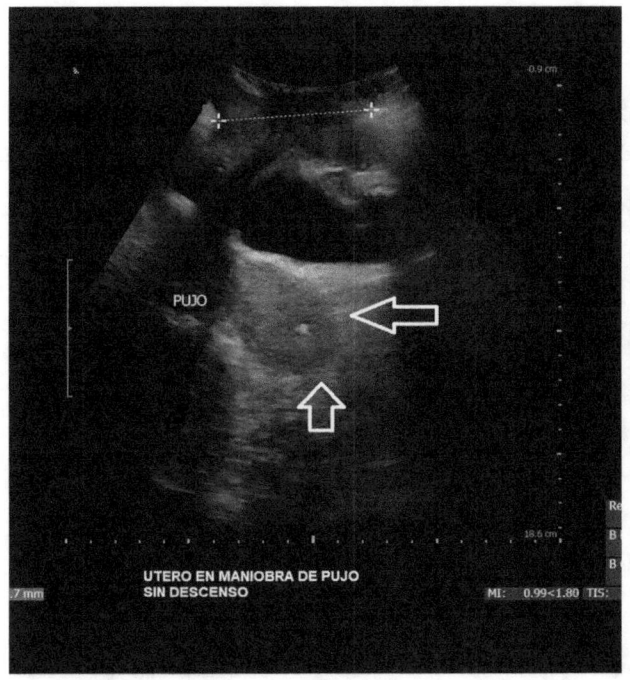

PUJO

UTERO EN MANIOBRA DE PUJO
SIN DESCENSO

MI: 0.99<1.80 TIS:

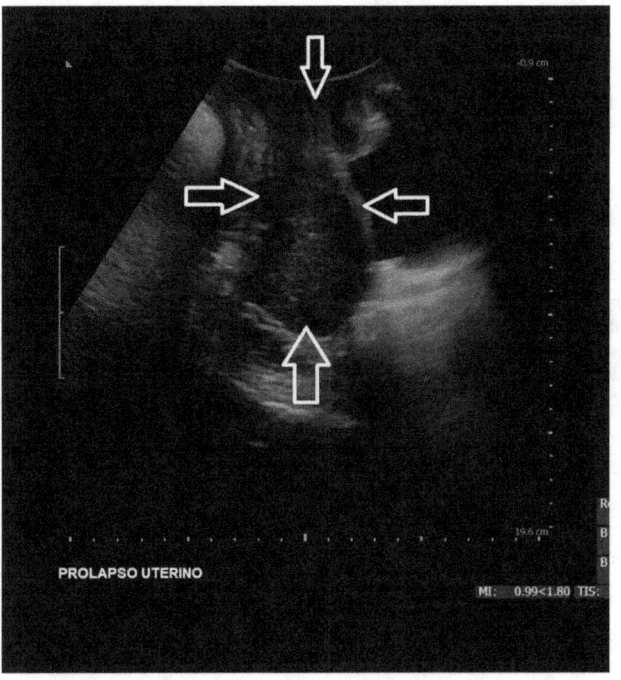

PROLAPSO UTERINO

MI: 0.99<1.80 TIS:

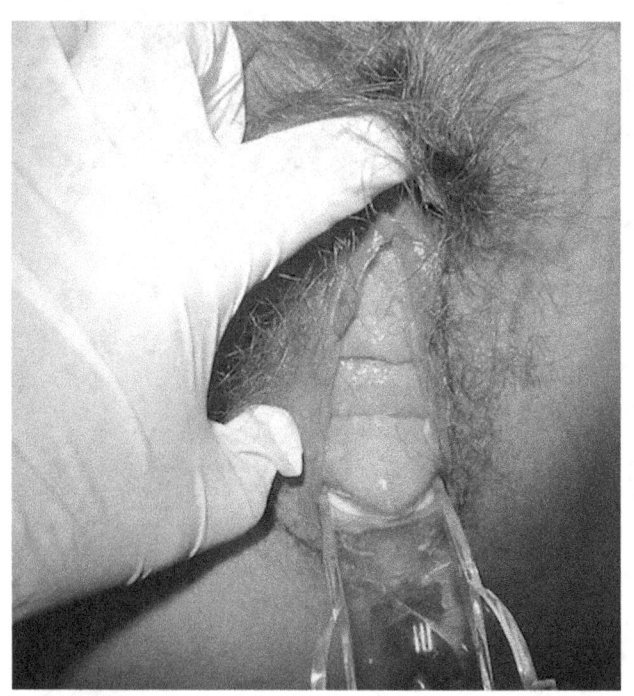
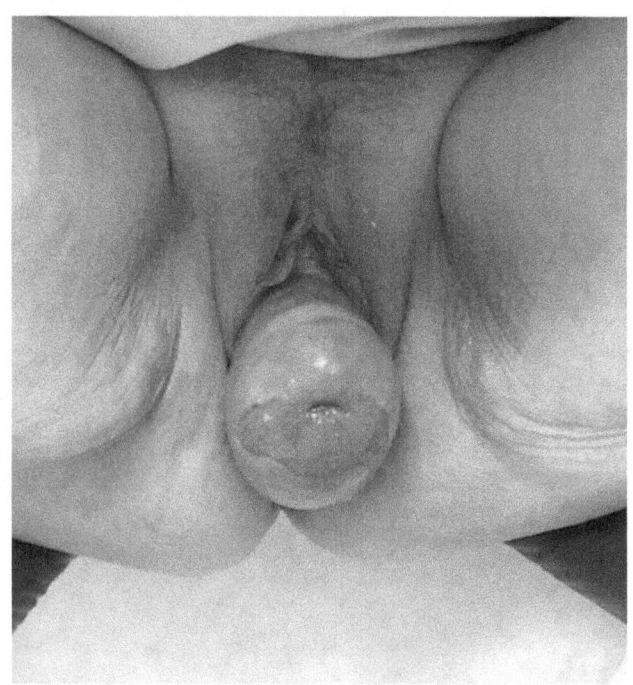
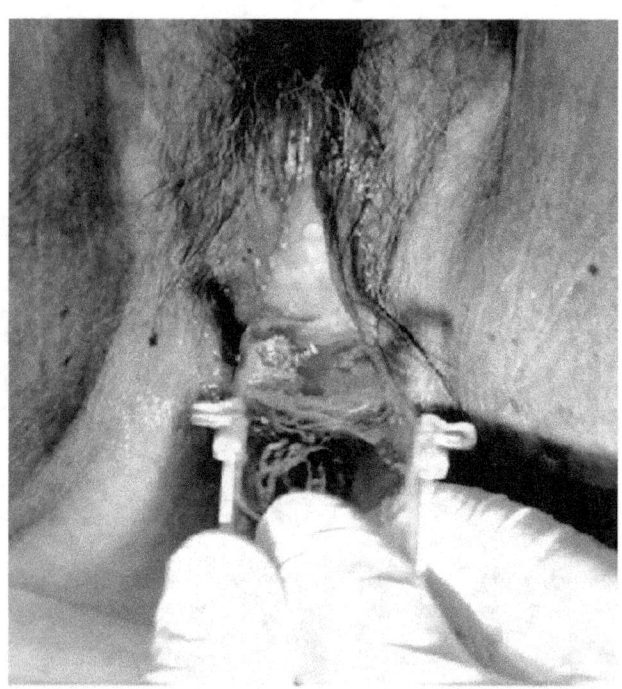
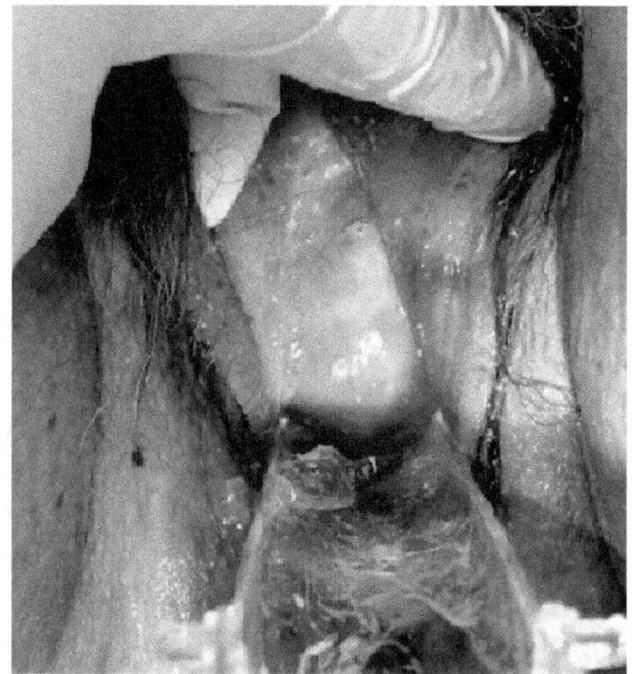

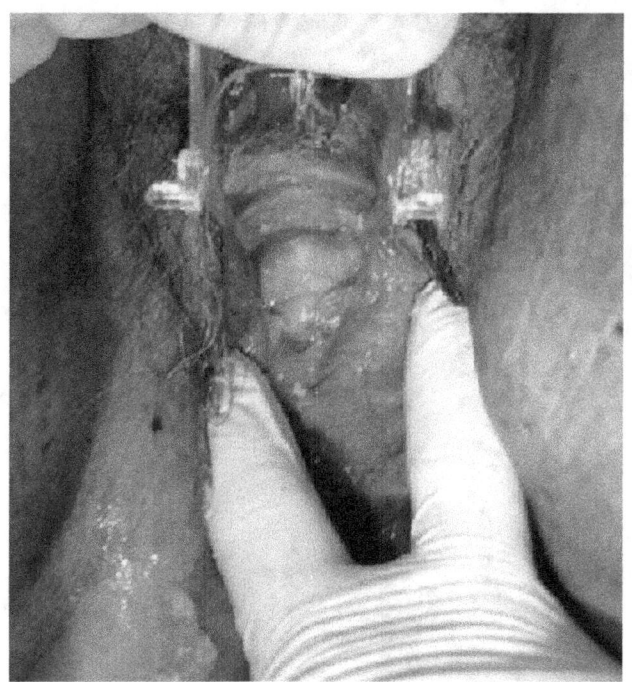
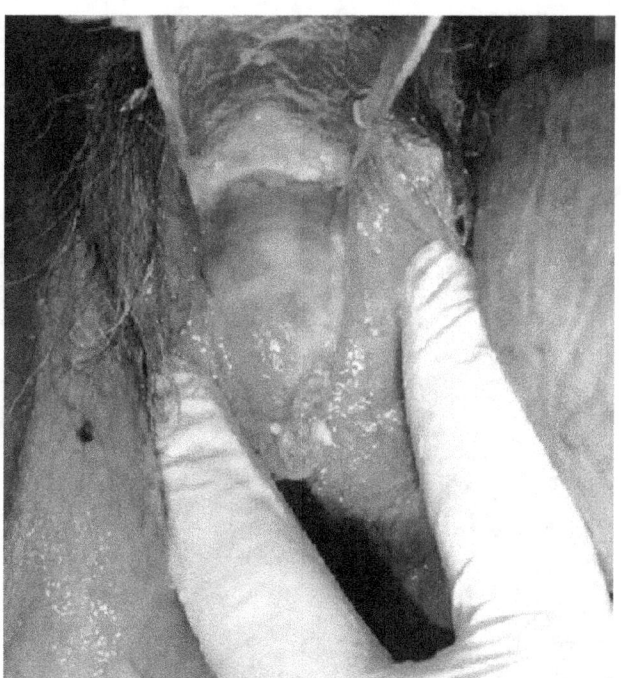
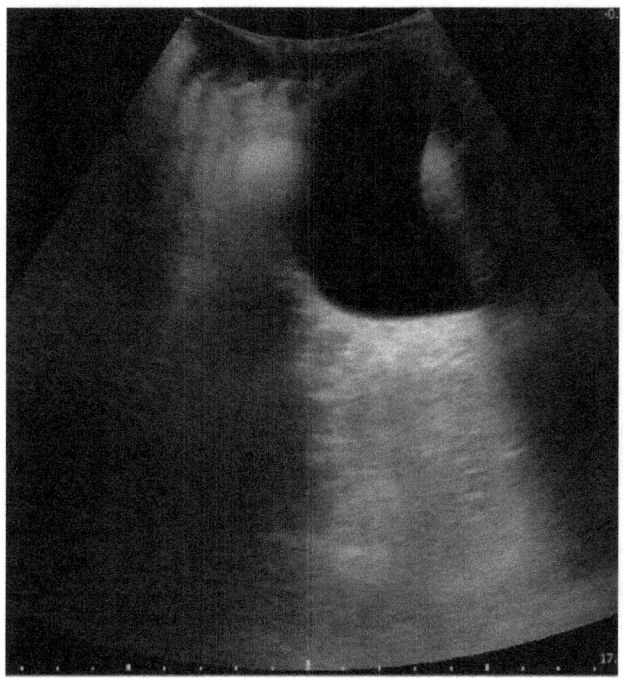
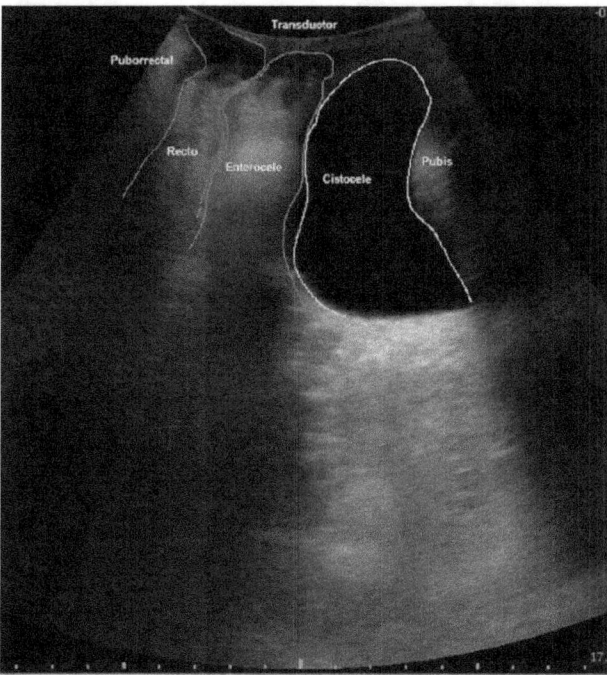

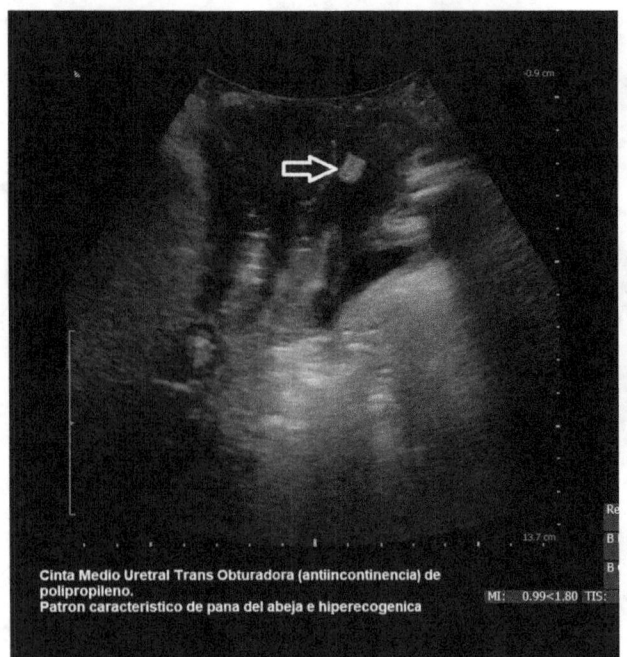

Cinta Medio Uretral Trans Obturadora (antiincontinencia) de polipropileno.
Patron caracteristico de pana del abeja e hiperecogenica

MI: 0.99<1.80 TIS:

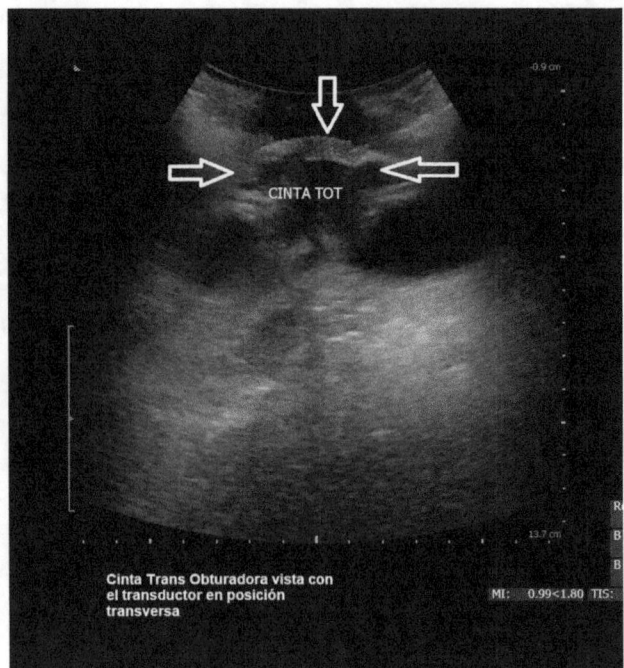

CINTA TOT

Cinta Trans Obturadora vista con el transductor en posición transversa

MI: 0.99<1.80 TIS:

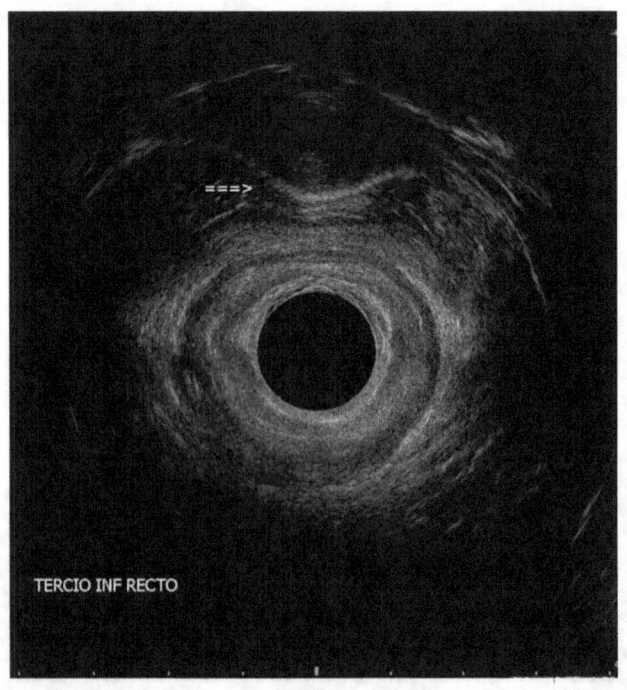

TERCIO INF RECTO

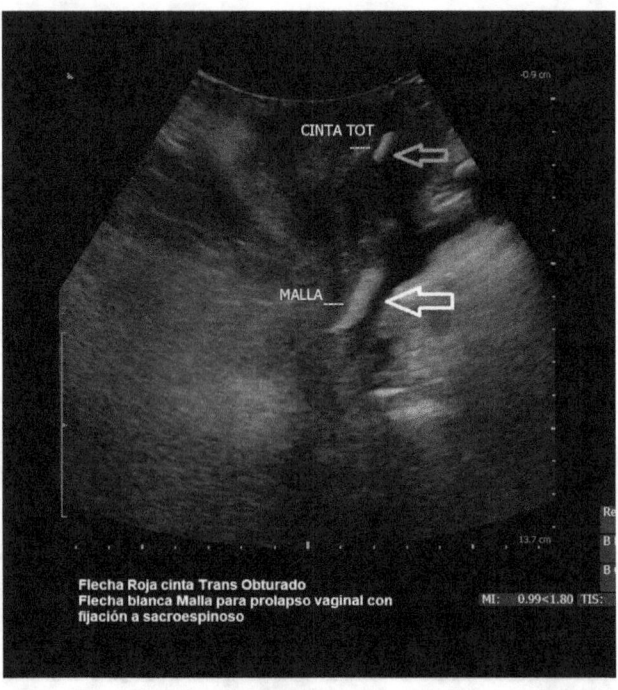

CINTA TOT

MALLA

Flecha Roja cinta Trans Obturado
Flecha blanca Malla para prolapso vaginal con fijación a sacroespinoso

MI: 0.99<1.80 TIS:

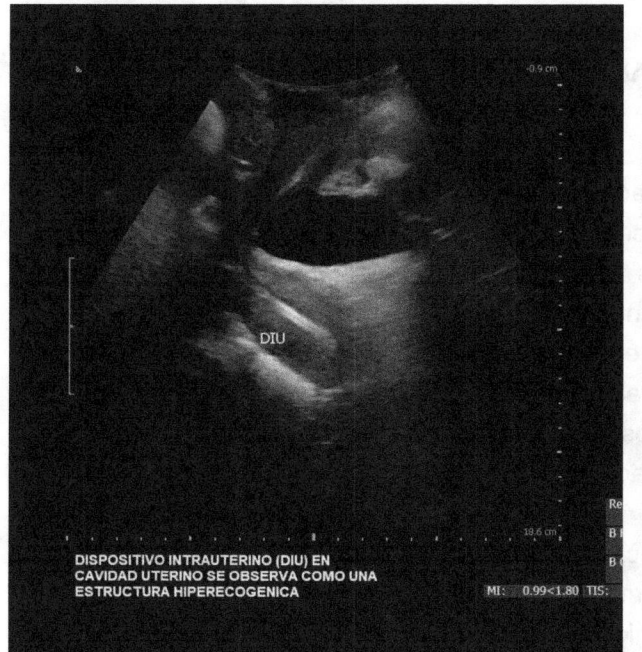

-0.9 cm

DIU

19.6 cm

MI: 0.99<1.80 TIS:

DISPOSITIVO INTRAUTERINO (DIU) EN CAVIDAD UTERINO SE OBSERVA COMO UNA ESTRUCTURA HIPERECOGENICA

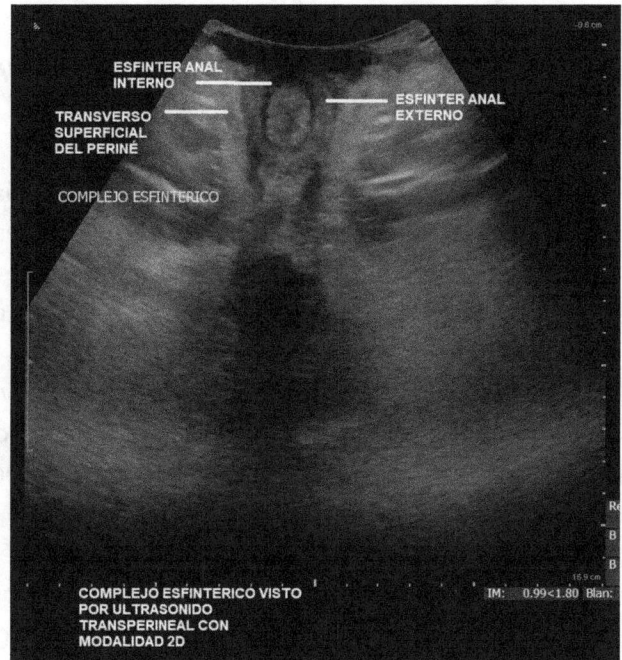

-0.8 cm

ESFINTER ANAL INTERNO

TRANSVERSO SUPERFICIAL DEL PERINÉ

ESFINTER ANAL EXTERNO

COMPLEJO ESFINTERICO

15.9 cm

IM: 0.99<1.80 Blan:

COMPLEJO ESFINTÉRICO VISTO POR ULTRASONIDO TRANSPERINEAL CON MODALIDAD 2D

11. ULTRASONIDO ENDOVAGINAL PARA LA EVALUACIÓN DEL PISO PÉLVICO

Irene Mazariegos, Karla Gutiérrez, Ana Martínez

Debido a la complejidad de la evaluación adecuada del piso pélvico, los estudios de imagen son necesarios para la valoración integral y el ultrasonido transvaginal o endovaginal (UEV) permite complementar las imágenes obtenidas por otras técnicas. Permite confirmar en tiempo real los hallazgos anatómicos del examen físico y es una opción de bajo costo. Una desventaja es la introducción endocavitaria del transductor, el cual es molesto en algunas pacientes con atrofia de la mucosa vaginal. El estudio permite visualizar y evaluar la anatomía y función del piso pélvico. Tiene una curva de aprendizaje que requiere pocos casos, muy similar a la valoración clínica, y permite un diagnóstico más objetivo y reproducible que la palpación.

El UEV ha sido utilizado desde hace varias décadas para la visualización de las estructuras y enfermedades ginecológicas, posteriormente se comenzó a utilizar para la evaluación de los músculos pélvicos y seguimiento de cirugías de la región donde se utilizaron dispositivos y mallas. Recientemente inicia su utilización en incontinencia fecal, incontinencia urinaria, posterior a trauma obstétrico e incluso en la evaluación del esfínter anal.

En nuestra unidad utilizamos para realizar el UEV dos transductores:
1) BK Medical 2052 de 360°. Cuenta con dos cristales rotatorios con un sistema automático motorizado que permite obtener 300 imágenes axiales en 60 segundos cubriendo una distancia de 6 cm. Esta información se utiliza agrupándola para obtener un volumen 3D que se muestra en forma de cubo.
2) BK Medical 8848 endocavitario es el más utilizado y el cual creemos que obtiene las mejores imágenes para este estudio. Es un transductor biplano convexo para visualización transversa y lineal, sagital, con un rango de frecuencia 4-12 MHz, rango focal de 3-60 mm. Tiene función Doppler y un campo de visión de 180° transverso, "color flow mapping" e imágenes armónicas de tejido (permiten mayor penetración sin pérdida de detalle). Las imágenes obtenidas son en 2D sin embargo permite generar imágenes 3D sin embargo su obtención es de tipo "manual". Este tiene en la superficie dos hendiduras (biplano) para dos tipos de visualizaciones: una hendidura lineal y una transversa. La hendidura lineal presenta mayor superficie de contacto y orientación en el plano longitudinal de la imagen en 90°.

Previa explicación del procedimiento se coloca a la paciente preferentemente en posición de litotomía, en caso de restricción de la movilidad del paciente se puede colocar en posición de Sims. No se requiere de preparación especial, a excepción de una vejiga urinaria parcialmente llena.
Se recubre el extremo distal del transductor con un preservativo al cual previamente se le ha colocado gel ultrasonográfico en su interior y se introduce el transductor en la vagina (en el caso de ultrasonido del introito se coloca a nivel de este sin llegar a introducir el transductor), se debe tratar de colocarlo en una posición neutral, debido a que si se ejerce presión, ésta puede distorsionar la anatomía.

Dependiendo del compartimento a evaluar puede o no colocarse gel ultrasonográfico (60 mililitros) a través del ano para valorar la dinámica del vaciamiento rectal. Las imágenes tridimensionales se obtienen con el transductor rotatorio de 360° y para las imágenes en 2D se utiliza el transductor biplano el cual debe rotarse desde la posición lateral izquierda a lateral derecha en sentido de las manecillas del reloj para visualizar el compartimento anterior y a la inversa para el compartimento posterior tomando como referencia la hendidura transversa. La ventaja del transductor de 360° es que se pueden realizar cortes del cubo 3D en plano axial, sagital, transverso u oblicuo, que pueden analizarse posterior al examen.

En cuanto a la valoración funcional debe utilizarse la maniobra de Valsalva y la contracción de los músculos pélvicos. En la maniobra de Valsalva se observa la presencia de prolapso de órganos pélvicos, permite simular la defecación y la evaluación de disinergia defecatoria. En la contracción se puede observar la anatomía de la musculatura del piso pélvico y su función.

La valoración en 2D puede ser anterior y posterior además de dinámica. En la valoración del compartimento posterior se debe valorar la dinámica en pujo, contracción, tos, realizando la medición de la distancia del transductor al elevador en reposo y en máxima contracción. En la valoración 3D se deberá observar la integridad de los músculos, debido a que con el volumen 3D se puede detectar las subdivisiones y defectos musculares. También se deberá medir el ángulo de descenso del elevador.

Para iniciar el estudio, debemos una imagen por arriba del cuello de la vejiga y debe terminar por debajo del meato uretral.

Se puede dividir en4 niveles:
Nivel I: Es el punto más proximal o alto en donde se puede observar la base de la vejiga en la porción anterior y en la porción posterior el tercio inferior del recto.
Nivel II: Formado por la región intramural de la uretra y la unión anorrectal, corresponde al cuello de la vejiga.
Nivel III: Es la uretra media y el tercio superior del conducto anal, se debe medir las dimensiones del hiato del elevador, el diámetro anteroposterior y laterolateral, así como el área.
Nivel IV: El nivel más distal o bajo y es donde se pueden observar los músculos bulboesponjosos, isquio-cavernosos, y transverso perineal superficial. Además, a este nivel podemos evaluar el cuerpo perineal, la uretra distal y los tercios medio e inferior del conducto anal.

En la valoración del compartimento anterior, las estructuras más importantes a evaluar son el cuello de la vejiga y la uretra. Se obtienen las medidas de la longitud y grosor de la uretra desde el cuello hasta el meato, la distancia desde el cuello de la vejiga hacia el margen inferior de la sínfisis del pubis, la longitud y grosor del esfínter y la distancia hacia el cuello de la vejiga.

En la valoración del compartimento lateral se deben evaluar los músculos del piso pélvico que conforman el elevador del ano (puborrectal, pubococcígeo, e ileococcígeo) y sus inserciones.

Durante la valoración del compartimento posterior, se deben obtener las imágenes en el plano axial, sagital, y coronal. Se debe medir el grosor del esfínter anal interno y externo, en el plano coronal en la posición lateral derecha e izquierda además de valorar el cuerpo perineal.

Lecturas recomendadas

1. Santoro, G.A. and Sultan, A.H., March. Pelvic floor anatomy and imaging. In *Seminars in Colon and Rectal Surgery* 2016; 27(1):5-14. DOI: 10.1053/j.scrs.2015.12.003.

2. Wu, Y., Hikspoors, J.P., Mommen, G., Dabhoiwala, N.F., Hu, X., Tan, L.W. Interactive three-dimensional teaching models of the female and male pelvic floor. *Clinical Anatomy* 2019. In press: https://onlinelibrary.wiley.com/doi/full/10.1002/ca.23508.

3. Flusberg, M., Kobi, M., Bahrami, S., Glanc, P., Palmer, S., Chernyak, V. Multimodality imaging of pelvic floor anatomy. *Abdominal Radiology 2019:*1-10. https://doi.org/10.1007/s00261-019-02235-5.

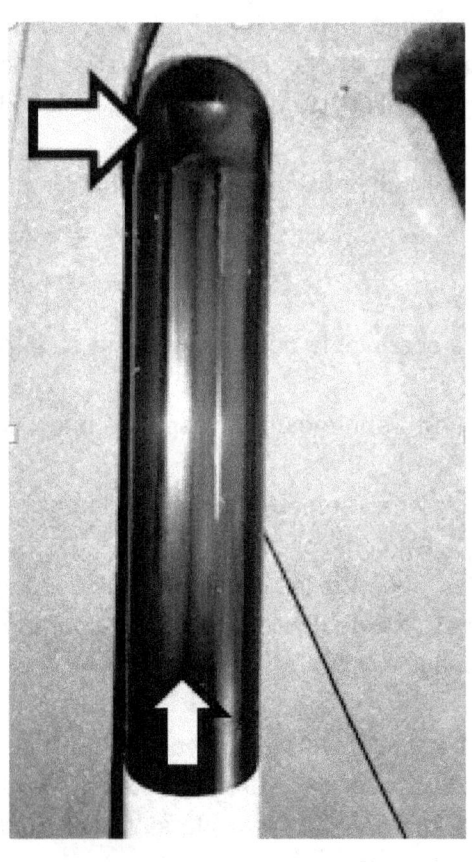
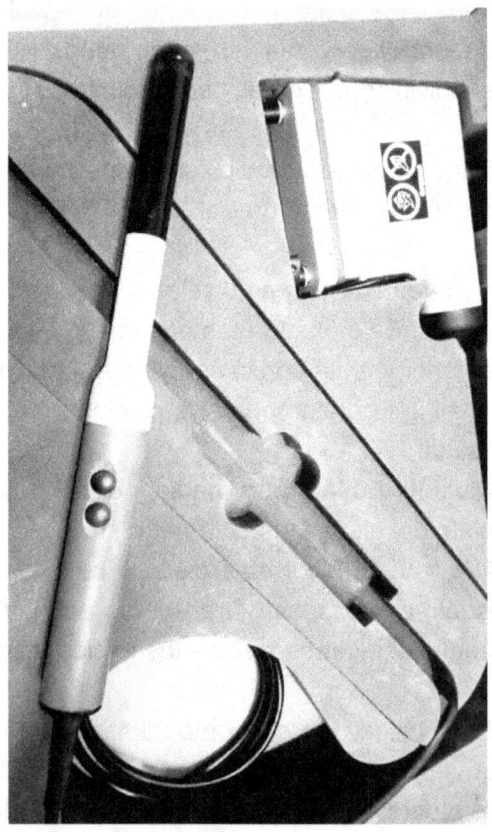

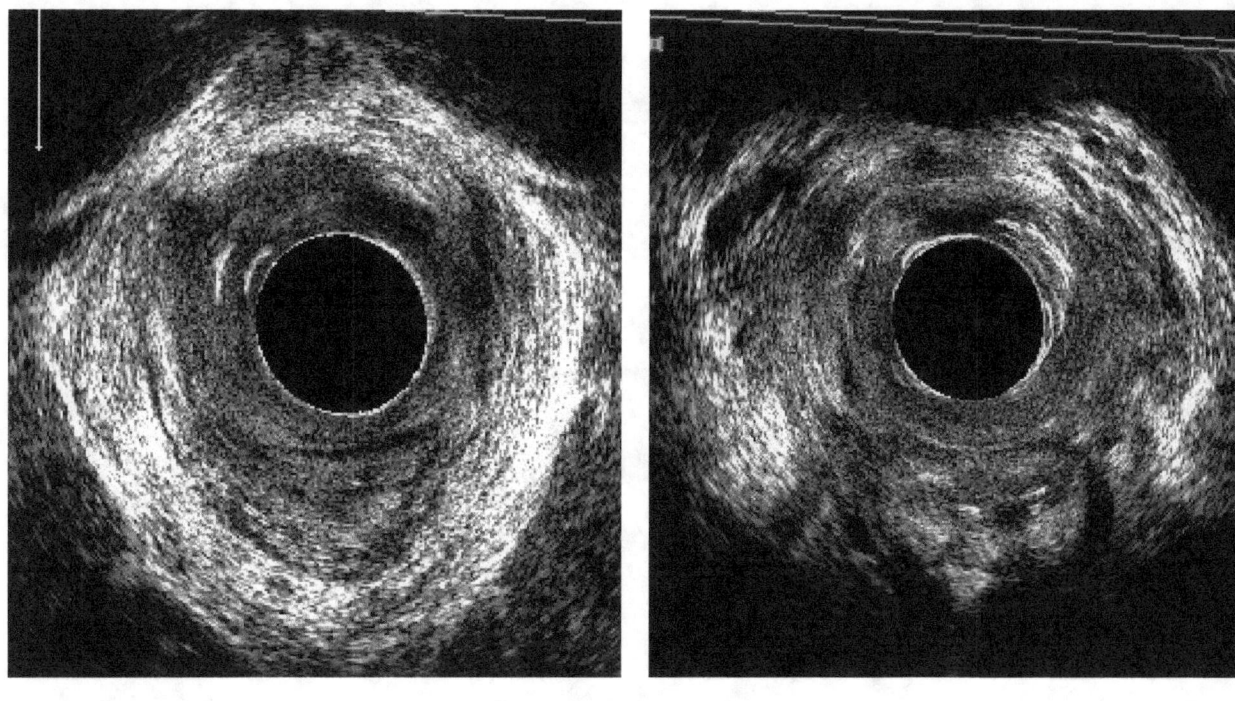

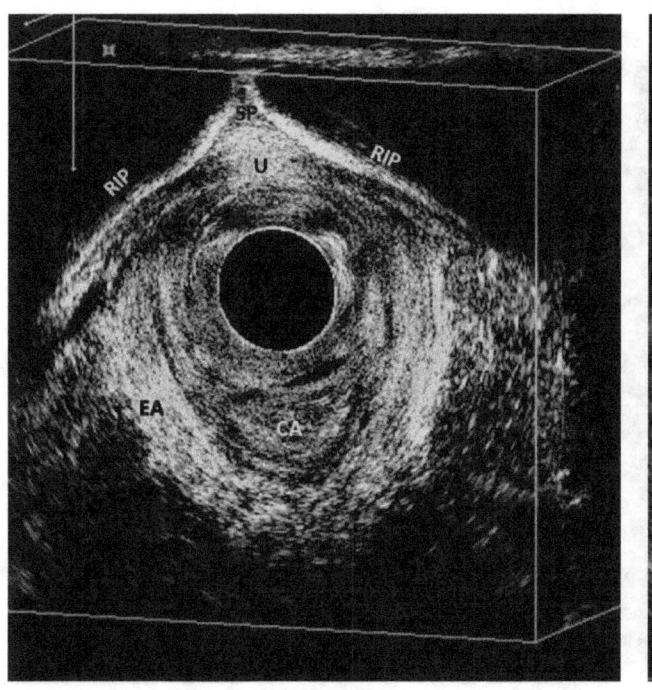

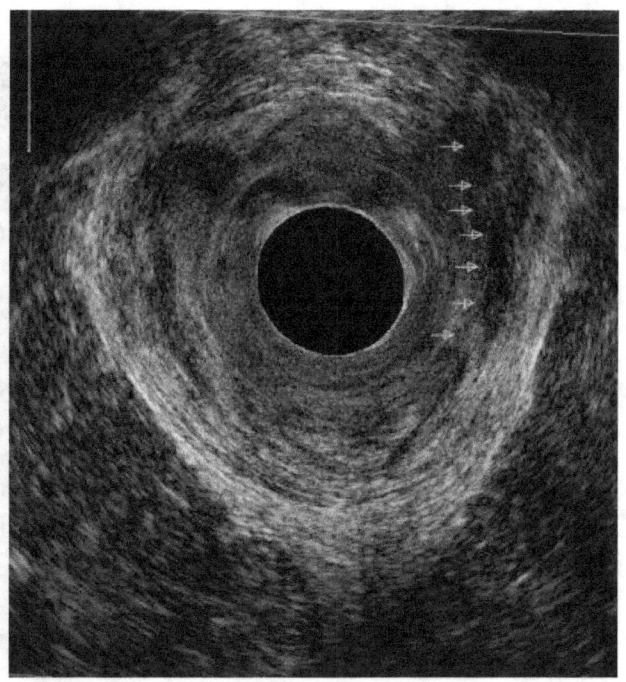

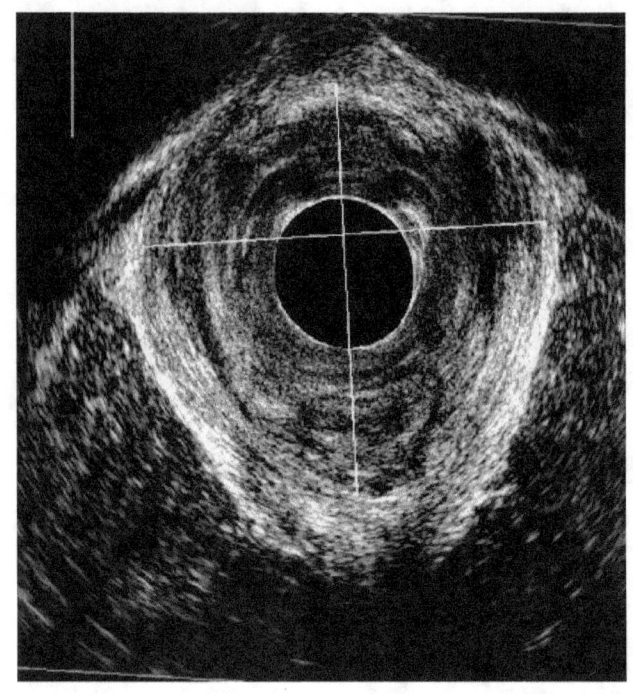

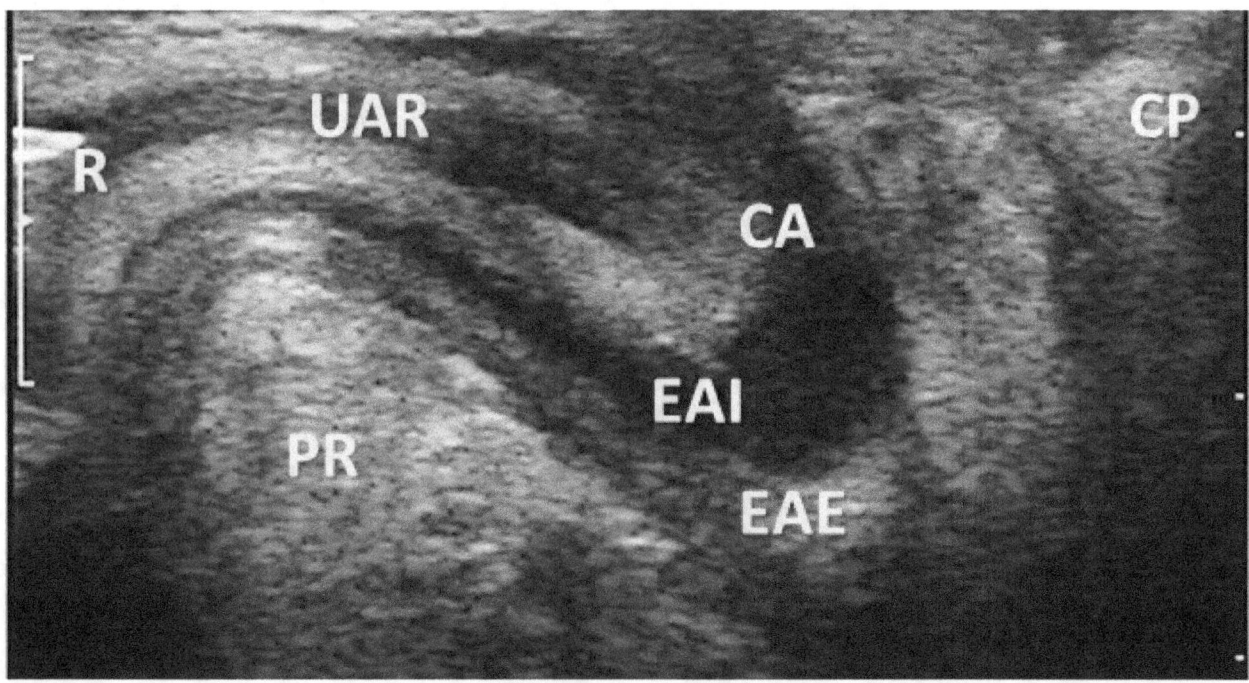

ANOTACIONES

12. ESCALAS Y PUNTAJES DE CLASIFICACIÓN Y CUANTIFICACIÓN UTILIZADOS EN FISIOLOGÍA ANORRECTAL.

Selene Montoya, Mabel Recalde, Alan Garza, Juan A Villanueva

La utilización de escalas y clasificaciones para medir diferentes parámetros en todas las áreas de la medicina permite establecer de manera objetiva los hallazgos. En el caso del ultrasonido, al ser la interpretación del estudio operador dependiente, las escalas sobre todo valoran la gravedad de un hallazgo. Por otra parte, es frecuente que al analizar la literatura publicada sobre ultrasonido endoanal y aplicado a la coloproctología, se mencionen diferentes clasificaciones para describir la población en la cual se realizó el estudio. Estas clasificaciones, muchas veces no utilizaos de manera rutinaria, por lo cual los elementos que la componen y la forma de sacar los puntajes son someramente conocidos. Estas clasificaciones y puntajes permiten obtener información sobre la gravedad y distribución de los hallazgos de los pacientes evaluados y guiar y delinear las intervenciones terapéuticas, indispensables para valoraciones confiables y válidas.

El objetivo del presente capítulo es hacer un compendio de las escalas y puntajes más utilizados en nuestra Unidad de Fisiología Anorrectal, y las cuales coinciden con las más utilizadas en los artículos del área.

Incontinencia Fecal

Para muchos pacientes la incontinencia fecal (IF) es una enfermedad devastadora que puede llevar al aislamiento social con una gran carga tanto emocional como económica. Su prevalencia se subestima debido a que la gran mayoría de los pacientes no acuden a solicitar atención médica por pudor o desconocimiento del problema. Existen múltiples escalas de puntuación que clasifican la gravedad de la incontinencia fecal. La severidad se puede referir al número o características de las perdidas y pueden ser medidas utilizando escalas nominales, que son menos utilizadas, o por escalas ordinales, las cuales asignan un valor numérico a la incontinencia fecal. Entre las mas utilizadas en nuestro centro se encuentran la escala de IF de la Cleveland Clinic (CCFI) o más comúnmente referida como de Jorge-Wexner. (Figura 1) La CCFI ha sido aceptada de manera general y es utilizada en la gran mayoría de los centros especializados. Sin embargo, una de sus desventajas es que asigna el mismo valor para el escape de materia fecal tanto sólida, líquida o gases, para el uso de protectores. Lo anterior se conoce como no ponderación, lo cual mantiene el sesgo de manera considerable la percepción personal de cada paciente ante su problema y se el sesgo de la higiene personal. Existen pacientes que utilizan protectores por padecer incontinencia dual (urinaria y fecal) y sus pérdidas son principalmente urinarias. El score de CCFI no toma en cuenta la urgencia fecal ni la ingesta de medicamentos antidiarreicos.

Score de Jorge Wexner para Incontinencia Fecal

	Nunca	Raramente	Algunas veces	Semanalmente	Diario
Incontinencia a sólidos	0	1	2	3	4
Incontiencia a líquidos	0	1	2	3	4
Incontinencia a gases	0	1	2	3	4
Alteración de calidad de vida	0	1	2	3	4
Uso de protector o pañal	0	1	2	3	4

- Nunca: no pérdidas en las últimas 4 semanas.
- Raramente: 1 episodio en las últimas 4 semanas.
- Algunas veces: >1 episodio en las últimas 4 semanas pero <1 episodio por semana.
- Semanalmente: 1 o más veces por semana pero <1 vez al día.
- Siempre: 1 o más episodios por día.

Escala de Vaizey

Desarrollada por el equipo del Hospital St.Mark´s, incluye la urgencia fecal y la ingesta de antidiarréicos, además de que asigna un menor valor al uso de protectores. (Figura 2)

Score de Vaizey para Incontinencia Fecal

	Nunca	Raramente	Algunas veces	Semanalmente	Diario
Incontinencia a solidos	0	1	2	3	4
Incontiencia a líquidos	0	1	2	3	4
Incontinencia a gases	0	1	2	3	4
Alteración de calidad de vida	0	1	2	3	4
			No	Si	
Usa protector o pañal			0	2	
Toma loperamida			0	2	
Puede diferir deseo 15 min.			0	4	

- Nunca: no pérdidas en las últimas 4 semanas.
- Raramente: 1 episodio en las últimas 4 semanas.
- Algunas veces: >1 episodio en las últimas 4 semanas pero <1 episodio por semana.
- Semanalmente: 1 o más veces por semana pero <1 vez al día.
- Siempre: 1 o más episodios por día.

Clasificación de Sultán

Con el objetivo de estandarizar la clasificación del trauma perineal, Sultán y cols. describieron esta escala, la cual ha sido aceptada internacionalmente. Es imperativo conocerla, ya que es parte del lenguaje de todo profesional involucrado en la atención de problemas del piso pélvico. (Figura 3)

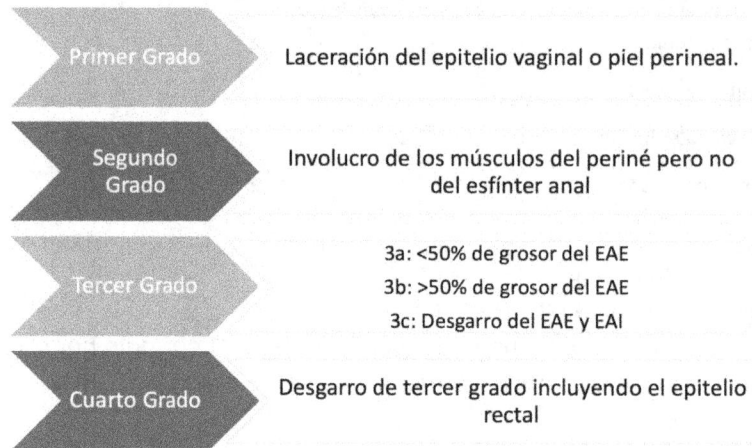

Clasificación clínica de Sultán para desgarros obstétricos

Primer Grado	Laceración del epitelio vaginal o piel perineal.
Segundo Grado	Involucro de los músculos del periné pero no del esfínter anal
Tercer Grado	3a: <50% de grosor del EAE 3b: >50% de grosor del EAE 3c: Desgarro del EAE y EAI
Cuarto Grado	Desgarro de tercer grado incluyendo el epitelio rectal

- Con el objetivo de estandarizar la clasificación del trauma perineal, Sultan y cols. describieron esta escala, la cual ha sido aceptada internacionalmente.

Clasificación ultrasonográfica de lesiones esfintéricas

1) Starck

Existen diferentes escalas para valorar la gravedad de las disrupciones o lesiones esfintéricas, siendo una de las más utilizadas la clasificación de Starck, la cual consiste en asignar una puntuación del 0 al 3 evaluando cada uno de los tres ejes del espacio y cada uno de los esfínteres, siendo el valor mínimo 0 y máximo 16. (Figura 4)

Clasificación Ultrasonográfica de Starck para lesiones esfintéricas

CARACTERÍSTICAS DEL DEFECTO	PUNTUACIÓN			
	0	1	2	3
ESFÍNTER ANAL EXTERNO				
• Longitud del defecto del canal anal	Ninguna	Mitad o menos	Más de la mitad	Toda
• Profundidad de la lesion	Ninguna	Parcial	Total	-----
• Tamaño de la lesión en grados de la circunferencia	Ninguna	<90º	91-180º	>180º
ESFÍNTER ANAL INTERNO				
• Longitud del defecto del canal anal	Ninguna	Mitad o menos	Más de la mitad	Toda
• Profundidad de la lesion	Ninguna	Parcial	Total	-----
• Tamaño de la lesion en grados de la circunferencia	Ninguna	<90º	91-180º	>180º

2) Norderval

Otra escala para la valoración ultrasonográfica de las lesiones esfintéricas es la de Norderval, la cual incluye un sistema numerativo continuo y solo incluye lesiones totales del EAI, a diferencia de la clasificación de Starck que incluye desgarros parciales. En el estudio publicado por Norderval y cols. en el 2008 describen una fuerte correlación entre las dos escalas, argumentando que la medición de desgarros parciales del EAI tanto clínica como por ultrasonido, es imprecisa debido a las distancias mínimas milimétricas que representan con limitaciones en los softwares de los equipos de ultrasonido para medir con exactitud, concluyendo que su escala, además de simple, es equivalente y puede usarse al igual que la escala de Starck. (Figura 5)

Clasificación Ultrasonográfica de Norderval para lesiones esfintéricas

CARACTERÍSTICAS DEL DEFECTO	PUNTUACIÓN			
	0	1	2	3
ESFÍNTER ANAL EXTERNO				
• Longitud del defecto del canal anal	$\leq$50%	>50%	----	----
• Profundidad de la lesion	Sin defecto	Parcial ($\geq$50%)	Total y $\leq$90º extension radial	Total y >90º extension radial
ESFÍNTER ANAL INTERNO				
• Longitud del defecto del canal anal	$\leq$50%	>50%	----	----
• Profundidad de la lesion	Sin defecto	Total y $\leq$90º extension radial	Total y >90º extension radial	----

Estreñimiento

El estreñimiento es una disfunción de la motilidad y/o del proceso de la defecación, referida por el paciente como evacuación difícil, insatisfactoria o infrecuente, con una prevalencia entre 3 y 27% de la población general, la cual aumenta con la edad. Son definidos generalmente por los criterios Roma IV. (Figura 6)

Criterios Roma IV	1.- Esfuerzo evacuatorio
	2.- Evacuaciones duras
	3.- Sensación de evacuación incompleta
	4.- Sensación de obstrucción anorrectal
	5.- Digitación
	6.- <3 evacuaciones espontáneas por semana.

- Un paciente se categoriza como padecer de constipación cuando presenta ≥2 de los síntomas mencionados durante ≥25% de sus evacuaciones.

1) Cuestionario de Kess

El cuestionario nos orienta hacia la posible etiología del estreñimiento: inercia colónica, defecación obstruida o mixta. El cuestionario es una sistematización y ponderación de las preguntas que un coloproctólogo hace rutinariamente en la consulta a los pacientes con estreñimiento. Este puntaje incluye síntomas de piso pélvico y escalas de exploración física enfocadas a este rubor (POP-Q). Nos ayuda decidir cuál es el estudio más adecuado para el siguiente paso del protocolo diagnóstico. (Figura 6)

CUESTIONARIO DE KESS PARA ESTREÑIMIENTO

1. DURACION DE LA CONSTIPACION

a.	0 a 18 meses	0
b.	18 meses a 5 años	1
c.	5 a 10 años	2
d.	10 a 20 años	3
e.	>20 años	4

2. USO DE LAXANTES

a.	ninguno	0
b.	PRN o por corta duración	1
c.	Regularmente, larga duración	2
d.	Larga duración, inefectivos.	3

3. NUMERO DE EVACIONES (CON USO DE TERAPIA)

a.	1 a 2 veces/1-2 días	0
b.	Menos de 2 veces por semana	1
c.	Menos de una vez por semana	2
d.	Menos de una vez por 2 semanas	3

4. INTENTOS FALLIDOS EVACUATORIOS

a.	Nunca	0
b.	Raramente	1
c.	Ocasional	2
d.	Frecuentemente	3
e.	Siempre	4

5. SENSACIÓN INCOMPLETA DE EVACUACION

f.	Nunca/raramente	0
g.	Ocasionalmente	1
h.	Frecuentemente	2
i.	Siempre, evacuación manual	3

6. DOLOR ABDOMINAL.

a.	Nunca	0
b.	Raramente	1
c.	Ocasional	2
d.	Frecuentemente	3
e.	Siempre	4

7. DISTENSIÓN ABDOMINAL

a.	Nunca	0
b.	Percepción por paciente	1
c.	Visible por otros	2
d.	Severo, causando náuseas y saciedad	3
e.	Severo con vómitos.	4

8. ENEMAS/ DIGITALIZACIÓN

f.	Nunca	0
g.	Enema/supositorios ocasionalmente	1
h.	Enema/ supositorios regularmente	2
i.	Apoyo manual ocasionalmente	3
j.	Apoyo manual siempre	4

9. TIEMPO PARA EVACUAR

a.	<5 minutos	0
b.	5 a 10 minutos	1
c.	10 a 30 minutos	2
d.	> a 30 minutos	3

10. DIFICULTAD PARA LA EVACUACIÓN

a.	Nunca	0
b.	Raramente	1
c.	Ocasional	2
d.	Frecuentemente	3
e.	Siempre	4

11. CONSISTENCIA DE LA EVACUACION

a.	Normal.	0
b.	Ocasionalmente difícil	1
c.	Siempre difícil	2
d.	Siempre difícil, bolitas	3

Calidad de vida

a.- buena
b.- Regular
c.- Mala.

Raramente= <25% del tiempo
Ocasionalmente= 25-50% del tiempo
Frecuentemente= >50% del tiempo

Evaluación del piso pélvico

1) POP-Q

El prolapso de órganos pélvicos es el descenso de ≥ 1 de los componentes del compartimiento anterior, medio o posterior, que puede ocurrir con o sin prolapso rectal concomitante. Para su clasificación y cuantificación, se utiliza el sistema POP-Q, la cual describe la relación de la pared anterior y posterior de la vagina, el cérvix y el útero, con los remanentes del himen. (Figura 7)

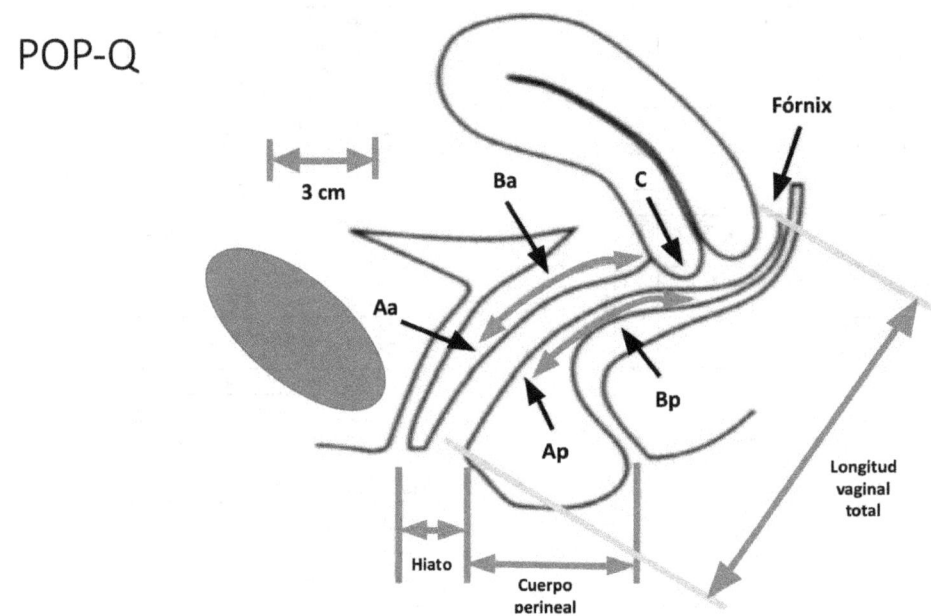

La distancia de cada estructura es medida en centímetros y se le otorga un valor negativo cuando el órgano es profundo o superior al himen, y positivo cuando es superficial o inferior al himen. (Figura 8) Es una escala que debe de formar parte del arsenal diagnóstico de todo profesional involucrado en la valoración del piso pélvico, incluyendo al coloproctólogo. Tomando en cuenta los síntomas referidos por el paciente en conjunto con la exploración POP-Q y los cuestionarios de estreñimiento, podemos realizar una búsqueda intencionada de patología estructural o funcional. En nuestra Unidad de Fisiología Anorrectal, utilizamos los siguientes parámetros de síntomas de piso pélvico para conformar el diagnóstico de cada paciente.

POP-Q

Grados de la escala de Prolapso de Órganos Pélvicos (POP-Q)	
Estadiaje	Descripción
Grado 0	Sin prolapse visible demonstrable.
Grado 1	La porción más distal del órgano que prolapse se encuentra >1cm por arriba del himen.
Grado 2	La porción más distal del órgano que prolapse se encuentra <1cm por arriba del himen y <1cm por debajo del himen.
Grado 3	La porción más distal del órgano que prolapse se encuentra >1cm por debajo del himen pero <2cm.
Grado 4	Existe un prolapso >2cm por debajo del himen o eversión completa de órgano.

Las siguientes 3 escalas sirven para valorar las hernias perineales, comúnmente ocupadas por intestino delgado, por lo cual se nombran comúnmente como enteroceles. (Figura 9 a 11)

Enterocele	Descripción
Grado I	La porción más distal desciende dentro del 1/3 superior de la vagina.
Grado II	La porción más distal desciende dentro del 1/3 medio de la vagina.
Grado III	La porción más dista desciende dentro del 1/3 inferior de la vagina.

Clasificación descrita por Steensma, medida por ultrasonido transperineal/translabial.

Enterocele	Descripción
Grado I	Desciende por arriba de la línea pubococcígea.
Grado II	Desciende por debajo de la línea pubococcígea perc se mantiene por arriba de la línea isquiococcígea.
Grado III	Desciende por debajo de la línea isquioccocígea.

Clasificación Enterocele por DefecoRMN

Enterocele	Descripción
Pequeño	< 3 cm
Moderado	3 – 6 cm
Grande	> 6 cm

- Alternativamente, las hernias del peritoneo y su contenido (enterocele, peritoneocele, sigmoidocele) pueden clasificarse en pequeñas, moderdas y grandes, dependiendo de la distancia entre su punto más bajo y la línea pubococcígea.

En la valoración de los rectoceles por ultrasonido utilizamos la escala de Steensma. Por otra parte, pacientes con dolor, que llegan frecuentemente referidos para ultrasonido endoanal, cuando el médico tratante se ha quedado sobrepasado por los síntomas del paciente, la neuralgia de nervios pudendos es un hallazgo. Los criterios de Nantes buscan establecer un diagnóstico clínico para neuralgia de nervios pudendos. (Figuras 12 y 13)

Criterios de Nantes.

Criterios esenciales.
Dolor en el territorio del nervio pudendo: de alno al pene o clítoris.
Dolor se presenta generalmente cuando el paciente está sentado.
El dolor no despierta al paciente por la noche.
El dolor no genera alteraciones de la sensibilidad.
El dolor mejora con el bloqueo de nervio pudendo.

Criterios complementarios.
El dolor se presenta tipo ardoroso, punzante, entumecimiento.
Alodinia e Hiperpatía.
Sensación de cuerpo extraño en recto o vagina.
El dolor empeora durante el día.
El dolor es predominantemente unilateral.
El dolor puede desencadenarse durante la defecación.

Criterios de exclusión
Dolor exclusivamente coccígeo, glúteo, púbico o hipogástrico.
Prurito.
Dolor de características paroxísticas.
Anormalidades en estudios de imagen que puedan ser los causantes de dolor.

Signos asociados que no excluyen el diagnostico.
Dolor en los glúteos al sentarse.
Dolor referido al nervio ciático.
Dolor referido a la parte medial del muslo.
Dolor suprapúbico.
Frecuencia urinaria y dolor con la vejiga llena.
Dolor ocurre posterior a la eyaculación.
Dispareunia o dolor posterior a la relación sexual
Disfunción eréctil
Estudios de neurofisiología normales

Clasificación Rectoceles por Ultrasonido/DefecoRMN.

Rectocele	Descripción
Grado I	Profundidad <2 cm
Grado II	Profundidad entre 2-4 cm
Grado III	Profundidad >4 cm

- Clasificación descrita por Steensma, medida por ultrasonido transperineal/translabial/DefecoRMN.

Otras escalas utilizadas

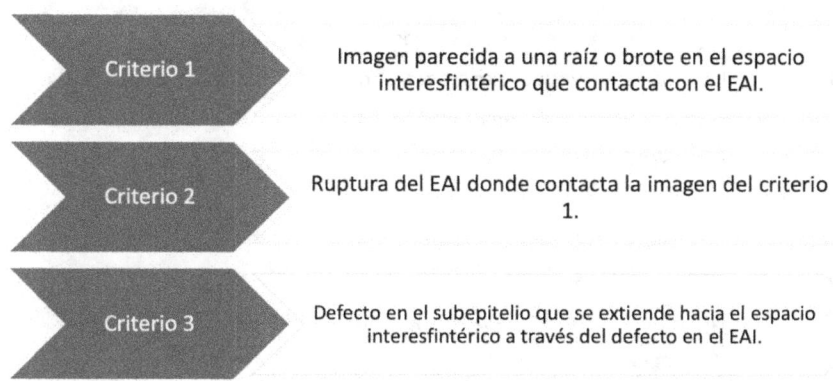

Criterio 1 — Imagen parecida a una raíz o brote en el espacio interesfintérico que contacta con el EAI.

Criterio 2 — Ruptura del EAI donde contacta la imagen del criterio 1.

Criterio 3 — Defecto en el subepitelio que se extiende hacia el espacio interesfintérico a través del defecto en el EAI.

Criterios de Cho para identificar el OFI en fístulas anales.

usT1	Infiltración de la mucosa y submucosa, sin infiltración del EAI.	
usT2	Infiltración del EAI, sin infiltrar el EAE.	
usT3	Infiltración del EAE.	
usT4	Afectación de un órgano pélvico.	
N 0	Sin presencia de ganglios mesorrectales.	
N positivo	Presencia de ganglios mesorrectales sugestivos de Mets.	

Para describir las neoplasias del conducto anal se utiliza la clasificación ecográfica descrita por Goldman y modificada por Tarantino.

Estadio	Descripción
uT0	Engrosamiento de la mucosa, con submucosa intacta.
uT1	Infiltración submucosa con engrosamiento, pero sin ruptura.
uT2 - Superficial	Engrosamiento muscular <30%.
uT2 - Profundo	Engrosamiento muscular >30%.
uT3 - Superficial	Extensión de la grasa perirectal <2mm.
uT3 - Profundo	Extensión de la grasa perirectal >2mm.
uT4	Invade órganos vecinos.
uN0	No se identifican adenopatías por ultrasonido.
uN1	<3 ganglios mesorrectales.
uN2	>3 ganglios mesorrectales.

Para describir las neoplasias de recto, se utiliza la clasificación ecográfica descrita por Wong.

ANOTACIONES